畜禽饲用豆粕减量替代和低蛋白日粮技术

马涛 等 著

中国农业科学技术出版社

图书在版编目（CIP）数据

畜禽饲用豆粕减量替代和低蛋白日粮技术 / 马涛等著. --北京：中国农业科学技术出版社，2024.8
ISBN 978-7-5116-6818-9

Ⅰ.①畜… Ⅱ.①马… Ⅲ.①大豆-蛋白质补充饲料 Ⅳ.①S816.42

中国国家版本馆 CIP 数据核字（2024）第 096049 号

责任编辑　张国锋
责任校对　李向荣
责任印制　姜义伟　王思文

出 版 者　中国农业科学技术出版社
　　　　　北京市中关村南大街 12 号　　邮编：100081
电　　话　(010) 82109705 (编辑室)　　(010) 82106624 (发行部)
　　　　　(010) 82109709 (读者服务部)
网　　址　https://castp.caas.cn
经 销 者　各地新华书店
印 刷 者　北京科信印刷有限公司
开　　本　170 mm×240 mm　1/16
印　　张　17.25
字　　数　310 千字
版　　次　2024 年 8 月第 1 版　2024 年 8 月第 1 次印刷
定　　价　98.00 元

前　言

随着我国畜牧业的快速发展，规模化养殖程度不断提高，2022年我国工业饲料产量首次突破3亿t。然而，我国饲料工业面临的蛋白质饲料缺乏的问题已成为制约畜牧业发展的瓶颈，且随着优质饲料原料的市场价格大幅上涨，致使养殖成本居高不下。据统计，我国大豆进口量已经连续多年在9 000万t左右，在2020年进口量突破了1亿t。豆粕饲用需求是拉动大豆进口增加的主要因素之一，是我国畜牧业可持续发展的主要制约因素。在高价蛋白质饲料的市场背景下，如何缓解饲料成本及资源短缺的压力，是畜牧业从业者必须关注并亟待解决的问题。2023年4月12日，农业农村部办公厅印发了《饲用豆粕减量替代三年行动方案》，提出了"以习近平新时代中国特色社会主义思想为指导，全面贯彻落实党的二十大精神，完整、准确、全面贯彻新发展理念，树立大食物观，以低蛋白、低豆粕、多元化、高转化率为目标，聚焦'提质提效、开源增料'，统筹利用植物动物微生物等蛋白饲料资源，推行提效、开源、调结构等综合措施，加强饲料新产品、新技术、新工艺集成创新和推广应用，引导饲料养殖行业减少豆粕用量，促进饲料粮节约降耗，为保障粮食和重要农产品稳定安全供给作出贡献"的总体目标。此背景下，饲用豆粕减量替代和低蛋白日粮技术关乎着畜牧业的健康发展。饲用豆粕减量替代技术是基于畜禽（生猪、肉鸡、肉牛、肉羊）的营养需要和饲料原料营养价值精准评价，以能氮平衡技术为核心，辅以多元化日粮配制技术、饲料精准配制高效加工技术等配套技术形成的一个技术体系，达到豆粕减量替代目标。低蛋白日粮的应用在一定程度上能够解决蛋白质资源紧缺问题、节约养殖成本，缓解畜禽养殖场环境污染等问题。

本书针对我国主要养殖畜禽，包括猪、蛋鸡、肉鸡、水禽、奶牛、肉牛、肉羊等，在饲用豆粕减量替代和低蛋白日粮配制技术的最新研究进展进行了详细介绍，并列举了大量的饲粮配制实用案例，为养殖从业者提供参考，对于大力推行饲用豆粕减量替代以及低蛋白日粮配制和饲喂技术，促进我国畜牧业的可持续发展具有重要意义。

目 录

第一章 低蛋白日粮的重要意义

随着我国畜牧业的快速发展，规模化养殖程度不断提高，工业饲料产量达到了 3 亿 t，成为世界最大的饲料生产国。然而，我国饲料工业面临的蛋白质饲料缺乏的问题已成为制约畜牧业发展的瓶颈，且随着优质饲料原料的市场价格大幅上涨，致使养殖成本居高不下。据统计，我国大豆进口量已经连续多年在 9 000 万 t 左右，2020 年，进口量突破年 1 亿 t，据测算，2021 年全国养殖业饲料消耗量约为 4.5 亿 t，豆粕用量在饲料中的占比为 15.3%。豆粕饲用需求是拉动大豆进口增加的主要因素之一，是我国畜牧业可持续发展的主要制约因素。在高价蛋白质饲料的市场背景下，如何缓解饲料成本及资源短缺的压力，是畜牧业从业者必须关注并亟待解决的问题。此背景下，低蛋白日粮与豆粕减量替代技术关乎着畜牧业的健康发展。饲用豆粕减量替代技术是基于畜禽（生猪、肉鸡、肉牛、肉羊）的营养需要和饲料原料营养价值精准评价，以能氮平衡技术为核心，辅以多元化日粮配制技术、饲料精准配制高效加工技术等配套技术形成的一个技术体系，达到豆粕减量替代目标。

1 我国动物养殖及蛋白质饲料现状

据统计，我国 2023 年全国生猪出栏 72 662 万头，年底生猪存栏 43 422 万头；羊出栏 33 864 万只，年底羊存栏 32 233 万只；牛出栏 5 023 万头，年底存栏 10 509 万头。畜牧业的快速发展，存栏量的极大增加，也增加了饲料原料的需求和使用量，尤其是对畜禽生长起关键作用的蛋白质类饲料原料，人畜争粮问题越来越突出。而我国蛋白饲料原料匮乏，长久以来都是依靠大量进口来满足。豆粕约占成品饲料的 30%，是最主要的蛋白质原料。2017 年我国的大豆进口量达 9 553 万 t，占我国总需求量的 90%。2018 年由于气候原因导致的大豆减产，以及中美之间的贸易摩擦等原因都增加了大豆的进口成本。同时随着养殖业的规模化和集约化发展，饲养量和饲养密度的增加，畜牧粪污排放会大量增加，其中含有大量的氮污染物，处理不当会污染人类和畜禽的生存环境。在《全国第一次污染源普查公报》中提到我国畜牧生产过程中的氮排放量占农业源氮总排放量的 38%，而畜牧生产过程中排放的氮污染物大多来自饲料中未被动物机体消化吸收的蛋白质。动物粪便散发的臭味也主要来自这些氮污染物，即没有被机体消化吸收的蛋白质。动物粪便中的蛋白质含量将影响其气味，含量越高就越臭，而且更容易滋生有害细菌，粪便中的蛋白质污染地面和空气，被粪便污染的环境又将影响人和动物的健康，造成疾病的发生，如此形成恶性循环。

因此面对以上现状，合理利用饲料资源，促进畜牧业发展和保护生态环境，是当前急需解决的问题。有研究表明，饲粮中粗蛋白质水平降低 1 个百分点，尿素和氨气的排放量减少 10%。因此，应在实际生产中合理配比饲粮中的蛋白质和氨基酸，减少蛋白质饲料原料的使用量，降低动物粪便中氮含量。

2　氨基酸平衡低蛋白饲粮的发展及概念

2.1　理想蛋白质的概念

早在 20 世纪 50 年代，科学家们就已经提出了"理想蛋白质"（Ideal protein，IP）的概念。"理想蛋白质"指的是动物饲粮中的蛋白质具有最佳的氨基酸比例，可以为动物机体提供适宜比例的各种氨基酸供其合成蛋白质，畜禽对饲粮中蛋白质达到最高利用率时的氨基酸平衡模式，能更有效地促进动物机体生长。

2.2　氨基酸模式的平衡模式及木桶理论

氨基酸平衡模式下的低蛋白饲粮是以氨基酸和蛋白质营养平衡为基础，以不影响畜禽的生产性能为前提，将饲粮中的粗蛋白质水平从 NRC（1998）中推荐的标准降低 2~4 个百分点，同时通过补充适宜种类及数量的工业合成氨基酸来满足畜禽机体对氨基酸的需求，从而提高畜禽对蛋白质的利用率，降低氮排放。因饲粮中的蛋白质到达瘤胃内先被瘤胃微生物分解成氨基酸和小肽，之后再被其机体消化吸收。所以通过在饲粮中添加必需氨基酸可以代替饲粮中的部分粗蛋白质。研究表明，饲粮中添加的工业合成氨基酸在动物体内的利用率，能够达到和饲粮中粗蛋白质在动物机体内分解产生的氨基酸相似的水平。

氨基酸平衡的木桶理论是指饲粮中组成蛋白质的各种氨基酸配比要适当，无论哪一种必需氨基酸缺乏都会影响其整体利用率，所有的氨基酸都被认为是同等重要的，无论哪一种氨基酸的增加或减少都会打破这种平衡状态，造成不良影响。所以在实际畜牧生产中，应合理地供给畜禽平衡的氨基酸，提高畜禽的蛋白质利用率。

2.3 氨基酸模式的意义

氨基酸模式综合考虑各种必需与非必需氨基酸之间的相互作用及平衡性。在畜牧养殖中可减少饲粮中蛋白质原料的使用量，增加作物秸秆等粗饲料或饲草的使用量，再通过添加限制性氨基酸对饲粮中各氨基酸比例进行平衡，能有效减少畜禽对蛋白质的需要量，从而减少饲粮中蛋白质原料的使用量，避免蛋白质原料的浪费，最大限度地提高畜禽对饲粮中蛋白质的利用率，减少畜牧养殖业对环境的污染。氨基酸平衡模式下的饲粮对畜牧业和生态环保有积极意义。

3 氨基酸平衡模式下的低蛋白质饲粮的应用

氨基酸平衡模式下的低蛋白质饲粮最早应用在猪和禽等动物上，前人在赖氨酸、蛋氨酸再到亮氨酸、苏氨酸、色氨酸等必需氨基酸的平衡性方面进行了大量的研究，氨基酸之间的平衡性进一步明确。而对于反刍动物，因其瘤胃内微生物可以降解饲粮中的蛋白质，且很难把饲粮中氨基酸和瘤胃微生物合成的氨基酸区分开，导致反刍动物氨基酸平衡模式下的低蛋白质饲粮的研究相对滞后。从养殖成本和环境污染角度考虑，降低畜禽饲粮中粗蛋白质水平的同时补充工业合成氨基酸平衡饲粮，不仅不会降低畜禽的生产性能，还能有效改善饲粮转化效率，减少粪尿中氮和磷的含量，缓解畜牧养殖业排放物对环境的污染，是今后畜牧养殖业发展的趋势。

3.1 单胃动物饲粮低蛋白饲粮的应用

3.1.1 氨基酸平衡模式下的猪低蛋白饲粮的配制与应用效果

20 世纪 60 年代科学工作者就开始研究关于猪的氨基酸平衡低蛋白饲粮，相关研究表明，在 NRC（1998）推荐饲粮蛋白质水平的基础上，降低 1~4 个百分点并补充工业合成氨基酸，可以提高各个阶段的猪对氮的利用率，减少氮排放，促进猪肠道健康，而且在不影响猪生长性能的情况下，提高饲粮转化率，降低养殖成本。

郭秀兰等在仔猪上的研究发现，降低仔猪饲粮 3 个百分点的粗蛋白质水平后，添加合成氨基酸使饲粮中必需氨基酸保持合适的比例。对试验仔猪的生长性能无影响，且提高 13.1% 氮利用率，氮排放减少 29.1%，还降低 70.9% 的仔猪腹泻率。黄健等研究将仔猪饲粮的粗蛋白质水平降低至 16%，并没有降低其生长性能，而且显著降低血浆中总蛋白和尿素氮含量，提高了蛋白质利用率。辛小召等同样发现饲喂低蛋白质饲粮对仔猪生长性能无显著影响。也有研究表明，氨基酸平衡模式下的低蛋白质饲粮可提高仔猪的生长性能，王忠刚等研究表明将断奶仔猪的饲粮中的粗蛋白质水平降低 3 个百分点后补充合成氨基酸，结果显著提高了哺乳期及断奶仔猪的生长性能。吴信等研究低蛋白质饲粮对 20~50 kg 与 50~90 kg 两个阶段的生长肥育猪生产性能和肉品质的影响，分别将其饲粮降低 3 个百分点和 2 个百分点的粗蛋白质水平后补充赖氨酸，研究表明低蛋白质饲粮补充氨基酸对生长肥育猪的生长性能、屠宰性能和肉品质均无显著影响，而且可显著提高经济效益。Kerr 等同样研究生长育肥猪 21~55 kg 和 55~93 kg 两个阶段，将饲粮蛋白质水平降低 4 个百分点，发现补充赖氨酸、苏氨酸和色氨酸等合成氨基酸后能够弥补降低粗蛋白质水平饲粮对猪生长性能和饲料转化效率造成的不良影响。

降低饲粮蛋白质水平，虽可通过补充合成氨基酸满足猪对氨基酸的需求，但某些与蛋白质相关物质的供应量同样也会减少，而饲粮中补充合成氨基酸可能无法达到完整蛋白质的某些特殊生理作用，所以并不能降低饲粮过多的粗蛋白质水平。迄今为止，生长育肥猪饲粮中蛋白质水平具体可降低的程度还有待进一步研究，因猪的品种和饲粮类型可能导致不同的效果。

3.1.2 氨基酸平衡模式下的家禽低蛋白饲粮的配制与效果

目前，氨基酸平衡模式下的低蛋白饲粮在肉鸡上的应用效果不尽相同。有研究表明，适当地降低饲粮的蛋白质水平，不会影响肉鸡的生长性能；但也有研究认为肉鸡采食低蛋白饲粮会显著降低其生长性能。总体来说，当饲粮蛋白质水平下降的幅度较低时，影响低蛋白质饲粮应用效果的因素主要是饲粮中所添加的合成氨基酸，是否在其种类和数量上能够同时满足动物的营养需要。

有关研究表明，家禽饲粮降低 2~3 个百分点的粗蛋白质水平并补充合成氨基酸，可减少氮排放量，且不会降低其生长性能。林厦菁等研究发现氨基酸平衡模式下低蛋白饲粮组肉鸡与正常蛋白质水平饲粮组肉鸡的生长性能无显著性差异，但显著降低氮排放，并提高了饲粮氮利用率。侯海锋等研究将蛋鸡饲粮蛋白质水平从 17% 降低至 15% 后补充 0.2% 的色氨酸，结果提高了蛋鸡产蛋率，有效地降低了料蛋比和氮排放量。李忠荣研究表明，在饲粮能满足肉鸡氨基酸需求的情况下，肉鸡饲粮适当降低 1~2 个百分点粗蛋白质水平，可显著降低肉鸡的氮排放量，且不会影响其生长性能。

也有研究指出氨基酸平衡模式下的低蛋白质饲粮会降低肉鸡的生长性能。

崔玉铭等研究发现，饲粮降低 1.5 个百分点粗蛋白质水平并不会降低肉仔鸡的生长性能；但当降低 3 个百分点时，肉仔鸡的日增重和日均采食量都会显著下降。张巍等研究发现，将肉鸡饲粮蛋白质水平从 17.82% 降低至 15.11% 和 14.77%，然后向两种低蛋白质饲粮中添加赖氨酸和蛋氨酸使其达到和高蛋白饲粮一样的水平，结果表明降低肉鸡饲粮粗蛋白质水平 2~3 个百分点，补充赖氨酸和蛋氨酸，会降低肉鸡的生长性能，但低蛋白组肉鸡的氮排泄量明显降低。总体而言，肉鸡对饲粮的粗蛋白质水平降低的幅度较为敏感，氨基酸平衡模式下的低蛋白质饲粮技术在肉鸡中的应用有待进一步研究，找到影响其降低水平的因素。

3.2　反刍动物饲粮氨基酸模式的应用

反刍动物关于氨基酸营养的研究相对于猪、禽的理想氨基酸模式的研究较晚。由于反刍动物具有特殊的瘤胃及强大的瘤胃微生物区系，使得反刍动物氨基酸需要量的研究相对复杂一些。近年来过瘤胃氨基酸的开发和应用、反刍动物氨基酸平衡模式以及氨基酸平衡低蛋白质饲粮都有一定的发展。

反刍动物对蛋白质营养的需求实际上就是对氨基酸需要。小肠是反刍动物机体消化吸收氨基酸的主要部位，小肠中的氨基酸主要有三种来源，即饲粮中不可降解蛋白（RUP）和菌体蛋白（MCP）和内源性蛋白。由于反刍动物瘤胃具有降解作用，添加过瘤胃氨基酸可最大限度避免瘤胃微生物对所添加氨基酸的降解作用，可以使添加的氨基酸经过瘤胃直接到达小肠内被吸收，提高添加氨基酸的利用率和效果。

饲粮中各种氨基酸之间的平衡性，影响畜禽对氨基酸的利用率，尤其限制性氨基酸能够对反刍动物的氮利用率进行调控。研究表明，奶牛的第一、第二限制性氨基酸分别为赖氨酸和蛋氨酸，且它们之间的最佳比例为 3：1。王洪荣等研究表明，饲喂玉米型饲粮绵羊的 6 种限制性氨基酸依次是蛋氨酸、苏氨酸、赖氨酸、精氨酸、色氨酸和组氨酸。李雪玲等研究发现，供给羔羊不平衡的氨基酸时将显著降低羔羊的生长性能，并且将会影响羔羊内脏器官的发育。

吕凯等研究 55 日龄的藏羔羊饲喂粗蛋白质水平为 15.01% 的饲粮，当饲粮中的赖氨酸和蛋氨酸比值为 3 时，能够促进羔羊胃肠道的生长发育。云强等研究发现，向粗蛋白质水平为 12.02% 的饲粮中补充过瘤胃赖氨酸和蛋氨酸，可使犊牛的体增重超过饲喂粗蛋白质水平为 14.67% 常规饲粮的犊牛，研究表明，补充氨基酸的低蛋白质饲粮可提高犊牛的生长性能，并能提高氮利用率，同时减少氮排放。Lee 等研究发现，将奶牛饲粮中的粗蛋白质水平从 15.7% 降低到 13.5%，奶牛产奶量显著降低；当补充过瘤胃赖氨酸、蛋氨酸和组氨酸后，能够弥补低蛋白质饲粮对奶牛产奶性能的影响，而且能显著提高氮利用率，减少氮排放。向白菊等以肉牛为研究对象，研究低蛋白饲粮补充过瘤胃赖氨酸和蛋氨酸对其生长性能的影响，结果表明，补充过瘤胃氨基酸组的牛生长性能优于未补充过瘤胃氨基酸组的肉牛，证明饲粮适当降低饲粮粗蛋白质水平后添加过瘤胃赖氨酸和蛋氨酸，能够使肉牛保持较好的生长性能。

总体而言，饲粮粗蛋白质水平将直接影响添加过瘤胃氨基酸的效果，当饲粮中的氨基酸足以满足反刍动物小肠消化吸收时，那么再补充的过瘤胃氨基酸反而会导致氨基酸供给不平衡而降低其生产性能；若饲粮中的必需氨基酸相对缺乏，此时补充过瘤胃必需氨基酸，使动物吸收平衡的氨基酸，则可显著提高反刍动物的生产性能。所以只有保证饲粮中必需氨基酸的平衡，反刍动物的蛋白质利用率才会提高。

3.3 非蛋白氮在反刍动物饲粮中的应用

19 世纪 50 年代，反刍动物营养界就开始使用非蛋白氮物质代替反刍动物饲粮中的部分蛋白质，目前饲粮中经常添加的非蛋白氮物质有尿素、硫酸铵、碳酸氢铵、碳酸铵等。反刍动物的瘤胃微生物能够利用非蛋白氮物质合成其机体可高效吸收的菌体蛋白，从理论上讲，可以在反刍动物饲粮中添加非蛋白氮物质来代替饲粮中部分蛋白质，如此可节约饲粮中蛋白质原料的使用量。有关研究表明，适当地降低反刍动物饲粮的粗蛋白质水平同时补充尿素并不会降低动物的生长性能，且能有效地提高反刍动物的采食量和日增重，降低饲料成本。

饲粮中虽然可以添加尿素来替代蛋白原料，但是并不是指能在反刍动物饲粮中随意添加。张文丽等指出，只能在 6 月龄以上的反刍动物饲粮中添加尿素，且用量应低于饲粮总量的 1%，因为幼龄反刍的瘤胃没有发育完全，功能还不完备，且尿素在反刍动物瘤胃中会快速释放，在很短的时间内就能使动物机体内的氨过量，从而导致氨中毒。而王波等研究证明，肉羊育肥时期，饲粮中添加 1.5% 的尿素时是安全的添加量，并不会降低肉羊的生长性能及肉品质；但当饲粮中尿素添加量为 2.5% 时，将会显著降低肉羊的生长性能和肉品质。张帆等指出，当羔羊饲粮中添加 4% 的磷酸脲时，将显著提高羔羊的生长性能，因磷酸脲在羔羊体内释放速度相对于尿素较慢，所以使用剂量可高于尿素。

饲粮中的粗蛋白质水平会直接影响反刍动物对尿素利用率。当饲粮粗蛋白质水平能够满足反刍动物机体需要时，瘤胃微生物会优先利用饲粮中的蛋白原料，而较少地利用尿素，导致添加尿素反而会降低尿素利用率的情况，过多尿素会排出体外，既浪费资源又污染环境；若在低蛋白饲粮中，尿素可替代部分蛋白质，尿素可在瘤胃内快速分解成氨促进蛋白质的消化吸收，提高蛋白质的利用率。尿素等非蛋白氮物质的价格要远远低于豆粕等蛋白质饲粮原料的价格，研究尿素等非蛋白氮物质替代部分蛋白饲粮原料，不仅可节约成本，同时能够缓解我国蛋白质饲料资源匮乏的现状。

第二章　猪低蛋白日粮的配制

1　猪低蛋白日粮配制的研究进展

1.1　猪低蛋白日粮净能需要

　　净能被定义为饲料的代谢能减去其在动物体内的热增耗后剩余的能量（刘德稳，2014）。与消化能和代谢能体系相比，净能体系是唯一使动物能量需要与日粮能值在同一基础上得以表达并与所含饲料组分独立的体系（Noblet等，1994a），可提供最接近动物维持和生产需要的能量。研究表明，消化能和代谢能体系会高估饲料中粗蛋白质和纤维的能值（de Goey和Ewan，1975a；Just，1982b），低估脂肪和淀粉的能值（Noblet和van Milgen，2004），其根本原因在于这两种能量体系既没有考虑过量蛋白质的排出引起尿能形式的损失，也没有考虑体增热。如当饲喂纤维含量高的日粮时，相当一部分纤维在猪肠道内无法被消化，从而发酵产生较高的体增热，而淀粉含量高的日粮在猪肠道内消化性好，产生的体增热就相对较少。净能体系不仅考虑了动物的粪能、尿能与气体能损失，还考虑了体增热的损失（Soenke等，2005），比代谢能更准确，这主要体现在两个方面：①不同养分以及不同饲料由代谢能转化净能的效率不一致，而且存在较大差异，如猪对脂肪、淀粉、蛋白质和纤维的转化效率分别为90%、82%、58%和56%（Noblet等，1994）；②代谢能用于维持和生产的效率也存在较大差异，即对于不同生产目的代谢能转化为净能的效率不相同（王康宁，2010）。

　　从组成上看，净能由维持净能和生产净能组成（图2-1）。维持净能，即为维持动物基础代谢产热的能量。基础代谢是指动物处于绝食、安静状态和热中性的环境中，动物表现出的维持自身生存的最低限度能量支出，此时的能量支出主要来自机体底物（如脂类和氨基酸等）的氧化供能（Milligan和Summers，1986）。沉积净能一般分为蛋白质沉积净能和脂肪沉积净能。蛋白质沉积通过氮沉积数据获得，脂肪沉积则由总沉积净能减去蛋白质沉积净能计算得出（Chwalibog等，2005）。

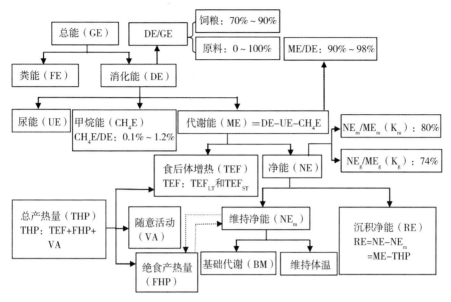

图2-1　猪能量代谢及产热量剖分

(刘德稳，2014)

关于生长育肥猪对低蛋白日粮净能的需要量，易学武（2009）开展了系统的研究。生长猪的两个试验分别选用144头初始体重为（22.96±2.72）kg和360头初始体重为（27.80±3.48）kg的三元杂交猪，随机分为6个处理，试验一的5个低蛋白日粮处理组（14%粗蛋白质）日粮净能水平分别为2.64 Mcal/kg、2.58 Mcal/kg、2.50 Mcal/kg、2.42 Mcal/kg和2.36 Mcal/kg，试验二的5个低蛋白日粮处理组（14%粗蛋白质）日粮净能水平分别为2.45 Mcal/kg、2.40 Mcal/kg、2.35 Mcal/kg、2.30 Mcal/kg和2.25 Mcal/kg。两个试验结果均显示，净能水平为2.36 Mcal/kg时，生长猪获得最佳生长性能。

育肥猪的两个试验分别选用216头初始体重为（68.83±8.09）kg和360头初始体重为（61.87±4.64）kg的三元杂交猪，随机分为6个处理，试验一的5个低蛋白日粮处理组（11.5%粗蛋白质）日粮净能水平分别为2.64 Mcal/kg、2.58 Mcal/kg、2.50 Mcal/kg、2.42 Mcal/kg和2.36 Mcal/kg，试验二的5个低蛋白日粮处理组（11.5%粗蛋白质）日粮净能水平分别为2.45 Mcal/kg、2.40 Mcal/kg、2.35 Mcal/kg、2.30 Mcal/kg和2.25 Mcal/kg。两个试验结果显示，综合生长性能和胴体品质，育肥猪低蛋白日粮净能水平为2.40 Mcal/kg时，获得最佳生产效果。

1.2 猪低蛋白日粮净能赖氨酸平衡

日粮中的能量和蛋白质应该保持适当的平衡，否则将会影响营养物质的有效利用，并可能导致营养不良问题。例如，在肥育猪的饲料中，如果能量水平过低，而蛋白质水平过高，可能会导致日增重较低。这是因为相对于碳水化合物，蛋白质的代谢会产生更多的热量，因此增加蛋白质水平会降低能量的利用效率（Noblet 等，1994）。另外，如果蛋白质水平过低，不能满足动物机体的最低需求，那么即使增加能量供给，也会导致负氮平衡，同样会降低能量的利用效率。因此，为了提高能量的利用效率并避免浪费蛋白质，必须确保日粮中能量和蛋白质的比例合理。

易学武（2009）的研究选用初始体重为（22.76±4.74）kg 的杜×长×大三元杂交猪 540 头，按试验要求随机分为 9 个处理，每个处理 6 个重复，每个重复 10 头猪。采用 3×3 两因素试验设计，试验日粮蛋白水平比《猪饲养标准》（2004）推荐值降低 4 个百分点，日粮净能水平为 2.31 Mcal/kg、2.36 Mcal/kg 和 2.41 Mcal/kg，赖氨酸（Lysine，Lys）净能比为 4.10 g/Mcal、4.40 g/Mcal 和 4.70 g/Mcal。试验结果表明，在 20~50 kg 阶段，Lys 净能比的增加线性提高猪的平均日增重和降低饲料增重比，但二者的互作并不影响猪的生产性能。另一试验选用初始体重为（61.08±4.99）kg 的杜×长×大三元杂交猪 540 头，按试验要求随机分为 9 个处理，每个处理 6 个重复，每个重复 10 头猪。采用 3×3 两因素试验设计，试验日粮蛋白水平比《猪饲养标准》（2004）推荐值降低 4 个百分点，日粮净能水平为 2.35 Mcal/kg、2.40 Mcal/kg 和 2.45 Mcal/kg，Lys 净能比为 3.20 g/Mcal、3.50 g/Mcal 和 3.80 g/Mcal。试验结果表明：在 60~100 kg 阶段，日粮 Lys 净能比为 3.50 g/Mcal 的试验组平均日增重显著高于 3.20 g/Mcal 组，二者的互作并不影响猪的生产性能和胴体品质。综合考虑净能水平和 Lys 净能比对生长育肥猪生长性能和胴体性状两方面的影响，日粮蛋白水平降低 4 个百分点，20~50 kg 阶段，Lys 净能比为 4.70 g/Mcal 较为合适，在 60~100 kg 阶段则为 3.50 g/Mcal 较为合适。

1.3 猪低蛋白日粮氨基酸平衡模式

1.3.1 理想蛋白质概念

"理想蛋白质"又称为"理想氨基酸模式"，是指所含氨基酸的组成和比例与动物的氨基酸需要完全一致的蛋白质，动物对其的利用效率是 100%。理想蛋白质中所有氨基酸同等程度地限制动物生长，都有可能成为第一限制性氨基酸，增加或减少任意一种氨基酸都会打破理想蛋白质的氨基酸平衡，使之利用效率下降。猪低蛋白日粮便是基于理想蛋白质，精准满足猪氨基酸营养需要。

在理想蛋白质的氨基酸模式中，某一种氨基酸的需求量通常表示为该种氨基酸相对于 Lys 需要量的比值。Lys 在蛋白质合成、骨骼发育及脂肪沉积等方面具有重要作用，且几乎完全用于机体蛋白质合成，不生成具有生物学意义的次级代谢物；另外，通常情况下，Lys 是猪日粮的第一限制性氨基酸，研究者对其理化性质、生理作用及不同生长阶段猪的需要量等方面的研究较其他氨基酸更为系统全面。理论上，机体蛋白质沉积所需要的氨基酸比例相对恒定，若动物对其他氨基酸的需求是为了满足机体蛋白质沉积，则对这些氨基酸的需要量相对于 Lys 需要量的比值基本不变，这使得理想蛋白质的实际应用得到简化，只需研究不同生理阶段下猪对 Lys 的需要量，结合其他氨基酸与 Lys 需要量的比例即可。但在实际生产中，猪的理想氨基酸模式会受许多因素的影响，要比理论上更加复杂。

理想蛋白质最早来源于 Mitchell 和 Block（1946）对于蛋鸡氨基酸需要量的研究，即蛋鸡产蛋的各种氨基酸需要比例与构成一个"完整鸡蛋"的各种氨基酸的比例相同。20 世纪 50 年代后期到 60 年代，伊利诺伊大学通过大量生长试验首次提出了肉鸡的"理想蛋白质"概念。研究者们对家禽氨基酸需要模式的研究为生长猪理想氨基酸模式的研究奠定了基础。1980 年，英国科学家 Cole 提出基于猪胴体氨基酸组成，可配制包含所有 EAA（必需氨基酸）理想比例的日粮（以 Lys 为参比）。英国农业研究委员会（Agricultural research council，ARC）于 1981 年采纳了 Cole 的观点，并重新确定了"理想蛋白质"的定义，即日粮蛋白质的氨基酸组成和比例与动物用作某特定功能所需要的氨基酸完全一致时，动物对日粮中蛋白质的利用效率达到最高，且无法用任意氨基酸来替换其他一种氨基酸。但值得注意的是，ARC 在 1981 年提出的理想氨基酸模式是基于全胴体水平上的各种氨基酸与 Lys 比例，但由于动物体用于维持需要和生长需要的氨基酸模式有较大差异，不同组织器官对同种氨基酸的利用效率也不尽相同，因此动物胴体的氨基酸比例与动物对氨基酸的需要可能存在差异。1989 年，英国 Rowett 研究所的 Wang 和 Fuller 在经过了大量平衡和氨基酸缺乏试验后，对 25~50 kg 的生长母猪的维持和蛋白质沉积所需的氨基酸模式进行了评估，同时指出采用理想氨基酸模式配制日粮能在不影响生长母猪生长性能的条件下，显著降低日粮的蛋白质水平。1998 年，美国研究委员会（National research council，NRC）以猪真回肠可消化率（True ileal digestibility，TID）为基础，总结分析大量文献，得出猪每千克代谢体重大致需要 35 mg Lys 以维持机体的正常代谢需要，还给出了不同生长阶段猪的 TID、表观回肠可消化率（Apparent ileal digestibility，AID）和总 EAA 的需要，并将猪以无脂瘦肉生长速度为依据，划分为低、中和高三个瘦肉生长型，同时提供了不同瘦肉生长型猪的 Lys 需要量。随着对氨基酸模式研究的深入，以及对动物消化代谢生理过程认识的日渐成熟，更多的国家和机构对猪理想蛋白质的研究集中于标准回肠可消化的层面上。NRC（2012）在 NRC（1998）基础上进行了修改和补充，它以氨基酸的标准回肠可消化率（Standardized ileal digestibility，SID）为依据，给出了猪的氨基酸需要量，并将氨基酸的维持需要又划分为动物表皮的氨基酸损失以及肠道的基础氨基酸损失。

表 2-1 总结了生长育肥猪在各模型下的理想氨基酸模式，主要包括 Lys、蛋氨酸（Methionine，Met）、苏氨酸（Threonine，Thr）、色氨酸（Tryptophane，Trp）、亮氨酸（Leucine，Leu）、异亮氨酸（Isoleucine，Ile）、缬氨酸（Valine，Val）、精氨酸（Argnine，Arg）、组氨酸（Histidine，His）和苯丙氨酸（Phenylalanine，Phe）等必需氨基酸（Essential amino acids，EAA）。

表 2-1　生长肥育猪的理想氨基酸模式

项目	ARC（1988）	Fuller 等（1989）	Wang 和 Fuller（1989）	Chung 和 Baker（1992）	NRC（1998）	BSAS（2003）	Degussa（2009）	NRC（2012）	InraPorc（2015）
赖氨酸	100	100	100	100	100	100	100	100	100
蛋+胱氨酸	50	59	63	60	55	59	65	58	60
苯丙氨酸+酪氨酸	96	122	120	95	93	100	—	95	95
苏氨酸	60	75	72	65	60	65	70	66	65
亮氨酸	100	110	110	100	102	100	—	102	100
异亮氨酸	55	61	60	60	54	58	—	53	55
缬氨酸	70	75	75	54	68	70	—	67	70
色氨酸	15	19	18	18	18	19	19	17	18
精氨酸	—	—	—	42	48	—	—	45	42
组氨酸	33	32	—	32	32	34	—	95	—

注：ARC（1988）、Fuller（1989）、Wang 和 Fuller（1989）、Chung 和 Baker（1992）和 NRC（1998）推荐的理想氨基酸模式以日粮总氨基酸为依据；BSAS（2003）、Degussa（2009）、NRC（2012）和 InraPorc（2015）推荐的理想氨基酸模式以回肠末端可消化氨基酸为依据。

1.3.2　氨基酸需要量的研究方法
1.3.2.1　综合法
综合法是应用剂量效应模型研究动物机体氨基酸需要量的方法，应用该方法研究氨基酸需要量应注意以下几点：①使用待测氨基酸缺乏的原料配制基础日粮，使基础日粮中待测氨基酸缺乏（这需要在基础日粮中补充其他的晶体氨基酸来保证待测氨基酸为第一限制性氨基酸）；②除了待测氨基酸，基础日粮中其他营养素应满足动物机体的需要；③待测氨基酸至少设置 4 个梯度水平（两个梯度水平在需要量之上，两个梯度水平在需要量之下）；④依据效应指标特点，需要设定充足的试验期；⑤为能客观分析试验结果和确定需要量，需要选择合适的统计模型（NRC，2012）。

应用综合法估测猪的氨基酸需要量，对仔猪和生长肥育猪而言，效应指标一般包括生长性能和血液指标（血清氨基酸和血清尿素氮）（Yi 等，2006；Kendall 等，2008）；对妊娠母猪而言，效应指标包括氮沉积量、妊娠期增重和产仔数（Dourmad 和 Ettienne，2002）；对泌乳母猪而言，效应指标包括产奶量、仔猪断奶体重和泌乳期母体体重变化（Paulicks 等，2003）。在日粮待测氨基酸满足猪生长需要条件下，待测氨基酸与其他 EAA 的比例达到理想状况时，机体蛋白合成速度最大。

在用剂量效应试验研究氨基酸需要量时，统计模型一般包括多重比较、单斜率折线模型、二次曲线模型、曲线平台模型和渐近线模型（Pesti 等，2009）。单斜率折线模型基于在需要量拐点之前，效应指标随剂量添加水平的升高呈线性变化，需要量拐点之后效应指标达到平台不再变化（Gahl 等，1994），而效应指标通常在达到最大值或最小值之前随着剂量添加水平的提高而呈边际效率递减。因此，单斜率折线模型可能会低估机体营养需要量（Robbins，2006）；二次曲线模型对数据类型和剂量水平（最少三个）要求比较宽泛，能够较好地模拟剂量反应试验（Pesti 等，2009），但大多数的剂量效应试验在需要量水平和毒性水平之间有安全平台，而该模型不能很好反映，而且二次曲线模型估测的需要量是效应指标达到 100% 时剂量添加水平，这可能会高估机体营养需要量（Baker，1986）；曲线平台模型基于在需要量拐点之前，效应指标随剂量添加水平的升高呈二次曲线变化，这可以很好地模拟效应指标在达到最大或最小值之前随剂量添加水平边际效率递减现象，需要量拐点之后效应指标达到平台不再变化。

1.3.2.2 析因法

氨基酸通过胃肠道被消化吸收进入猪体内主要用于维持机体功能和蛋白沉积，对仔猪和生长肥育猪而言，蛋白沉积主要是体蛋白的增长，对妊娠母猪而言，蛋白沉积库包括母体自身体蛋白沉积、胎儿蛋白沉积、乳房蛋白沉积、胎盘和羊水蛋白沉积以及子宫蛋白沉积，对泌乳母猪而言，蛋白沉积库包括母体自身体蛋白变化和乳汁蛋白产量。维持的氨基酸需要主要用于以下方面：基础内源肠道氨基酸损失，这主要与采食量有关；皮肤和毛发氨基酸损失，这主要与代谢体重有关。最低的氨基酸分解代谢损失，这主要与机体的体蛋白更新、用于必需含氮化合物不可逆的合成以及尿素氮排泄有关（Moughan，1999）。NRC（2012）以 SID 氨基酸为基准列出了生长肥育猪模型 SID Lys 的维持需要（公式 1-1、公式 1-2 和公式 1-3）。

基础内源 Lys 损失（g/d）= 采食量×（0.417/1 000）×0.88×1.1　　（1-1）

数值 0.417 是指每千克干物质采食量基础内源回肠末端损失 0.417 g；0.88 是指饲料的干物质含量 88%；1.1 是指大肠的 Lys 基础内源损失相当于回肠末端的 10%。

皮肤 Lys 损失（g/d）= 0.004 5×BW$^{0.75}$　　　　　　　　　（1-2）

基础内源肠道和皮肤损失 SID Lys 需要（g/d）［公式（1-1）+公式（1-2）/（0.75+0.002×（最大蛋白沉积-147.7）］　　　　　　　　（1-3）

0.75 是指被机体吸收的 SID Lys 用于基础内源肠道和皮肤损失的氨基酸的利用效率为 75%，剩余 25% 的 SID Lys 用于必然和最小的分解代谢。0.002 是指最大蛋白沉积每增加 1 g，最小和必然的 SID Lys 分解代谢降低 0.2%（Moehn 等，2004）。

对生长育肥猪而言，被消化吸收的氨基酸一部分用于上述的维持需要，另一部分主要用于机体体蛋白的合成，体蛋白合成的 SID Lys 需要见公式（1-4）。考虑到动物个体的差异，超过维持、用于蛋白沉积的 SID Lys 边际效率随着猪体重的增加递减，在公式（1-4）中，随着猪体重的增加，用于每克蛋白沉积的 SID Lys 增加。对 20 kg 的生长猪而言，SID Lys 用于蛋白合成的效率为 68.2%，每克蛋白沉积需要 0.104 g 的 SID Lys，对 120 kg 的育肥猪而言，SID Lys 用于蛋白合成的效率为 56.8%，每克蛋白沉积需要 0.125 g 的 SID Lys（NRC，2012）。生长育肥猪总的 SID Lys 需要量见公式（1-5），依据 Lys 和其他 EAA 的比例，上述公式可以计算其他 EAA 和总氮的需要量。

蛋白沉积的 SID Lys 需要（g/d）= 沉积到蛋白中 Lys/［0.75+0.002×（最大蛋白沉积-147.7）］×（1+0.054 7+0.002 215×BW）　　　（1-4）

总的 SID Lys 需要量=公式（1-3）+公式（1-4）　　　　　　（1-5）

1.3.3　EAA 功能

1.3.3.1　Lys 的营养功能

Lys 最重要的生理功能为参与机体蛋白质的合成，除此之外，Lys 还作用于骨骼肌、酶和多肽激素的合成。在体内缺乏可利用的能源物质时，Lys 还可以生成酮体参与葡萄糖代谢，因此，Lys 是禁食条件下重要的能源物质之一；Lys 作为脂肪代谢中必需辅酶肉毒碱的前体，对动物脂肪代谢的正常运转具有重要意义；Lys 还具有合成生殖细胞、脑神经细胞和血红蛋白的重要作用，而幼畜机体组织器官的快速生长发育需要胶原蛋白和血红蛋白的快速合成，因此 Lys 对幼畜的快速生长和健康发育具有重要影响。正是因为 Lys 具有重要的生理功能，其缺乏会导致机体营养物质代谢紊乱，影响动物健康和生长。如 Lys 缺乏会阻碍线粒体内脂肪酸的正常转运和代谢，导致机体脂肪合成紊乱；还会造成蛋白质代谢障碍和机体功能失调，降低动物体对应激的抵抗能力和抗病力，使动物脆弱易病，严重时导致动物死亡。

1.3.3.2　Met 的营养功能

猪所需要的含硫氨基酸（Sulfur-containing amino acids，SAA）主要包括 Met 和 Cys，Cys 可以由 Met 合成。Met 参与动物体内 80 多种生化反应，作为猪饲料中第二（或第三）限制性氨基酸，Met 的首要功能与 Lys 相同，即用于动物机体蛋白质合成，Met 的缺乏可能导致蛋白质合成受阻。另外，Met 参与合成表皮中的蛋白质和激素，被称为"生命性氨基酸"。除此之外，由于 Met 可在三磷酸腺苷的作用下形成 S-腺苷蛋氨酸，为机体正常生理功能提供甲基，因此，Met 的缺乏还可能造成甜菜碱、胆碱、肌酸和肾上腺素等物质的合成不足。

1.3.3.3　Thr 的营养功能

Thr 作为猪的第三（或第二）限制性氨基酸，对于猪的正常生长发育具有重要的作用。首先，Thr 可以在动物体内直接参与机体蛋白质的合成，Thr 的缺乏可以直接导致猪的体蛋白质合成受阻，还可能使 Lys 和 Met 的利用率下降，进而造成生长性能下降，饲料转化效率降低。其次，Thr 对动物体液免疫具有重要作用，Thr 水平的不同会显著影响猪血液中免疫球蛋白 G 的效价及半数溶血值。此外，Thr 是肠道黏液蛋白质的主要组成成分，对猪的肠道健康具有重要意义，适量的日粮 Thr 水平可以保护肠道形态以及维持猪肠道屏障功能。Thr 在动物体内还可被酶催化生成甘氨酸（Glycine，Gly），其转化比例可达 30%，因此，日粮 Thr 含量还会影响动物体对 NEAA 的需要。

1.3.3.4　Trp 的营养功能

Trp 作为猪第四位的限制性氨基酸，是动物体内合成生物活性物质 5-羟色胺、犬尿氨酸和褪黑素的重要前体物质。5-羟色胺是重要的神经递质，适当水平下可使动物安静、稳定，进而使其维持状态下的营养需要降低，因此日粮中 Trp 含量对猪的采食量及饲料转化效率具有重要影响。Trp 可以通过影响血浆素浓度，进而对猪采食量进行调控。Trp 可以缓解人和动物体慢性应激，保护肠道上皮细胞不受应激侵害，降低炎症因子释放，减轻肠道黏膜损伤，维持正常肠道功能。Trp 还有助于降低肠道通透性、提高营养物质转运，进而维护肠道正常的屏障功能和营养吸收。

1.3.3.5 支链氨基酸（Branched-chain amino acid，BCAA）的营养功能

BCAA 是一组在化学结构上具有支链的大分子中性 EAA，包括 Leu、Ile 和 Val。BCAA 是畜禽肌肉蛋白质组成的重要组成部分，在蛋白质合成、氧化供能、调控免疫功能和采食量等方面具有重要的生理功能，并且不同的 BCAA 发挥着不同的生理功能。Leu 是唯一可以调节骨骼肌和心肌蛋白质周转的氨基酸，可以抑制机体蛋白质分解，促进机体蛋白质合成，并具有促进肠道营养物质吸收转运的功能。Ile 缺乏会对育肥猪生长性能和胴体性状产生不利影响，并且显著降低猪血液中其他 EAA 以及 NEAA 的浓度。另外，Ile 可以通过增强局部组织对葡萄糖的摄取，进而促进肌肉生长和肠道健康。Val 对母猪的产乳量及乳成分具有重要影响，但可能是由于一部分 Val 在乳腺中被氧化为二氧化碳而被浪费，母畜对 Val 的利用效率较低。Val 作为泌乳母猪的第三限制性氨基酸，对乳腺的生长发育有重要作用。对猪而言，Val 可以降低胆囊收缩素和阿黑皮素原的释放，促进猪生长性能的发挥。BCAA 氧化供能的效率要明显高于其他氨基酸，尤其是在动物处于特殊生理条件（如饥饿、疾病）下，BCAA 的供能作用对动物体极其重要。

1.3.3.6 Arg 的营养功能

Arg 是保证新生仔猪最大生长性能的 EAA。它是机体组织蛋白中最主要的氮载体，是多种代谢途径的底物（包括精氨酸酶、NO 的合成以及精氨 RNA 的合成），也是合成 NO 的前体物质（Wu 和 Morris，1998；Wu 等，1999）。Arg 可有效地促进免疫功能，增加胸腺重量，减轻或消除创伤后的胸腺萎缩；增强 T 淋巴细胞对有丝分裂原的反应性，从而刺激 T 淋巴细胞的增殖，增加 T 淋巴细胞总数，增加细胞 T 淋巴细胞的功能。Arg 作为合成 NO 的唯一底物，其代谢生成的 NO 可抑制抗体免疫应答，抑制肥大细胞反应性，调节 T 淋巴细胞增殖以及抗体免疫应答反应，激活外周血中的单核细胞。Arg 通过激活胎盘、子宫和胎儿 mTOR 信号通路，促进蛋白质合成（Wu 等，2013）。另外，Arg 是胎猪体内最丰富的氨基酸，在胚胎着床和胎儿发育中发挥重要作用（Wu 等，1996）。

1.3.4 仔猪低蛋白日粮氨基酸平衡模式

1.3.4.1 仔猪 Lys 的需要量

席鹏彬等（2002）的研究发现，以生长性能、血浆尿素氮和游离氨基酸

作为评价指标，体重为 9 kg 仔猪日粮的最佳 Lys 与蛋白质比为：5.8 g/100 g。Gaines 等（2003）的研究指出，体重 7~14 kg 的仔猪 SID Lys 需要量为 1.42%。Fu 等（2004）的研究指出，体重为 11~29 kg 的仔猪获得最高饲料转化效率时，日粮 SID Lys 含量为 1.32%。Bertolo 等（2005）使用氨基酸氧化指标法对生长猪的 Lys 需要量进行了研究，发现生长猪 Lys 的需要量为 0.75%~1.06%。Kendall 等（2008）研究指出，体重为 11~27 kg 的仔猪获得最高日增重时，对日粮 TID Lys 的需要量为 1.30%，最佳赖能比为：3.30 g TID Lys/Mcal ME。NRC（2012）在 NRC（1998）的基础上，进一步总结分析文献，建立数学模型给出 5~7 kg、7~11 kg 和 11~25 kg 仔猪的 SID Lys 需要量，分别为 1.50%、1.35% 和 1.23%。Braga 等（2018）研究指出，日龄为 28~35 d、35~49 d 和 49~63 d 的仔猪对 SID Lys 的需要量分别为 1.25%、1.15% 和 1.05%。

1.3.4.2　仔猪 Met 的需要量

研究发现，在 Met 缺乏的饲料中添加 DL-Met 可以有效提升断奶仔猪的日增重、平均日采食量以及饲料转化效率，Chung 和 Baker（1992）研究指出，5~10 kg 和 10~20 kg 的仔猪日粮最佳 Met 含量为 0.29%，最佳 TID Met 水平为 0.255%。Moehn 等（2008）使用氨基酸氧化指示技术对 11 kg 左右的仔猪 Met 需要量进行了评估，并给出了 0.388% 的日粮推荐含量。NRC（2012）给出的 7~11 kg 和 11~25 kg 仔猪的 Met 需要量分别为 0.44% 和 0.40%，Met+Cys 需要量分别为 0.87% 和 0.79%，SID Met 需要量分别为 0.39% 和 0.36%，SID Met+Cys 需要量分别为 0.74% 和 0.68%。

1.3.4.3　仔猪 Thr 的需要量

Thr 是肠道黏液蛋白质的主要组成成分，黏液蛋白质是动物内源损失的主要来源，因此，Thr 用于维持需要的比例较高，并且 Thr 的需要量易受日粮抗营养因子的影响，这也是不同需要量试验结果不一致的原因。林映才等（2001）研究发现，3.8~9.0 kg 超早期断奶仔猪对日粮中 Thr 的需要量为 0.985%。Wang 等（2006）的试验结果显示，10~25 kg 仔猪每日摄入 5.9 g TID Thr 时可获得最大日增重，每日摄入 6.6 g TID Thr 时可以改善免疫力。Wang 等（2010）的试验结果显示，体重为 5~10 kg 仔猪获得最佳生长性能时日粮 TID Thr 水平为 0.74%，而在日粮 TID Thr 水平为 0.89% 时，仔猪肠道屏障功能得到改善。NRC（2012）中 7~11 kg 和 11~25 kg 仔猪的 SID Thr 需要量推荐值分别为 0.79% 和 0.73%。

1.3.4.4　仔猪 Trp 的需要量

林映才等（2001）研究发现，8~20 kg 仔猪的日粮 Trp 需要量为 0.205%。

Simongiovanni 等（2012）利用整合分析的方式，对 7~25 kg 仔猪的 Trp 需要量进行了评估，研究发现，利用线性平台模型和曲线平台模型估计，仔猪 SID Trp 与 SID Lys 的适宜比值分别为 17% 和 22%。NRC（2012）中 7~11 kg 和 11~25 kg 猪 SID Trp 的需要量推荐值分别为 0.22% 和 0.20%。Nørgaard 等（2015）的试验结果指出，体重为 7~14 kg 仔猪的最佳 SID Trp 与 Lys 的比为 0.20。

1.3.4.5 BCAA 的仔猪需要量

NRC（2012）对体重为 7~11 kg 和 11~25 kg 仔猪 SID Leu 需要量推荐值分别为 1.35% 和 1.23%。Soumeh 等（2015）利用曲线平台模型对 8~12 kg 仔猪的 Leu 需要量进行了评估，指出最佳 SID Leu 与 Lys 比为 0.93。Wessels 等（2016）的研究发现，在二次函数分析下，日龄为 35~77 d 的仔猪 SID Leu 与 SID Lys 比值降低 10% 不会对生长性能产生影响，较为适宜的 SID Leu 与 SID Lys 比值为 97%~108%。

Barea 等（2009）对 11~23 kg 仔猪的 Ile 需要量进行了评估，发现在含有中等含量 BCAA 的小麦-豆粕型日粮饲喂下，仔猪可以在 SID Ile 与 SID Lys 比值不大于 50% 时获得较好的生长性能。NRC（2012）对 7~11 kg 和 11~25 kg 仔猪的 SID Ile 推荐量分别为 0.69% 和 0.63%。Soumeh 等（2014）研究了 8~15 kg 仔猪的 Ile 需要量，发现当 SID Ile 与 Lys 比为 0.52 时，仔猪的日增重和采食量最佳，当 SID Ile 与 Lys 比为 0.48 时，仔猪具有最佳的饲料转化效率。Nørgaard 等（2013）的研究结果表明，在无血细胞日粮饲喂下，8~18 kg 仔猪在 SID Ile 与 Lys 比为 0.52 时获得最佳生长性能。

Mavromichalis 等（2001）对 5~10 kg 和 10~20 kg 仔猪的 Val 需要量进行了评估，指出日粮提供每兆卡代谢能的同时分别提供 2.50 g 和 2.22 g TID Val 可满足仔猪最大生长需要。Theil 等（2004）对 8~21 kg 仔猪进行生长试验研究，发现此阶段仔猪在日粮提供每兆焦代谢能的同时提供 0.59 g AID Val 时获得最佳生长性能。Barea 等（2009）对 12~25 kg 仔猪的 Val 需要量进行了研究，发现此阶段仔猪在 SID Val 与 Lys 之比大于 0.70 时，获得较好的生长性能。NRC（2012）对 7~11 kg 和 11~25 kg 断奶仔猪的 SID Val 需要量分别给出了 0.86% 和 0.78% 的推荐标准。

Leu、Ile 和 Val 同属于 BCAA，由于结构的相似性，在被小肠壁吸收转运时即因对转运载体的竞争而产生拮抗，之后又因为在体内的代谢过程需要相同的酶，因此又会因底物的竞争而产生拮抗。过量 Leu 会增加机体对 Val 和 Ile 的需要（Wiltafsky 等，2010）。

1.3.5　生长猪低蛋白日粮氨基酸平衡模式

1.3.5.1　Lys 的生长猪需要量

De La Llata 等（2007）的研究发现，为达到最佳生长性能，27~45 kg 青年母猪日粮每兆卡代谢能中需要含有总 Lys 3.86 g，而 34~60 kg 阉公猪日粮每兆卡代谢能中需要含有总 Lys 3.31 g。Ivan 等（2004）通过氮平衡试验发现，20 kg 生长猪在日粮总 Lys 含量为 1.10%时氮沉积率最高，而更高的日粮 Lys 含量会抑制生长猪的氮沉积。Bertolo 等（2005）使用氨基酸氧化指标法估测生长猪个体的 Lys 需要量，研究结果发现生长猪的 Lys 需要量为 0.75%~1.06%。张克英等（2001）的研究结果发现，当日粮消化能水平为 13.72 MJ/kg 时，可消化 Lys 含量分别为 0.895 9%和 0.896 1%时，25~35 kg 生长猪的平均日增重和饲料增重比达到最佳值。罗献梅等（2002）发现 35~60 kg 生长猪达到最快生长速度的可消化 Lys 含量为 0.64%，获得最佳饲料增重比的可消化 Lys 含量为 0.66%。

在低蛋白日粮条件下，鲁宁（2010）选用 648 头初始体重为（27.09±3.88）kg 的三元杂交猪，随机分为 6 个日粮处理组：1 个高蛋白质对照组（18%粗蛋白质，SID Lys 为 0.83%）和 5 个低蛋白日粮处理组（14%粗蛋白质，SID Lys 分别为 0.89%、0.96%、1.03%、1.10%和 1.17%）。试验结果显示，当 SID Lys 为 1.03%时，生长猪生长性能最佳，且显著高于高蛋白质对照组；SID Lys 含量为 1.03%和 1.17%时，生长猪的饲料转化效率均显著高于其他处理组。朱立鑫（2010）选用 324 头初始体重为（44.41±4.81）kg 的三元杂交猪，随机分为 6 个日粮处理组：1 个高蛋白质日粮对照组（15.5%粗蛋白质，SID Lys 为 0.74%）和 5 个低蛋白日粮组（11.5%粗蛋白质，SID Lys 分别为 0.62%、0.68%、0.74%、0.80%和 0.86%）。结果显示，生长猪生长性能随 SID Lys 的提高而增加，当 SID Lys 为 0.86%时达到最高水平。

1.3.5.2　Met 的生长猪需要量

Peak（2005）报道，对于单饲和群饲生长猪，以平均日增重为衡量指标，日粮中 TID SAA 最佳浓度是分别为 10.2 mg/g 和 10.9 mg/g，对于现代高瘦肉型断奶仔猪和生长猪，SID SAA 与 Lys 的推荐比例是 62%。Moehn 等（2005）利用氨基酸氧化标记技术，确定了 7~10 d 仔猪的 SID Lys 需要量是 0.34%，变异范围在 0.30%~0.38%，高于 NRC（1998）关于此体重阶段猪的 SID Lys 需要量（0.32%）。Shoveller 等（2003）研究报道，对于全肠外饲养的猪，SAA 的需要量是全肠内饲养的 69%。对于 Cys 与 Lys 的比例一直存在争论。Chung 和 Baker（1992c）指出，10~15 kg 断奶仔猪日粮中 Cys 占 SAA 的比例不能高于 50%。不过，Curtin 等（1952）估算 10~20 kg 断奶仔猪日粮中 Cys 与 SAA 的比例可达到 53%，并且 Baker 等（1969）指出在自由采食的条件下，体重小于 30 kg 的生长猪获得最佳增重时，日粮中 Cys 能够占到总 SAA 的 56%。Yi 等（2006）研究指出，对于 11~26 kg 生长猪获得最佳平均日增重和增重耗料比时的 SID SAA 与 SID Lys 比值，分别是 57.7% 和 58.2%.

在低蛋白日粮条件下，张桂杰（2011）选用初始体重为（25.67 ± 2.74）kg 的三元杂交生长猪 360 头，随机分为 5 个低蛋白日粮处理组（14% 粗蛋白质，SID Lys 为 0.90%，SID SAA 与 SID Lys 比值分别为 0.50、0.55、0.60、0.65 和 0.70）。试验结果显示，低蛋白日粮（14% 粗蛋白质）饲喂下，当以平均日增重、饲料转化效率和血清尿素氮为效应指标时，推荐 20~50 kg 生长猪 SID SAA 与 SID Lys 的比值应不低于 0.61。

1.3.5.3　Thr 的生长猪需要量

NRC（1998）总结了适用于猪维持、蛋白沉积、乳合成和体组织蛋白质的理想 Thr 与 Lys 比例分别为 1.51、0.60、0.58 和 0.58，其中 Thr 用于维持需要的比例最高，说明 Thr 对猪维持需要量具有重要意义。Thr 维持需要高并且沉积率低的原因除了 Thr 的肠道损失大以外，另一原因可能是饲料中 Gly 供给不足，Thr 通过其他途径合成 Gly。冯杰和许荣（2003）研究表明，保证 Lys 需要量的基础上，饲料中 Lys 与 Thr 比例保持在 100：72 可以促进生长育肥猪生长，改善猪只胴体品质；郑春田（2000）报道指出，综合考虑生长猪平均日增重、饲料转化率和血清游离氨基酸及血清尿素氮等指标，Lys 与 Thr 适宜比例应为 100：74；梁福广（2005）报道指出，综合考虑日增重和增重耗料比，获得最佳生长性能的可消化 Lys 与 Thr 的比例为 100：64。

在低蛋白日粮条件下，张桂杰（2011）选取 300 头初始体重为（22.65 ± 2.64）kg 的三元杂交猪，随机分为 5 个低蛋白日粮处理组（14% 粗蛋白质，SID Lys 为 0.90%，SID Thr 与 SID Lys 比值分别为 0.55、0.60、0.65、0.70 和 0.75）。试验结果显示，生长猪平均日增重和饲料转化效率均随 SID Thr 与 SID Lys 比值的升高而显著提高。作者建议低蛋白日粮（14% 粗蛋白质）饲喂下，20~50 kg 生长猪日粮 SID Thr 与 SID Lys 比值应不低于 0.66。

1.3.5.4　Trp 的生长猪需要量

表 2-2 总结了生长猪 Trp 需要量的报道。可以看出，关于生长猪 Trp 最佳需要量存在着争论，目前少有关于低蛋白日粮体系下生长猪 SID Trp 与 Lys 的最佳比例的研究。Trp 相对其他合成氨基酸市场价格高出很多，并且玉米中 Trp 的含量很低，为保证低蛋白条件下，生长猪的最佳生长性能和获得最大经

济效益，非常有必要确定 SID Trp 与 Lys 的最佳比例关系。

表 2-2 生长猪 Trp 需要量

均重（kg）	粗蛋白质（%）	Trp 含量（%）	SID Trp 含量（%）	Trp：Lys	SID Trp：SID Lys	文献来源
30.0	17.92	—	0.17	—	0.19	张克英等，2001
35.0	18.00	0.17	0.15	0.18	0.18	NRC，1998
35.0	13.30	0.23	0.20	0.22	0.23	Eder 等，2003
36.0	15.50	0.13	—	0.14	—	Burgoon 等，1992
39.0	14.20	0.15	0.14	0.20	0.21	林映才等，2002
45.0	14.00	—	0.14	—	0.18	梁福广，2005
46.5	12.00	0.16	—	0.20	—	Henry 等，1996
30.0	—	0.21	0.18	0.21	0.21	Guzik 等，2005
50.0	—	0.17	0.14	0.22	0.20	Guzik 等，2005

在低蛋白日粮条件下，张桂杰（2011）选用 300 头初始体重为（24.74±2.38）kg 三元杂交生长猪，随机分为 5 个低蛋白日粮处理组（14%粗蛋白质，SID Lys 为 0.90%，SID Trp 与 SID Lys 比值分别为 0.13、0.16、0.19、0.22 和 0.25）。试验结果显示，生长猪平均日增重和饲料转化效率均随日粮 SID Trp 与 SID Lys 比值的升高而显著提升。张桂杰（2011）建议低蛋白日粮（14%粗蛋白质）饲喂下，20～50 kg 生长猪在日粮 SID Trp 与 SID Lys 比值应为 0.22。

1.3.5.5 Val 的生长猪需要量

从表 2-3 中可以得到仔猪和生长肥育猪日粮适宜的 SID Val 与 SID Lys 的比大致在 65%～70%，相比而言，与 NRC（1998）模型推荐值比较接近，而高于 NSNG（2010）和 NRC（2012）推荐值（表 2-3）。从图 2-2 可以看出，随着猪体重的增加，NRC（1998）和 NSNG（2010）的 SID Val 与 SID Lys 的比值变化不大，而 NRC（2012）SID Val 与 SID Lys 比值有线性增加的趋势，这可能是因为 NRC（2012）维持需要的 Val 与 Lys 比值要显著高于 NRC（1998）。

在低蛋白日粮条件下，刘绪同（2016）试验一选用 150 头初始体重为（26.4±3.2）kg 的三元杂交猪，随机分为 5 个低蛋白日粮处理组（13.5%粗蛋白质，SID Lys 为 0.90%，SID Trp 与 SID Lys 比值分别为 0.55、0.60、0.65、0.70 和 0.75）。试验结果显示，以平均日增重为效应指标，在单斜率折线模型和二次曲线模型分析下，25～50 kg 生长猪推荐日粮 SID Trp 与 SID Lys 的比值分别为 0.62 和 0.71。试验二选用 150 头初始体重为（49.3±6.1）kg 的三元杂交猪，随机分为 5 个低蛋白日粮处理组（10.8%粗蛋白质，SID Lys 为 0.73%，SID Trp 与 SID Lys 比值分别为 0.55、0.60、0.65、0.70 和 0.75）。试验结果显示，以平均日增重为效应指标，在单斜率折线模型和二次曲线模型分析下，50~70 kg 生长猪推荐日粮 SID Trp 与 SID Lys 的比值分别为 0.67 和 0.72。

表 2-3　生长育肥猪 Val 需要量

均重（kg）	代谢能	SID Val	SID Val：代谢能	SID Val：Lys	参考文献
17.8	3.23	0.66	2.04	0.70	Barea 等，2009
18.8	3.28	0.64	1.96	0.65	Wiltafsky 等，2009a
20.3	3.35	0.72	2.14	0.65	Gaines 等，2011
27.0	3.35	0.72	2.14	0.65	Gaines 等，2011
32.0	3.21	0.57	1.78	0.69	Waguespack 等，2012
36.4	—	0.68	—	0.69	孟易霞等，2014
73.5	3.54	0.45	—	0.68	Lewis 和 Nishimura，1995

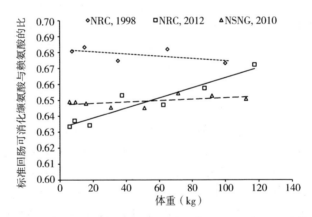

图 2-2　不同营养标准仔猪和生长肥育猪适宜 SID Val 与 Lys 比的推荐值

（刘绪同，2016）

1.3.5.6　Ile 的生长猪需要量

NRC（2012）总结了适用于生长肥育猪的维持、蛋白沉积和体组织蛋白质的理想 Ile 与 Lys 比例，关于 Ile 需要量及其与 Lys 最佳比例的研究结果与 NRC（2012）标准和我国农业部《猪饲养标准》（2004）不尽一致，有必要结合国际国内标准进行反复论证。同时，猪对 Ile 的需要量受猪的基因型、品种、生长阶段、性别、体内代谢状况、饲粮氨基酸平衡和饲养管理条件等多种因素影响。Ile 受日粮配方中各种饲料原料营养成分的影响，主要是受饲料原料中抗营养组分和纤维影响肠道黏液的分泌和肠道的蠕动，导致内源 Ile 损失增加，减少 Ile 的吸收，从而影响了 Ile 的需要量。Zhang 等（2013）报道，日粮中随着胶质的添加，生长肥育猪用于沉积的 Ile 转化效率降低。Myrie 等（2011）发现高纤维原料（小麦、大麦等）降低氨基酸消化率，主要是由于高纤维含量促进了猪肠道的蠕动，食糜在肠道的时间缩短所致。

相比传统玉米-豆粕为基础的日粮，低蛋白日粮组成发生了很大的变化，确定低蛋白日粮中 SID Ile 与 Lys 的最佳比例研究就显得尤其重要。在低蛋白日粮条件下，周相超（2016）选用 180 头初始体重为（21.5±0.5）kg 的三元杂交生长猪，随机分为 5 个低蛋白日粮处理组（14%粗蛋白质，SID Lys 为 0.90%，SID Ile 与 SID Lys 比值分别为 0.42、0.47、0.52、0.57 和 0.62）。试验结果显示，以平均日增重为效应指标，在单斜率折线模型和二次曲线模型分析下，20~50 kg 生长猪推荐日粮 SID Ile 与 SID Lys 的比值为不低于 0.48。

1.3.6　育肥猪低蛋白日粮氨基酸平衡模式

1.3.6.1　Lys 的育肥猪需要量

Hahn 等（1995）将育肥猪分为两个阶段饲养（育肥前期 50~90 kg、育肥后期 90~100 kg），分别研究 Lys 的适宜供给量。结果表明，不同性别间，甚至同一性别前后两个阶段猪的 Lys 需要量的差别也很大：青年母猪育肥前期为 0.64%，育肥后期为 0.52%，阉公猪的结果则为 0.58% 和 0.49%。林映才等（2000）报道，51~93 kg 的育肥猪 Lys 需求参数为 0.70%。采用回直肠吻合术测定基础日粮饲料的氨基酸消化率，则相应的 TID 和 AID Lys 值分别为 0.64% 和 0.59%。不同研究者的研究结果不尽相同，但是普遍认为，育肥前期和育肥后期的 Lys 需要量不同。生长育肥阶段猪正沉积瘦肉，需要较多的 Lys，而且沉积速度不断加快。此后随着瘦肉生长速度的逐渐趋稳，则可相应减少 Lys 的供应量。

在低蛋白日粮条件下，朱立鑫（2010）选用 324 头初始体重为（44.41±4.81）kg 的三元杂交猪，随机分为 6 个日粮处理组：1 个高蛋白质日粮对照组（15.5%粗蛋白质，SID Lys 为 0.74%）和 5 个低蛋白日粮组（11.5%粗蛋白质，SID Lys 分别为 0.62%、0.68%、0.74%、0.80% 和 0.86%）。结果显示，生长猪生长性能随 SID Lys 的提高而增加，当 SID Lys 为 0.86 时达到最高水平。谢春元（2013）选用 120 头初始体重为（72.8±3.6）kg 的二元杂交公猪，随机分为 6 个日粮处理组：1 个高蛋白质对照日粮组（15.3%粗蛋白质，SID Lys 为 0.71%）和 5 个低蛋白日粮组（12%粗蛋白质，SID Lys 分别为

0.51%、0.61%、0.71%、0.81%和0.91%）。结果显示，育肥猪平均日增重及饲料转化效率均随日粮 SID Lys 含量的提高而线性提高。以平均日增重和饲料转化效率为效应指标时，低蛋白日粮（12%粗蛋白质）饲喂下，70～100 kg 去势公猪的 SID Lys 需要量为 0.75%。马文锋（2015）选用初始体重为（87.8±5.9）kg 的三元杂交母猪 108 头，随机分为 6 个日粮处理组：1 个高蛋白质对照日粮（13.5%粗蛋白质，SID Lys 为 0.61%）和 5 个低蛋白日粮组（10%粗蛋白质，SID Lys 分别为 0.49%、0.55%、0.61%、0.67%、0.73%）。试验结果显示，育肥猪平均日增重和饲料转化效率均随日粮 SID Lys 含量的提高而显著提高。以平均日增重为效应指标时，单斜率折线模型和二次曲线模型下，育肥后期猪适宜的日粮 SID Lys 水平分别为 0.57%和 0.65%。

1.3.6.2 Met 的育肥猪需要量

Grandhi 和 Nyahoti（2002）对育肥期公猪、母猪和去势公猪的 Met 与 Lys 最佳比值研究后，指出最佳比值不高于 0.31。Loughmiller 等（1998）研究了 Met 与 Lys 的比值对育肥猪生长性能和体性状的影响，结果表明育肥期青年母猪的最适 AID Met 与 Lys 的比值为 0.25。在育肥猪 SAA 与 Lys 的比值的研究中，Hahn 和 Baker（1995）研究表明，AID SAA 与 Lys 的最佳比值 0.65。然而，Knowles 等（1998a）和 Roth 等（2000）均得到了较低的总 SAA 与 Lys 的比值（0.44 和 0.53）。以日粮百分比表示营养需要量时，研究发现获得最佳日增重和胴体性状时，日粮中的 SAA 含量分别为 0.506%和 0.507%（Santos 等，2007）。

NRC（2012）给出的三个体重阶段（50～75 kg、75～100 kg 和 100～135 kg）的总（或 SID）Lys 和 SAA 与 Lys 比值为 0.29 和 0.59（0.28 和 0.56）、0.30 和 0.60（0.29 和 0.58）、0.30 和 0.61（0.30 和 0.59）。与上述先前文献报道值相比，现行 NRC（2012）对 SAA 的需要量给出了较高的比值。研究发现，获得最佳的胴体性状比获得最佳生产性能（增重和饲料效率）需要更高的 SAA（0.44 vs. 0.65；Knowles 等，1998a）。相反，Roth 等（2000）表明获得最佳生产性能时需要更高的 SAA（0.52 vs. 0.60）。

在低蛋白日粮条件下，谢春元（2013）选用初始体重为（66.6±3.3）kg 的二元杂交阉公猪 150 头，随机分为 5 个低蛋白日粮处理组（10.5%粗蛋白质，SID Lys 为 0.61%，SID SAA 与 SID Lys 比值分别为 0.54、0.59、0.66、0.70 和 0.74）。试验结果显示，以平均日增重为效应指标，在单斜率折线模型和二次曲线模型分析下，65～90 kg 育肥猪推荐日粮 SID SAA 与 SID Lys 的比值分别为 0.60 和 0.75。马文锋（2015）选用 90 头初始体重为（96.6±5.6）kg

的三元杂交母猪，随机分为5个低蛋白日粮处理组（8.8%粗蛋白质，SID Lys为0.51%，SID SAA 与 SID Lys 比值分别为0.48、0.53、0.58、0.63和0.68）。试验结果显示，以平均日增重为效应指标，在单斜率折线模型和二次曲线模型分析下，95～120 kg 育肥猪推荐日粮 SID SAA 与 SID Lys 的比值分别为0.57和0.64。

1.3.6.3 Thr 的育肥猪需要量

Li 等（1999）研究了日粮 Thr 对生长猪生长性能、血液指标和免疫功能的影响，结果表明获得最佳的抗体水平是 Thr 的需要量高于其增重的需要。对研究育肥猪 Thr 需要量的研究进行总结，推荐 SID Thr 与 SID Lys 的比值区为0.59～0.64（Pedersen 等，2003；Plitzner 等，2007；Wecke 和 Liebert，2010）。NRC（2012）给出的3个体重阶段（50～75 kg、75～100 kg 和 100～135 kg）的总和 SID Thr 与 SID Lys 比值分别为0.66和0.61、0.67和0.63、0.69和0.66，全阶段平均值为0.67和0.63。与上述发表的文献相比，NRC（2012）的推荐值差异不大。研究表明，日粮中 Thr 的缺乏能引起日增重的快速下降，但是对肥育猪胴体质量影响不大（Plitzne 等，2007）。

在低蛋白日粮条件下，谢春元（2013）选用初始体重为（72.5±4.4）kg的二元杂交猪138头，随机分为5个低蛋白日粮处理组（10.5%粗蛋白质，SID Lys 为0.61%，SID Thr 与 SID Lys 比值分别为0.56、0.61、0.67、0.72和0.77）。试验结果显示，生长猪平均日增重随日粮 SID Thr 与 SID Lys 比值的提高而二次曲线提高，饲料转化效率则线性提升。以平均日增重为评价指标，使用单斜率折线模型和二次曲线模型进行分析，70～100 kg 育肥阉公猪推荐 SID Thr 与 SID Lys 的比值分别为0.67和0.78。马文锋（2015）选用90头初始体重为（90.6±5.7）kg 的三元杂交母猪，随机分为5个低蛋白日粮处理组（9.6%粗蛋白质，SID Lys 为0.51%，SID Thr 与 SID Lys 比值分别为0.54、0.60、0.66、0.72和0.78）。试验结果显示，育肥猪平均日增重和饲料转化效率均随日粮 SID Thr 与 SID Lys 比值的提高而显著提高。以平均日增重为效应指标时，使用单斜率折线模型和二次曲线模型进行分析，90～120 kg 育肥猪推荐 SID Thr 与 SID Lys 比值分别为0.61和0.70。

1.3.6.4 Trp 的育肥猪需要量

Kendall 等（2007）研究了90～125 kg 育肥去势公猪的 SID Trp 与 SID Lys 的适宜比值，认为育肥后期的 SID Trp 与 SID Lys 的最佳比值在0.15～0.17（单斜率折线模型和最大生产性能对应剂量）。在添加30%DDGS 条件下，SID Trp 与 SID Lys 的比值对生长育肥猪生产性能和胴体性状的影响的研究中，

Bares 等（2010）获得的生长猪和育肥猪评估值分别为 0.17 和大于 0.18；Niti-kanchana 等（2012）给出的育肥猪的评估值为 0.20；但是在其研究中均没有限制日粮 Lys 水平，因此理论上所得的比值将偏低。3 篇文献报道了育肥猪的最佳日粮 Trp 浓度，区间为 0.094% ~ 0.144%（Guzik 等，2005；Haese 等，2006；Pereira 等 2008）。NRC（2012）给出的 3 个体重阶段（50~75 kg、75~100 kg 和 100~135 kg）的平均 SID Trp 与 SID Lys 的比值均约为 0.18。

在低蛋白日粮条件下，谢春元（2013）选用初始体重为（67.3±3.2）kg 二元杂交阉公猪 150 头，随机分为 5 个低蛋白日粮处理组（10.5% 粗蛋白质，SID Lys 为 0.61%，SID Trp 与 SID Lys 比值分别为 0.13、0.16、0.20、0.23 和 0.26）。试验结果显示，以平均日增重为效应指标，在单斜率折线模型和二次曲线模型分析下，65~90 kg 育肥猪推荐日粮 SID Trp 与 SID Lys 的比值分别为 0.20 和 0.25。马文锋（2015）选用 90 头初始体重为（89.1±5.1）kg 的三元杂交母猪，随机分为 5 个低蛋白日粮处理组（9.6% 粗蛋白质，SID Lys 为 0.51%，SID Trp 与 SID Lys 比值分别为 0.12、0.15、0.18、0.21 和 0.24）。试验结果显示，以平均日增重为效应指标，在单斜率折线模型和二次曲线模型分析下，90~120 kg 育肥猪推荐日粮 SID Trp 与 SID Lys 的比值分别为 0.16 和 0.20。

1.3.6.5　Val 的育肥猪需要量

Val 需要量的研究进展已在 1.3.4.5 中总结，此处不再赘述。

在低蛋白日粮条件下，刘绪同试验一选用 150 头初始体重为（71.1±8.6）kg 的三元杂交猪，随机分为 5 个低蛋白日粮处理组（9.2% 粗蛋白质，SID Lys 为 0.61%，SID Val 与 SID Lys 比值分别为 0.55、0.60、0.65、0.70 和 0.75）。试验结果显示，以平均日增重为效应指标，在单斜率折线模型和二次曲线模型分析下，50~70 kg 生长猪推荐日粮 SID Val 与 SID Lys 的比值分别为 0.67 和 0.72。试验二选用 90 头初始体重为（93.8±7.2）kg 的三元杂交猪，随机分为 5 个低蛋白日粮处理组（8.3% 粗蛋白质，SID Lys 为 0.51%，SID Val 与 SID Lys 比值分别为 0.55、0.60、0.65、0.70 和 0.75）。试验结果显示，以饲料转化效率为效应指标，在单斜率折线模型和二次曲线模型分析下，90~110 kg 生长猪推荐日粮 SID Val 与 SID Lys 的比值分别为 0.68 和 0.72。

1.3.6.6　Ile 的育肥猪需要量

NRC（2012）给出的不同体重阶段育肥猪的 SID Ile 推荐量分别为 0.45%（50~75 kg）、0.39%（75~100 kg）和 0.33%（100~125 kg）。Parr 等（2004）研究了 87~105 kg 猪对可消化 Ile 的需要量，当将可消化 Ile 水平设置为 0.25% ~ 0.33% 时，增重和饲料效率随可消化 Ile 的增加而线性增加，并在可消化 Ile 为 0.31% 时达到平稳期。Parr 的试验结果略低于 NRC（2012）的推荐：75~100 kg 育肥猪推荐 SID Ile 为 0.39%，100~125 kg 育肥猪推荐 SID Ile 为 0.33%。

在低蛋白日粮条件下，周相超（2016）选用 180 头初始体重为（51.32±1.8）kg 的三元杂交猪，随机分为 5 个低蛋白日粮处理组（12.4% 粗蛋白质，SID Lys 为 0.78%，SID Ile 与 SID Lys 比值分别为 0.43、0.48、0.53、0.58 和 0.63）。试验结果显示，以平均日增重为效应指标，在单斜率折线模型和二次曲线模型分析下，50~75 kg 生长猪推荐日粮 SID Ile 与 SID Lys 的比值为不低于 0.56。

1.3.7 推荐猪低蛋白日粮氨基酸平衡模式

中国农业大学谯仕彦教授和曾祥芳教授课题组常年致力于猪低蛋白日粮氨基酸营养需要量及平衡模式的研究，经过近 20 年的不断探索与总结，整理出了一套适合于我国生猪养殖过程中各体重阶段日粮蛋白质含量和氨基酸模式的体系，并以此为主体，牵头起草了 2020 年出台的《仔猪、生长育肥猪配合饲料》国家标准（表 2-4）。

表 2-4 《仔猪、生长育肥猪配合饲料》国家标准

项目	仔猪配合饲料			生长育肥猪配合饲料		
	3~10 kg	10~25 kg	25~50 kg	50~75 kg	75~100 kg	>100 kg
营养成分（%）						
粗蛋白质	17.0~20.0	15.0~18.0	14.0~16.0	13.0~15.5	11.0~14.0	10.0~13.0
赖氨酸	1.40	1.20	0.98	0.87	0.75	0.65
蛋氨酸	0.39	0.34	0.27	0.24	0.21	0.18
苏氨酸	0.87	0.74	0.58	0.54	0.47	0.38
色氨酸	0.24	0.20	0.17	0.15	0.13	0.11
缬氨酸	0.90	0.77	0.63	0.56	0.48	0.42
粗纤维	5.00	6.00	8.00	8.00	10.00	10.00
粗灰分	7.00	7.00	7.50	7.50	7.50	7.50
钙	0.50~0.80	0.60~0.90	0.60~0.90	0.55~0.80	0.50~0.80	0.50~0.80
磷	0.50~0.75	0.45~0.70	0.40~0.65	0.30~0.60	0.25~0.55	0.20~0.50
氯化钠	0.30~1.00	0.30~1.00	0.30~0.80	0.30~0.80	0.30~0.80	0.30~0.80

注：总磷含量已经考虑了植酸酶的使用。表中蛋氨酸的含量可以是蛋氨酸+蛋氨酸羟基类似物及其盐折算为蛋氨酸的含量；如使用蛋氨酸羟基类似物及其盐，应在产品标签中标注蛋氨酸折算系数。

1.4 猪低蛋白日粮碳氮适配

保障能量组分和氨基酸组分的平衡供给是配制低蛋白日粮的关键，目前低蛋白日粮的研究聚焦净能和氨基酸静态需要的平衡性，低估了能量组分与氨基酸组分在消化、吸收等体内动态过程中的差异性，及其对养分利用效率的调控。低蛋白日粮以添加合成氨基酸的方式平衡畜禽氨基酸营养需要（Wang等，2018）。合成氨基酸无须经过消化便可直接以游离单体形式出现在胃肠道中，而主要能量底物葡萄糖，则需要经过复杂的胃肠道消化才能从淀粉中脱离出来。因此，猪在采食低蛋白日粮后易出现"碳氮失衡"的情况。能量是一切生命活动的基础，氨基酸与葡萄糖在消化吸收中的异步性降低了猪对饲粮中氨基酸组分的利用效率。首先，营养物质在吸收入血之前被肠道首先代谢，饲粮氨基酸与葡萄糖肠道异步释放可能会引起氨基酸作为能量底物在肠道氧化的比例增加（Beaumont等，2020）。其次，适宜葡萄糖水平可激活肠道氨基酸转运载体，促进氨基酸肠道吸收，葡萄糖的滞后释放会加剧氨基酸的肠道堆积和过度氧化（刘飞飞，2011；Zhou等，2021）。另外，"碳氮失衡"还会引发蛋白质合成部位哺乳动物雷帕霉素靶蛋白途径减弱、氨基酸转运蛋白活性降低、生长激素和瘦素等促蛋白质合成激素分泌抑制等现象，导致氨基酸合成为蛋白质的综合效率降低（Fujita等，2007）。因此，改善饲粮"碳氮适配"可能是增强饲料利用效率的可行方案。

周俊言（2022）研究发现，在低蛋白日粮中适量使用木薯作为支链淀粉来源替代玉米可以有效提升生长猪采食后葡萄糖的吸收速率，提高葡萄糖与氨基酸消化吸收的同步性，调节相关胃肠激素的分泌，并最终改善饲粮氨基酸的利用效率和生长猪的采食量及平均日增重。周俊言（2022）研究指出，低蛋白日粮的淀粉组成可以通过改变饲粮葡萄糖释放模式来调整生长猪营养物质代谢，适宜的饲粮葡萄糖释放模式可以有效增强生长猪全身蛋白质周转和氮利用效率，并提高其生长性能。

在畜禽的消化道中，淀粉和蛋白质混合存在于食糜，饲粮淀粉组成调整引起的淀粉消化速率变化可改变食糜中蛋白质与蛋白酶的接触程度，进而影响蛋白质的消化吸收。周俊言（2022）使用不同来源的纯化淀粉调节低蛋白日粮淀粉组成，在采食后 12 h 内连续收集回肠末端食糜，将每 2 h 的食糜作为 1 个样品进行分析，探讨了生长猪回肠末端食糜中干物质流量和氨基酸消化率随采食后时间的变化规律。结果显示，生长猪采食由蜡质玉米淀粉和玉米淀粉组成的低蛋白日粮后，回肠末端食糜干物质流量先减少后增加，而采食高直链淀粉含量的豌豆淀粉饲粮后，生长猪回肠末端食糜干物质流量逐渐降低后保持稳定。与蜡质玉米淀粉和玉米淀粉相比，豌豆淀粉配制低蛋白质饲粮增加了生长猪回肠末端食糜干物质流量，降低饲粮氨基酸的表观回肠消化率。

营养物质从肠道吸收后首先进入门静脉血液。周俊言（2022）在生长猪门静脉处安装导管以动态监测氨基酸和葡萄糖的吸收。试验数据显示，相比于豌豆淀粉低蛋白日粮，蜡质玉米淀粉低蛋白日粮有效促进生长猪门静脉对多种氨基酸、总 EAA、总氨基酸和总 BCAA 的吸收。骨骼肌对氨基酸的摄取主要用于沉积蛋白质，肌肉氨基酸净通量的增加意味着肌肉蛋白质合成增强（Zheng 等，2017）。周俊言（2022）在生长猪的股动脉和股静脉中安装导管，探究低蛋白日粮淀粉组成对氨基酸在后肢肌肉利用的影响。结果显示，高支链淀粉含量的低蛋白日粮增加了生长猪后肢肌肉的氨基酸净通量，这表明肌肉合成得到改善。作者推测原因如下：首先，易消化的蜡质玉米淀粉能被胃肠道快速消化并释放葡萄糖，为肠道细胞氧化供能，使得本可能被用作肠道能量底物的氨基酸被吸收进入门静脉血液（Wu，1998）。其次，蜡质玉米淀粉组生长猪在采食后迅速提升的血糖浓度可以改善 mTOR 磷酸化并增强氨基酸的吸收及蛋白质合成（Yin 等，2010；Mao 等，2018）。另外，豌豆淀粉中含有较高比例的直链淀粉，其消化速度较慢，这增加了食糜的黏度（Sasaki 等，2000），进而抑制营养物质与消化酶的接触，从而损害营养物质的消化吸收。此外，血糖的快速升高可以刺激促进蛋白质合成的激素的分泌，例如胰岛素和瘦素（Mao 等，2013；Tester 等，2004）。

改善低蛋白日粮碳氮适配必不可少地要用到非常规饲料原料，而非常规饲料原料的用量是需要加以限制的。中国农业大学谯仕彦教授和曾祥芳教授团队牵头起草的标准《生猪低蛋白低豆粕多元化日粮生产技术规范》或可为此提供借鉴（表 2-5）。

表 2-5　生猪不同生理阶段日粮中非常规饲料原料推荐最高用量　　（%）

项目	仔猪		生长育肥猪		母猪	
	3~10 kg	10~25 kg	25~50 kg	50 kg 至出栏	妊娠母猪	泌乳母猪
能量饲料						
糙米	40	40	60	60	60	60
大豆皮	5	5	10	10	30	10
稻谷	—	10	30	30	30	20
高粱	—	10	80	80	80	80
裸大麦	25	80	80	80	80	80

（续表）

项目	仔猪		生长育肥猪		母猪	
	3~10 kg	10~25 kg	25~50 kg	50 kg 至出栏	妊娠母猪	泌乳母猪
皮大麦	15	25	25	25	80	20
米糠	—	10	30	30	30	10
木薯粉	—	15	30	30	30	30
苜蓿干草粉	—	5	10	15	30	5
喷浆玉米皮	—	—	15	15	10	5
玉米皮	—	5	10	10	10	5
碎米	40	40	60	60	60	60
豌豆	10	15	20	20	30	30
小麦	45	45	80	80	80	80
小麦次粉	10	10	40	40	40	40
小麦麸	5	10	10	20	30	15
燕麦	15	40	40	40	40	30
蛋白质饲料						
大豆浓缩蛋白	10	10	—	—	—	—
蛋粉	10	10	—	—	—	—
干白酒糟	—	10	10	10	10	10
干啤酒糟	—	10	10	10	10	10
含可溶物的玉米干酒精糟	5	10	20	20	20	20
花生粕	—	—	10	10	10	—
葵花籽仁粕	—	5	10	15	15	10
米糠粕	—	10	30	30	30	10
棉籽粕	—	10	10	10	15	10
膨化大豆	10	10	—	—	—	5
乳粉	40	30	—	—	—	—
乳清粉	25	10	—	—	—	—
双低菜籽粕	—	10	15	15	15	15
甜菜粕	—	5	10	10	50	10
亚麻粕	—	—	5	5	5	—
鱼粉	15	15	—	—	5	5
玉米蛋白粉	—	5	5	5	5	5
玉米胚芽粕	10	20	20	20	30	15
芝麻粕	—	5	15	15	15	5

注：1. 注意饲料原料真菌毒素对替代比例的影响。

2. "—"表示不推荐使用或使用不经济。

1.5　猪低蛋白日粮电解质平衡

动物机体的生理体液中的电解质主要用于维持渗透压、调节酸碱平衡和控制水分代谢，以确保营养物质在适宜的环境中代谢。同时，一些体内酶需要钾、钠、钙和镁等电解质离子作为辅助因子来保持正常催化活性，这些电解质是酶正常功能的不可或缺的组成部分。根据 Mongin（1981）的观点，酸碱平衡实际上主要由 Na^+、K^+ 和 Cl^- 这三种离子决定，他建议使用日粮中主要阳离子（Na^+ 和 K^+）和阴离子（Cl^-）的毫克当量差值来表示日粮的电解质平衡，即日粮电解质平衡为 $Na^+ + K^+ - Cl^-$。这种方法得到了广泛认可，同时也普遍认为日粮电解质平衡可以代表日粮的离子平衡。

在制备低蛋白日粮时，通常通过减少豆粕含量，并添加工业合成的晶体氨基酸来满足动物机体对氨基酸的营养需求。豆粕富含 K^+，因此减少豆粕含量也会降低日粮中的 K^+ 浓度。当添加 Lys 盐酸盐时，会导致日粮中 Cl^- 浓度升高。高氯低钾的电解质环境有利于 Lys 的吸收，但可能导致 Lys 与 Arg 之间的竞争加剧，使日粮中的 Arg 无法满足猪的营养需求。

Mongin（1981）的研究表明，动物为维持体内的酸碱平衡必须调整酸的摄入和排出。净酸摄入量是通过测量稳定不变的阴离子和阳离子之差来计算的，净酸排出量是通过尿液中的离子平衡来测量的。此外，还需要考虑日粮中摄入的蛋白质的内源产酸量，即内源产酸。当净酸摄入量与内源产酸量之和等于净酸排出量时，动物处于酸碱平衡状态，这对于动物的生产和健康非常有利。因此，日粮中的氨基酸含量会影响动物机体的氨基酸代谢，进而影响动物的酸碱平衡，从而改变动物的生产性能和健康状况。尽管日粮中电解质平衡看起来似乎容易，但在实际操作中却面临诸多困难。首先，相同原料的 DEB 值变异很大；其次，在计算日粮电解质平衡值时，某些无机矿物质载体以及富含 Cl^- 的添加剂，如氨基酸和胆碱的电解质值通常未被考虑在内。这些问题使得确定日粮电解质平衡值变得复杂。

1.6　猪低蛋白日粮营养物质消化吸收

饲粮营养物质在猪胃肠道中的消化可分为以胃和小肠为主要消化部位的化学酶消化和以大肠为主要消化部位的微生物消化。消化酶活性是决定猪前肠道对营养物质消化吸收能力的关键因素，另外，猪肠道中存在着庞大的微生物系统，其发酵特性及产物对宿主营养物质利用和健康具有重要影响。

1.6.1 日粮蛋白质水平对猪前肠道营养物质消化吸收的调控

通过补充晶体氨基酸，低蛋白日粮可以准确满足猪的氨基酸营养需要。晶体氨基酸无须经过消化便可在小肠前段被快速吸收，可能导致饲粮蛋白质对消化酶分泌的刺激减少，减弱猪对营养物质的消化吸收（Phongthai 等，2018）。王钰明（2020）通过在空肠前端和回肠末端造瘘的方式，探索了饲粮蛋白质水平对生长猪空肠消化酶活性以及营养物质表观全肠道消化率和表观回肠消化率的影响。试验结果显示，相对于高蛋白日粮（18%），降低饲粮蛋白质水平至 15% 对生长猪粗蛋白质表观全肠道消化率及表观回肠消化率无显著影响；继续降低饲粮蛋白质水平至 12% 后，生长猪空肠 α-淀粉酶的活性和粗蛋白质表观全肠道消化率及表观回肠消化率均显著降低。He 等（2016）的试验结果也显示，当饲粮蛋白质水平降低 6 个百分点时，生长猪空肠黏膜 α-淀粉酶的 mRNA 表达水平显著下降。另外，值得注意的是，王钰明（2020）研究发现，低蛋白质组猪中性洗涤纤维和酸性洗涤纤维的表观回肠消化率与高蛋白质组相比无显著差异，而表观全肠道消化率则显著降低，作者推测这可能与两组猪后肠道微生物的纤维发酵能力差异有关。

1.6.2 日粮蛋白质水平对猪后肠道微生物组成和发酵代谢的影响

王钰明（2020）通过在生长猪盲肠的游离盲端造瘘，连续收集不同饲粮蛋白质水平下的生长猪盲肠食糜和粪便，实现长期监测大肠中微生物对饲粮蛋白质水平的适应性过程。试验结果表明，低蛋白日粮提高了猪盲肠食糜中的微生物多样性。该试验还发现高蛋白日粮组猪盲肠食糜中普雷沃氏菌科的相对丰度极显著高于低蛋白日粮组。普雷沃氏菌参与后肠多糖的降解并可提高宿主对氨基酸和能量的利用效率（Heinritz 等，2016），其可对食糜中的营养物质进行充分发酵，产生乳酸、乙酸、异丁酸和异戊酸等发酵产物，这可能造成了高蛋白日粮组猪盲肠食糜和粪便中乙酸和总挥发性脂肪酸浓度以及饲粮营养物质消化率的提升。双歧杆菌在 2 组的相对丰度均高于 1%，且低蛋白日粮组中的相对丰度显著高于高蛋白日粮组。双歧杆菌具有多种益生功能，如改善免疫系统紊乱导致的肠道疾病、抑制病原菌的入侵和缓解机体氧化损失等（Sharma 等，2021）。因此，低蛋白日粮组盲肠食糜中高相对丰度的双歧杆菌可能促进了生长猪的后肠健康，并与降低的血清内毒素含量相关。

低蛋白日粮组猪粪便中的瘤胃球菌、拟杆菌_S24-7 和氨基酸球菌等的相对丰度显著低于高蛋白日粮组。瘤胃球菌相对丰度与饲粮中纤维素和木质素的降解有关，是肠道中的主要产丁酸菌（van den Abbeele 等，2013）；拟杆菌_S24-7 是具有较强碳水化合物发酵性能的一类细菌，并可有效缓解小鼠的结肠炎（Ormerod 等，2016），此二类细菌相对丰度的降低可能与低蛋白日粮中可发酵纤维含量较低有关。氨基酸球菌是单胃动物后肠中主要的氨基酸降解菌，低蛋白日粮大幅度降低饲粮蛋白质水平使得进入后肠用于微生物发酵的蛋白质明显减少，致使氨基酸球菌相对丰度降低，这有利于减少蛋白质有害发酵产物生物胺等的产生（Tilocca 等，2017）。

另外，王钰明（2020）研究发现，低蛋白日粮的营养物质表观回肠消化率与高蛋白日粮无显著差异，但多种营养物质的表观全肠道消化率显著低于高蛋白日粮，作者推断后肠道微生物发酵性能的差异是造成这一现象的主要原因。通过体外发酵试验，王钰明（2020）研究发现，高蛋白日粮组猪粪便作为菌种发酵食糜的累计产气量显著高于低蛋白日粮组，这说明在高蛋白日粮饲喂下猪后肠道微生物发酵营养物质的能力增强。而当高蛋白日粮组猪粪便发酵低蛋白日粮组猪食糜时，达到最大产气量1/2的时间最短，这可能与高蛋白日粮组粪便微生物发酵能力强而低蛋白日粮组食糜中可供微生物发酵的营养物质含量少有关。以上研究说明，低蛋白日粮营养结构及其引起的微生物结构变化不利于后肠微生物对营养物质的发酵代谢，但部分菌群相对丰度的变化有助于增强猪肠道健康。

1.7 猪低蛋白日粮与 N-氨甲酰谷氨酸（N-Carbamylglutamate, NCG）

1.7.1 Arg 与 NCG

Arg 是动物细胞中功能最多样的氨基酸之一，是妊娠哺乳动物的营养性必需氨基酸（Wu，2013）。它不仅是蛋白的合成前体，而且是体内多种重要分子的前体物质，如一氧化氮（Nitric oxide，NO）、尿素多胺、脯氨酸（Proline，Pro）、谷氨酸（Glutamic acid，Glu）以及肌酸等（Wu 和 Morris，1998）。NO 和多胺能够刺激细胞增殖和迁移细胞重塑，血管生成以及血管扩张以增加血流量等。

1.7.1.1 Arg 的合成

尽管 Arg 是在肝脏内通过尿素循环合成，然而生成的 Arg 会迅速被体内高活性的精氨酸酶分解，因此通过尿素循环并没有 Arg 的净合成（图 2-3）。近年来的研究发现，小肠吸收性内皮细胞所释放的瓜氨酸（Citrulline，Cit）是哺乳动物内源 Arg 合成的主要来源。内源谷氨酰胺（Glutamine，Gln）、Glu 和血清 Gln 在小肠中广泛代谢并作为肠道合成 Arg 和 Cit 的主要前体物质（Wu，1998）。肠道上皮细胞是负责肠道从 Gln 和 Glu 合成 Arg 和 Cit 的细胞（Wu

等，1994）。在所有研究的断奶或成年哺乳动物中，猪是唯一能够通过小肠释放内源合成的 Arg 到静脉循环中的物种，这得益于小肠黏膜 Arg 合成和代谢的平衡（Wu 等，1994）。

肠道从 Glu 合成 Arg 有一个随着机体发育的变化过程。出生时，小肠是内源 Arg 净合成的主要部位，但是随着肠道精氨酸酶的产生，小肠逐渐成为 Cit 合成的主要部位。这个转变由肾脏日益增长的将鸟氨酸（Ornithine，Orn）合成 Arg 的能力所补偿。在猪初生阶段，肠道上皮细胞净合成 Arg 的能力比净合成 Cit 的能力强（Wu，1997）。出生第 14 天，Arg 和 Cit 的内源净合成急剧下降，但是研究发现 Arg 的净合成仍然存在于更大的动物上。在出生第 29 天，Cit 的内源合成能力大约恢复至其原始的一半。

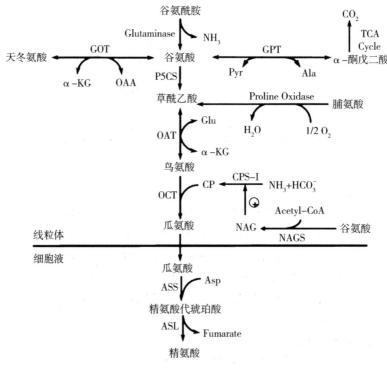

图 2-3 Arg 的内源合成途径

（Wu 等，2007）

除了 Glu 和 Gln，Pro 也是肠道 Arg 和 Cit 合成的一个重要前体（Wu，1997）。猪肠道通过 Pro 合成 Arg 的变化趋势和通过 Glu 合成的途径相似。尽管有研究表明脯氨酸氧化酶主要存在于肝脏、肾脏和大脑中，并且 Pro 也不会在肠道中代谢（Wakabayashi，1991），然而相对高活性的脯氨酸氧化酶也存在于猪和小鼠小肠上皮细胞中（Wu，1997）。

1.7.1.2 Arg 的代谢

在机体内，Arg 可以通过多种途径代谢。Arg 是许多生物分子合成的前体，包括 Orn、多胺（腐胺、精胺和亚精胺）、Pro、Glu、肌酸、胍丁胺、NO 和蛋白（Wu 和 Morris，1998；Wu 等，2010）。经典的 Arg 代谢通路是精氨酸酶催化 Arg 产生 Orn。Orn 随后转化为多胺、Pro、Glu 和 Gln。哺乳动物体内存在两种精氨酸酶异构体。Ⅰ型精氨酸酶是一种主要在肝脏中表达的细胞质酶，Ⅱ型精氨酸酶主要在肝外组织的线粒体中表达，包括肾、大脑、小肠和乳腺以及人和牛的胎盘。尿素循环的所有酶在妊娠母猪的小肠中都有表达（Wu，2010）。这可能是对小肠氨基酸代谢产生的胺毒性的第一道防御。Arg 衍生的 Orn 是母体和胎儿组织中多胺和 Pro 合成的重要前体。Pro 在猪胎盘和胎儿小肠组织多胺的合成中扮演着重要的角色，这些组织中无Ⅰ型和Ⅱ型精氨酸酶活性。

Arg 是 NO 的合成前体物质，催化该反应的是一氧化氮合酶（NO synthase，NOS）。体内有三种形式的 NOS：神经型 NOS（nNOS，也称为 NOS1），诱导型 NOS（iNOS，也称为 NOS2）和内皮型 NOS（eNOS，也称为 NOS3）。NOS1 和 NOS3 以一种细胞特定的方式持续表达，产生低水平的 NO。然而，NOS2 是被特定的免疫刺激诱导后产生大量的 NO，从而作为一种主要的细胞内皮依赖释放因子。几乎所有的细胞都能通过 Cit-Cit 循环转化产生 NO（Wu 等，2009）。

1.7.1.3 NCG 与 Arg 的内源合成

NCG 分子式为 $C_6H_{10}N_2O_5$，分子量是 190.15，纯品为无色透明晶体。NCG 极易溶于水，难溶于有机溶剂，等电点为 3.02。NCG 是 N-acetylglutamate（NAG）的结构类似物（图 2-4），为 NAG 中乙酰基被氨甲基替代的产物。

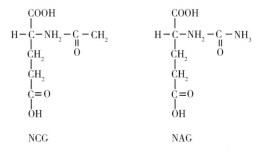

图 2-4 NCG 和 NAG 的结构

（Wu，2004）

体内 Arg 在肝脏中通过尿素循环产生，然而尿素循环并没有 Arg 的生成；近年来的研究发现，哺乳动物肠道上皮细胞释放的 Cit 是 Arg 内源合成的来源（Wu 等，2004）。Gln、Glu 和 Pro 是 Cit 和 Arg 合成的前体（Wu，1997）。Pyrroline-5-Carboxylate（P5C）是 Arg 合成通路的主要中介物，酶学和代谢学上的证据都表明，P5C 合酶（P5CS）和 NAG 合酶（NAGS）是肠道 Cit 合成的两个关键调控酶（Wakabayashi 等，1991；Wu 等，1994；Yamada 和 Wakabayashi，1991）。NAGS 催化 Glu 和辅酶 A 合成 NAG，而 NAG 是氨甲酰磷酸合成酶 I（CPS-I）的变构激活剂。CPS-I 作为 Arg 内源合成的关键酶，催化 Orn 转化为 Cit 过程所必需的线粒体氨甲酰磷酸的合成。NCG 是 NAG 的结构性类似物，且不能被脱酰基酶降解，是氨甲酰磷酸合成酶 I 的代谢稳定激活剂（Meijer 等，1985）。由于哺乳动物细胞胞液中含有高活性的脱酰基酶，因此限制了利用细胞外 NAG 来增加的线粒体内 NAG 含量（Meijer 等，1985）。而 NCG 能进入细胞并在细胞中稳定存在，并且 NCG 对人和动物没有毒性（Grau 等，1992；Kasapkara 等，2011），因此 NCG 可以作为促进 Arg 内源合成的稳定激活剂。

1.7.2 母猪低蛋白日粮与 NCG

Arg 通过激活胎盘、子宫和胎儿 mTOR 信号通路，促进蛋白质合成，从而在人和哺乳动物的胚胎着床和胎儿发育中发挥重要的作用（Wu 等，2013）。另外，Arg 是胎猪体内最丰富的氮载体（Wu 等，1999）以及妊娠早期胎猪组织和尿囊液沉积最多的氨基酸之一（Wu 等，1996）。Arg 促进妊娠早期胚胎着床的机制可能是通过 PI3K/PKB/mTOR 通路促进 NO 的产生（曾祥芳，2011），NO 作为信号分子在胚胎发育和着床中发挥了重要的调控作用（Biswas 等，1998；Ota 等，1999）。

作为 Arg 内源合成的促进剂，NCG 近年来被证实能提高母猪的繁殖性能。经产母猪整个妊娠期日粮添加 0.1%NCG，窝产活仔数增加 0.55 头，仔猪初生窝重提高 1.38 kg，初生个体重提高 70 g（江雪梅等，2011）。妊娠 30~90 d 猪繁殖与呼吸综合征病毒阳性的经产母猪，日粮添加 0.1%的 NCG 可增加窝产活仔数 0.33 头（杨平等，2011）。此外，妊娠 80 d 至分娩的经产母猪饲喂添加 0.08%NCG 的日粮，可使窝产活仔数增加约 1.1 头（刘星达等，2011）。朱进龙（2016）的研究发现，母猪妊娠 0~28 d 日粮添加 0.05%NCG 能显著提高母猪窝产仔数和窝产活仔数，妊娠第 9~28 天添加 0.05%NCG 可显著提高母猪窝产活仔数，对窝产仔数无显著影响。初产母猪妊娠第 0~28 天日粮添加 0.05%NCG 显著提高了妊娠第 28 天总胎儿数、活胎儿数、总活胎儿重、胎盘重和羊水体积，同时显著降低早期胚胎死亡率。曾祥芳（2011）以鼠为模型的研究证实，妊娠期日粮添加 NCG，能促进母体 Arg 家族氨基酸的合成，显著增加孕鼠血清及子宫内液中 Arg 家族氨基酸的浓度，从而显著提高初产大鼠的窝产仔数和窝重。妊娠早期日粮添加 NCG，可通过增加母体血液及子宫内液中 Arg 及其家族氨基酸的浓度，上调 PI3K/Akt/mTOR 信号通路，增加子宫白血病抑制因子及 p-Stat3 的表达，进而促进胚胎着床。NCG 通过 Arg、Pro、Glu 及 Gln 上调子宫内膜细胞白血病抑制因子的表达，上调环胎滋养层细胞 PI3K/Akt/mTOR 信号通路，此外，NCG 通过 Arg 及 Gln 还能上调胚胎滋养层细胞 Stat3 磷酸化水平，促进胚胎滋养层细胞对纤维连接蛋白及层粘连蛋白的黏附，从而促进胚胎着床。

1.7.3　仔猪低蛋白日粮与 NCG

对于新生动物来说，Arg 是维持其生长与代谢的重要营养素，新生动物对 Arg 的需求也相对较高。许多营养或者临床病症条件下都会导致 Arg 营养缺乏（不能满足新生动物生长最大需求与正常代谢功能）。这些条件包括日粮提供的 Arg 营养缺乏，肠道内源合成的 Cit 减少，内源 Arg 合成所需酶的活性降低，肠道 Arg 转运受阻，肠道精氨酸酶过量表达以及肾脏 Cit 转化生成 Arg 障碍。Arg 营养缺乏会导致动物生长性能滞缓，肠道功能与生殖功能受损，免疫与神经发育受阻，血管发育不足，伤口愈合缓慢甚至死亡（Southern 和 Baker，1983；de Jonge 等，2002）。

对于导致哺乳仔猪无法发挥其最大生长潜力的因素，近些年也有不少报道。有些研究发现，母乳中 Arg 的含量并不能满足哺乳仔猪的需求，这一结论主要根据两方面的研究：①动物与母乳的氨基酸组成。研究表明母乳和第 7 天仔猪体组织的 Arg 与 Lys 水平的比值分别是 0.35 ± 0.02 与 0.97 ± 0.05。这些数据表明相当数量的 Arg 是由仔猪自我合成，从而弥补母乳中 Arg 的不足；②母乳中 Arg 的含量与哺乳仔猪 Arg 需要量对比发现母乳只能提供 1 周龄仔猪不足 40% 的 Arg 需要量。因此，从这两点可以看出：①母乳中 Arg 不能满足哺乳仔猪的需求；②内源合成 Arg 在维持哺乳仔猪 Arg 平衡上具有重要作用，这假设在之后的研究中也得到了证明：通过人为抑制 4 日龄哺乳仔猪 Arg 内源合成步骤中 Orn 与吡咯啉-5-羧酸乙酯的转化，12 h 后，血浆中 Orn、Cit 以及 Arg 的浓度分别下降了 59%、52% 和 76%（Flynn 和 Wu，1996）。

NCG 最早是被发现能激活肝脏 Cit 的合成（图 2-3），通过促进肝脏尿素循环来治疗由于先天性 NAG 合成酶缺乏而导致的高血氨症，NAG 合成酶缺陷是一种先天性尿素循环障碍，NCG 可以弥补由于 NAG 合成酶缺陷而导致的

NAG 合成不足，增加病人尿素的生成，并可以增加病人对蛋白质的耐受性（Gebhardt 等，2003；Gebhardt 等，2005）。在长期使用 NCG 治疗 NAG 合成酶缺陷的病人并没有副作用，在新生儿与小鼠上已经被证明没有毒性作用。此外，日粮中添加 100 mg/kg 的 NCG 能够促进 21 日龄断奶仔猪肠道生长，增加十二指肠、空肠和回肠绒毛高度，增加肠黏膜杯状细胞的数量同时，NCG 显著提高了血清中 GSH-Px 以及空肠黏膜中谷胱甘肽水平，降低了血清与空肠黏膜 MDA 的浓度，表明 NCG 可以清除 MDA，增加抗氧化系统中的 GSH-Px 和 GSH，从而提高断奶仔猪的抗氧化应激能力，保证仔猪正常生长（Wu 等，2010）。Wu 等（2004）研究发现 2 mmol/L NCG 能促进 14 日龄哺乳仔猪肠上皮细胞利用 Glu 与 Pro 合成 Cit 与 Arg 的效率。随后的研究也发现给 4 日龄哺乳仔猪每天两次灌服每千克体重 50 mg 的 NCG 对肠道微生物对氨及其他氮源的利用没有影响，对血浆中 EAA 如 Trp、Lys 以及 His 的浓度也没有影响。在研究 NCG 显著增加哺乳仔猪日增重的试验中，Frank 等（2007）发现 NCG 通过增加血浆中 Arg 浓度，提高了生长激素水平，促进生长，增加了肌肉与十二指肠的蛋白质合成，以及体组织蛋白质净沉积。黄志敏（2012）通过 3 个试验研究分别在代乳粉和教槽料中补充或直接灌服 50 mg/kg NCG 对新生仔猪 0~2 周龄的生长性能及小肠形态的影响。试验结果表明，教槽料中补充 0.04%NCG 可以提高仔猪 10~28 d 平均日增重。为新生仔猪直接灌服 NCG 可以提高仔猪 0~2 周的平均日增重，增大试验第 7 天小肠绒毛表面积。日粮添加 0.05%NCG 可使断奶仔猪日增重提高 17%，料肉比下降 11%，同时血浆 Arg 和生长激素含量显著提高，空肠绒毛高度显著增加（岳隆耀等，2010）。日粮添加 NCG 可提高断奶仔猪平均日增重降低仔猪腹泻率（王玎韡等，2010）。添加 NCG 还可以促进仔猪脏器发育，提高空肠和回肠增殖细胞核抗原 mRNA 的表达量，促进肠黏膜增殖，改善肠道形态（Peng，2012）。NCG 不仅增加肠道绒毛高度，降低仔猪腹泻率，而且促进热休克蛋白 HSP70 的表达，提高仔猪免疫力（Wu 等，2010）。添加 NCG 可显著降低断奶仔猪血清皮质醇和丙二醛浓度以及空肠黏膜丙二醛浓度，提高血清谷胱甘肽水平，缓解氧化应激，降低肠黏膜的氧化损伤（高运苓等，2010）。

1.7.4　生长育肥猪低蛋白日粮与 NCG

NCG 能加强尿素循环，促进内源 Arg 合成代谢，进一步产生 NO 和多胺，而 NO 能够促进毛细血管生成和改善血管通透性，增强机体微循环，从而促进营养物质的消化吸收，提高生长育肥猪的生产性能，提高日粮氮利用率。在体重约 80 kg 的育肥猪低蛋白日粮（11.54% 粗蛋白质）中添加 0.1%或 0.2%的

NCG，结果发现，NCG组肌肉脂肪含量、大理石花纹评分、血清中Arg含量分别提高14.3%、15.9%、16.0%、17.7%、12.6%和20.4%，第10肋背膘厚度、背最长肌滴水损失、血清尿素氮含量分别下降13.0%、11.5%，11.5%、14.6%、20.4%和16.7%（赵元等，2016）。在80 kg育肥猪低蛋白日粮（粗蛋白质13.6%）中添加不同水平（0.05%和0.1%）的NCG，结果发现，0.1%NCG组可以显著提高育肥猪平均日增重，降低料重比，提高猪场经济效益（赖玉娇等，2017）。Ye等（2017）研究了低蛋白日粮中添加NCG对于育肥猪生长性能、屠宰性能和肉品质的影响，总的来看，NCG促进内源Arg和肌肉中Leu的合成，促进育肥猪眼肌面积的增加，降低背膘厚度，并对脂肪酸组成没有显著影响。孙卫（2019）的研究发现，在低蛋白日粮基础上补充0.1% NCG可以显著提高30～50 kg和75～100 kg阶段猪的平均日增重，有提高50～75 kg阶段猪平均日增重的趋势；在低蛋白日粮中添加0.1%NCG可以提高90～120 kg育肥猪的平均日增重，促进内源Arg生成，改善屠宰性能。

　　与直接饲喂Arg或者Cit相比，补充NCG具有其特殊的优势：①灌服NCG不会对日粮中Trp、His或Lys的肠吸收以及其血浆浓度产生影响；②NCG能够持续地促进Cit和Arg内源合成，确保在仔猪哺乳期间Arg与从母乳中吸收的其他氨基酸之间的平衡，这对于哺乳仔猪尤其重要：③由于NCG是作为CPS-I和P5C合成酶的代谢激活剂从而发挥促进Arg内源合成，因此低剂量的NCG就能有效地增加仔猪Arg内源供给，具有高效性；④由于NCG不容易被细胞降解酶或者氨基酸代谢酶分解，NCG具有相对较长的半衰期（8～10 h）；最后，NCG可利用Glu、氰酸钾及氢氧化钾在室温下化工合成，故其成本相对较低，更易推广应用。

1.7.5　NCG与非蛋白氮（Non-protein nitrogen，NPN）

　　NPN是一类非蛋白态的含氮化合物的总称，主要包括尿素及其衍生物如缩二脲、缩三脲、磷酸脲和羟甲基脲等，氨及铵盐类如磷酸铵、硫酸铵、氯化铵、硝酸铵、碳酸氢铵等，以及酰胺化合物类如谷氨酰胺、天冬酰胺和双氰胺等。

　　在动物生产中，反刍动物饲料利用NPN比较广泛，常使用尿素、硫酸铵和碳酸氢铵等，主要目的是在日粮蛋白质不足的情况下，补充NPN来提高反刍动物的生产性能；或者在维持生长性能的前提下，替代部分价格较高的蛋白质饲料原料，降低饲料成本。但是NPN在单胃动物日粮中的应用较少，主要是因为反刍动物瘤胃中的部分微生物能够分解NPN产生氨，进一步利用氨作为氮源合成含氮化合物，同时发酵碳水化合物获得碳架和能量，生成菌体蛋白。这些菌体蛋白能够进入皱胃和小肠消化为氨基酸或者小肽，被反刍动物吸收利用，而单胃动物不具有反刍动物的瘤胃及其含有的丰富微生物，不能够直接利用 NPN 合成菌体蛋白供机体利用。

研究发现，在仅含有充足 EAA 的氮缺乏日粮中，添加铵盐和尿素能够促进小鼠的氮沉积和生长性能，首次表明单胃动物能够利用 NPN（Rose 等，1949）。Deguchi 和 Namioka（1989）研究发现，无特定病原体猪能够将尿素和柠檬酸铵的氮转移到各种体组织中，多用于合成 NEAA；而无菌猪能够利用柠檬酸铵中的氮，却不能利用尿素中的氮，表明 NPN 的应用需要微生物先将 NPN 转化为氨态氮的形式，但也有研究表明在低蛋白日粮中添加尿素和磷酸铵对猪的生长性能没有改善作用（Hays 等，1957；Grimson 等，1971；Kornegay，1972）。值得注意的是，近期有研究表明，从盲肠瘘管注入尿素能够促进饲喂 NEAA 缺乏日粮猪的整体氮沉积（Mansilla 等，2015），且后续研究发现，当低蛋白日粮 EAA 充足而来自 NEAA 的氮源严重缺乏时，生长猪可以利用铵态氮作为氮源促进其生长性能的提高，且利用效率和完整蛋白质或 NEAA 相同；而尿素却没有这种效果，进一步证实日粮尿素氮在吸收前必须被肠道微生物分解成氨才可以被猪利用（Mansilla 等，2017）。这些研究表明，在日粮总氮缺乏时，铵态氮的补充提高了猪内脏器官 Ala、Cit 和 Glu 等 NEAA 的合成，这可能是 NPN 促进猪生长性能和氮沉积的原因之一（Mansilla 等，2018）。Li 等（2021）通过代谢试验发现，相比于低蛋白日粮组，补充 NPN 后生长猪总氮和尿氮排出以及氮沉积均有数值上的增加，但效率低于蛋白氮。生长试验的数据显示，在育肥猪低蛋白日粮中添加 NPN 与 NCG 后，猪平均日增重以及总能、粗蛋白质、粗脂肪、中性洗涤纤维和酸性洗涤纤维的表观全肠道消化率均显著提升。以上研究说明，NPN 应用于低蛋白日粮可被猪部分利用，配合使用 NCG 可提高猪对营养物质的利用效率。

2 猪低蛋白日粮饲喂技术案例

从低蛋白日粮的这个内涵可以看出，低蛋白日粮不是一个简单的概念，它最少涉及日粮能量在动物体内的代谢转化，不同来源饲料原料的氨基酸在动物体内的代谢转化，日粮氨基酸的可消化性或可利用性，日粮能量蛋白质平衡及氨基酸之间的相互平衡等诸多方面的内容，可以说低蛋白日粮是当前精准营养研究与应用的集中体现。在实际生产中，则需要配方师深入理解和把握低蛋白日粮的内涵，掌握能量转化、不同饲料氨基酸消化率或利用率数据、能氮平衡数据和氨基酸之间相互平衡的数据，才能做好低蛋白日粮配方。

2.1 猪低蛋白日粮在我国北方地区的应用案例

2.1.1 应用地点和时间

试验选择在山东省德州市一个标准化商品猪场进行，试验猪舍为全封闭模式，水泥地面，下铺地暖，同时猪舍两端安装通风机和水帘。试验期为2—5月，处北方冬春交接之际，舍外温度-5~15℃，舍内采用地暖供热方式将温度保持在18~28℃。

2.1.2 应用动物及日粮

试验采用单因素完全随机设计。选择平均初始体重（29.2±1.5）kg 的健康杜×长×大三元杂交商品猪288头，公母各半，随机分到2个日粮处理，每个日粮处理分配于1栋猪舍（144头），每栋6个重复（栏），每个重复（栏）24头猪，两个试验猪舍的面积、栏数和饲养条件完全相同。试验期分为生长期（25~60 kg）、育肥前期（60~90 kg）和育肥后期（90~110 kg）三个阶段。

日粮处理分别为高蛋白质（HP）日粮和低蛋白质（LP）日粮，各生长阶段两种日粮蛋白质水平设置分别为生长期17%和15%，育肥前期16%和14%，育肥后期15%和13%。各阶段高蛋白和低蛋白日粮净能需要量和SID氨基酸含量保持一致，生长期、育肥前期和育肥后期日粮净能水平根据猪场生产需要分别设置为10.08 MJ/kg、10.25 MJ/kg 和10.25 MJ/kg，SID Lys 与净能比值分别为0.97 g/MJ、0.83 g/MJ 和0.71 g/MJ，并根据需要依次补充 Lys、Thr、Met、Trp 和 Val，具体日粮组成和营养物质含量见表2-6。

表2-6 试验日粮组成和营养物质含量 （%，饲喂基础）

项目	生长期		育肥前期		育肥后期	
	高蛋白	低蛋白	高蛋白	低蛋白	高蛋白	低蛋白
原料						
玉米	68.75	74.47	69.99	75.87	71.33	78.97
豆粕	14.86	8.61	8.59	2.96	2.30	—
菜籽粕	10.00	10.00	15.00	15.00	20.00	15.08
大豆油	2.45	2.36	2.79	1.92	3.10	2.01
L-赖氨酸硫酸盐	0.72	0.98	0.67	0.93	0.64	0.86

（续表）

项目	生长期		育肥前期		育肥后期	
	高蛋白	低蛋白	高蛋白	低蛋白	高蛋白	低蛋白
DL-蛋氨酸	0.13	0.18	0.07	0.13	0.02	0.09
L-苏氨酸	0.13	0.21	0.10	0.18	0.10	0.18
L-色氨酸	0.04	0.07	0.03	0.06	0.03	0.06
L-缬氨酸	0.03	1.03	0.01	0.11	—	0.09
磷酸氢钙	1.44	1.54	1.49	1.59	1.27	1.42
石粉	0.57	0.57	0.38	0.37	0.33	0.36
食盐	0.36	0.36	0.36	0.36	0.36	0.36
植酸酶	0.02	0.02	0.02	0.02	0.02	0.02
预混料[1]	0.50	0.50	0.50	0.50	0.50	0.50
营养成分分析值						
干物质	88.34	88.74	89.48	89.09	89.42	89.23
总能（MJ/kg）	16.82	16.61	16.99	16.69	17.03	16.74
粗蛋白质	17.31	15.09	16.74	14.46	15.62	13.29
中性洗涤纤维	9.80	9.54	11.15	11.07	11.56	10.21
酸性洗涤纤维	4.14	3.61	4.77	4.65	5.10	4.03
精氨酸	1.01	0.79	0.91	0.77	0.80	0.64
组氨酸	0.46	0.36	0.42	0.37	0.40	0.33
异亮氨酸	0.69	0.53	0.64	0.54	0.57	0.46
亮氨酸	1.60	1.42	1.56	1.41	1.46	1.31
赖氨酸	1.15	1.14	1.02	1.04	0.86	0.88
蛋氨酸	0.41	0.44	0.35	0.39	0.29	0.30
蛋+胱氨酸	0.71	0.70	0.63	0.62	0.55	0.54
苯丙氨酸	0.78	0.65	0.76	0.67	0.69	0.57
苏氨酸	0.79	0.78	0.70	0.68	0.65	0.63
色氨酸	0.22	0.22	0.20	0.20	0.18	0.17
缬氨酸	0.86	0.80	0.81	0.77	0.74	0.69
营养成分计算值[2]						
净能[3]（MJ/kg）	10.38	10.38	10.50	10.50	10.50	10.50

（续表）

项目	生长期		育肥前期		育肥后期	
	高蛋白	低蛋白	高蛋白	低蛋白	高蛋白	低蛋白
标准回肠可消化氨基酸[4]						
赖氨酸	1.01	1.01	0.87	0.87	0.75	0.75
蛋+胱氨酸	0.58	0.58	0.52	0.52	0.46	0.46
苏氨酸	0.62	0.62	0.54	0.54	0.49	0.49
色氨酸	0.18	0.18	0.16	0.16	0.14	0.14
缬氨酸	0.65	0.65	0.60	0.60	0.53	0.53
赖氨酸/净能（g/MJ）	0.97	0.97	0.83	0.83	0.71	0.71

注：[1] 预混料为每千克日粮提供：维生素 A（视黄醇乙酸酯）8 250 IU；维生素 D_3（胆钙化醇）825 IU；维生素 E（DL-α-乙酸生育酚）40 IU；维生素 K_3（亚硫酸氢烟酰胺甲萘醌）4 mg；维生素 B_1（硝酸硫胺）1 mg；维生素 B_2（核黄素）5 mg；维生素 B_5（DL-泛酸）15 mg；维生素 B_6（盐酸吡哆醇）2 mg；维生素 B_{12} 25 μg；烟酸 35 mg；叶酸 2 mg；生物素 4 mg；氯化胆碱 600 mg；锰（MnO）25 mg；铁（$FeSO_4 \cdot H_2O$）80 mg；锌（$ZnSO_4$）100 mg；铜（$CuSO_4 \cdot 5H_2O$）50 mg；碘（KI）0.5 mg；硒（Na_2SeO_3）0.15 mg。

[2] 均为将干物质含量调整为 88% 的日粮营养成分计算值。

[3,4] 原料的净能和标准回肠可消化氨基酸来源于农业农村部饲料工业中心数据库。

2.1.3　饲养管理

试验前对猪舍进行清扫消毒，试验期间自由采食和饮水，按猪场常规程序进行消毒、驱虫和免疫，随时观察猪的精神状况和健康状况。

2.1.4　应用效果

2.1.4.1　生长性能

日粮蛋白质水平对生长育肥猪生长性能的影响见表 2-7。结果表明，生长期 HP 日粮组猪的平均日采食量显著低于 LP 日粮组（$P<0.05$），但平均日增重两组间差异不显著，由此导致 HP 日粮组猪的饲料转化效率显著低于 LP 日粮组（$P<0.01$）；育肥前期 HP 日粮组猪的平均日增重极显著高于 LP 日粮组（$P<0.01$），但平均日采食量两组间差异不显著，HP 日粮组饲料转化效率显著低于 LP 日粮组（$P<0.01$）；在育肥后期，LP 日粮组猪的平均日增重和平均日采食量均高于 HP 日粮组。综合整个试验期来看，HP 和 LP 日粮组猪的平均日增重无显著差异，但由于 HP 日粮组猪的平均日采食量相比 LP 日粮组有下降的趋势（$P=0.06$），因此 HP 日粮组猪的饲料转化效率有升高的趋势（$P=0.05$）。

表 2-7　日粮蛋白质水平对生长育肥猪生长性能的影响

项目	高蛋白	低蛋白	均值标准误	P 值
初始均重	29.29	29.06	0.93	0.81
生长期				
末重（kg）	63.91	62.54	1.54	0.39
平均日增重（kg/d）	0.99	0.96	0.02	0.17
平均日采食量（kg/d）	1.85	1.96	0.05	0.04
增重耗料比（g/g）	0.53	0.49	0.01	<0.01
育肥前期				
末重（kg）	83.62	80.39	1.72	0.09
平均日增重（kg/d）	1.04	0.94	0.02	<0.01
平均日采食量（kg/d）	2.65	2.58	0.04	0.15
增重耗料比（g/g）	0.39	0.36	0.01	0.02
育肥后期				
末重（kg）	111.23	110.74	2.16	0.71
平均日增重（kg/d）	0.95	1.05	0.04	0.03
平均日采食量（kg/d）	2.87	3.01	0.06	0.04
增重耗料比（g/g）	0.33	0.35	0.01	0.23
生长—育肥全期				
平均日增重（kg/d）	0.99	0.98	0.02	0.86
平均日采食量（kg/d）	2.39	2.47	0.04	0.06
增重耗料比（g/g）	0.41	0.40	0.01	0.05

注：$P<0.05$ 表示差异显著，$0.05 \leqslant P<0.10$ 表示有差异趋势。$n=6$。

2.1.4.2　表观全肠道营养物质消化率

日粮蛋白质水平对生长育肥猪表观全肠道营养物质消化率的影响见表 2-8。结果表明，生长期饲喂 LP 日粮显著降低了猪干物质、总能和粗蛋白质的表观全肠道消化率（$P<0.01$）；育肥前期饲喂 HP 日粮的猪的干物质消化率也显著高于 LP 日粮组（$P<0.01$），并且随着日粮蛋白质水平下降，粗蛋白质的消化率有下降的趋势（$P=0.08$），但总能的消化率两个处理组间无显著差异；育肥后期随着日粮蛋白质水平下降，干物质的消化率有下降的趋势（$P=0.07$），但总能和粗蛋白质的消化率两个处理组间无显著差异。

表 2-8　日粮蛋白质水平对生长育肥猪表观全肠道营养物质消化率的影响　（%）

项目	高蛋白	低蛋白	均值标准误	P 值
生长期				
干物质	89.89	86.29	0.59	<0.01
总能	90.43	87.15	0.58	<0.01
粗蛋白质	88.44	82.53	0.72	<0.01
育肥前期				
干物质	88.62	86.04	0.59	<0.01
总能	88.20	87.08	0.83	0.20
粗蛋白质	84.68	83.53	0.59	0.08
育肥后期				
干物质	86.33	84.81	0.74	0.07
总能	86.72	85.62	0.76	0.18
粗蛋白质	80.69	79.83	1.12	0.46

注：$P<0.05$ 表示差异显著，$0.05 \leqslant P < 0.10$ 表示有差异趋势。$n=6$。

2.1.4.3　胴体性状、肉品质和肌肉常规营养成分

日粮蛋白质水平对生长育肥猪胴体性状、肉品质和肌肉常规营养成分的影响见表 2-9。结果表明，猪的胴体性状、肉品质和肌肉营养成分两个日粮处理组间无显著差异。从数据上看，LP 日粮组猪的肌内脂肪含量比 HP 日粮组提高 22%。

表 2-9　日粮蛋白质水平对猪胴体品质、肉品质和肌肉营养成分的影响

项目	高蛋白	低蛋白	均值标准误	P 值
胴体品质				
屠宰重（kg）	110.10	109.07	3.56	0.77
热胴体重（kg）	79.78	76.88	3.41	0.41
屠宰率（%）	72.40	70.50	1.66	0.28
胴体长（cm）	90.70	88.92	1.65	0.30
背膘厚（mm）	23.98	24.92	2.33	0.70
眼肌面积（cm^2）	41.69	39.96	3.39	0.62
肉品质				
L*	47.61	46.66	1.04	0.38
a*	16.30	17.61	0.94	0.19
b*	3.07	2.95	0.36	0.75
pH$_{45min}$	6.47	6.42	0.09	0.53

（续表）

项目	高蛋白	低蛋白	均值标准误	P 值
pH$_{24h}$	5.52	5.47	0.08	0.53
滴水损失（%）	2.57	2.52	0.36	0.89
烹饪损失（%）	61.31	61.47	1.24	0.90
肌肉营养成分（%）				
干物质	26.91	26.11	0.63	0.24
粗蛋白质	25.84	25.07	0.61	0.23
肌内脂肪	2.44	2.98	0.43	0.23

注：$P<0.05$ 表示差异显著，$0.05 \leqslant P<0.10$ 表示有差异趋势。$n=6$。

2.1.4.4 肌肉游离氨基酸

日粮蛋白质水平对生长育肥猪肌肉游离氨基酸含量的影响见表 2-10。结果表明，饲喂 HP 日粮的猪背最长肌中的 His、Ile 和 Phe 的含量有高于 LP 日粮组的趋势（$0.05 \leqslant P<0.10$），但其他 EAA、NEAA 和 TAA 含量在两个日粮处理组间无显著差异。

表 2-10　日粮蛋白质水平对猪肌肉氨基酸含量的影响　　（mg/g）

项目	高蛋白	低蛋白	均值标准误	P 值
必需氨基酸				
精氨酸	15.00	14.34	0.38	0.12
组氨酸	10.32	9.68	0.33	0.09
异亮氨酸	11.09	10.54	0.24	0.05
亮氨酸	18.97	18.22	0.42	0.11
赖氨酸	20.64	19.91	0.51	0.19
蛋氨酸	7.06	6.88	0.22	0.47
苯丙氨酸	9.35	9.01	0.18	0.09
苏氨酸	10.71	10.34	0.25	0.17
色氨酸	2.72	2.69	0.09	0.75
缬氨酸	11.89	11.47	0.26	0.14
非必需氨基酸				
半胱氨酸	2.99	2.85	0.37	0.71
脯氨酸	9.09	8.86	0.15	0.16
酪氨酸	7.27	7.01	0.19	0.21
丙氨酸	13.33	12.94	0.29	0.22
天冬氨酸	21.55	20.77	0.46	0.12

（续表）

项目	高蛋白	低蛋白	均值标准误	P 值
谷氨酸	34.54	33.30	0.87	0.19
甘氨酸	10.17	9.98	0.21	0.39
丝氨酸	9.24	8.97	0.20	0.21
总氨基酸	225.92	217.75	4.58	0.11

注：$P<0.05$ 表示差异显著，$0.05 \leqslant P<0.10$ 表示有差异趋势。$n=6$。

2.1.5　讨论分析

生长期饲喂 LP 日粮猪的平均日增重、生长期和育肥前期猪的饲料转化效率均显著低于 HP 日粮组，但在育肥后期 LP 日粮组的猪表现出了补偿生长的特性，从而生长全期两个处理组间的生长性能相似。该结果与前人的结果类似，猪在生长前期对日粮蛋白质水平的变化更敏感，因为需要更多的氮用于体蛋白的沉积，在低蛋白日粮中只补充前 5 种 EAA 已不能满足猪的需要（Prandini 等，2013；Hinson 等，2009）。生长前期由于营养素的缺乏所导致的生长的滞后均会在体成熟后得到补偿，这在猪的研究中也是一种普遍现象（Fabian 等，2004）。此外，北方猪场采用完全自由采食模式，随时保持料槽中有料，低蛋白日粮中晶体合成氨基酸的含量较多，而晶体氨基酸在体内的吸收速率要远快于植物蛋白形式的氨基酸，但一次采食过多会大大降低晶体氨基酸的利用效率，这也可能是生长前期 LP 日粮组的猪生长速率较慢的原因。

低蛋白日粮一直以来最令人担忧的是可能导致猪背部脂肪的增多，这主要是由于低蛋白日粮中高水平的有效能过度地沉积脂肪所致（Kerr 等，2003；Kerr 等，1995），但在采用净能体系配制低蛋白日粮后，该问题得以解决。本应用试验中，在各生长阶段日粮处理间的净能含量一致的情况下，日粮蛋白质水平的差异对猪胴体性状、肉品质和肌肉营养成分没有负面影响。

2.2　猪低蛋白日粮在我国南方地区的应用案例

2.2.1　应用地点和时间

试验选择在我国广西一标准化猪场进行，试验猪舍为半封闭模式，水泥地面，猪舍两端安装通风机和水帘，猪舍顶端安装水雾喷洒设备用于降温。试验期为 6—9 月，正处于南方最热之际，舍外平均温度 30℃以上，舍内通过风机、水帘和猪舍顶部水汽喷洒设备维持猪舍温度为 25~32℃。

2.2.2　应用动物及日粮

试验采用单因素完全随机设计。试验选择平均初始体重为（24.9±

2.4）kg 的健康杜×长×大三元杂交商品猪 378 头，公母各半，随机分为 3 个日粮处理，每个日粮处理 6 栏重复，每栏 21 头猪。试验期分为生长期（30~50 kg）、育肥前期（50~80 kg）和育肥后期（80~110 kg）三个阶段。

每阶段分为 3 个日粮处理，分别为高蛋白质日粮（HP）、低蛋白日粮（LP）和低蛋白添加 0.1%NCG 日粮（LPG），各生长阶段两种日粮粗蛋白质水平分别设置为生长期 17%、15% 和 15%，育肥前期 16%、14% 和 14%，育肥后期 15%、13% 和 13%。本试验所用 NCG 由亚太兴牧（北京）科技有限公司提供，纯度大于 99%。各阶段试验日粮净能需要量和 SID 氨基酸含量保持一致，生长期、育肥前期和育肥后期日粮净能水平根据猪场生产需要分别设置为 10.08 MJ/kg、10.25 MJ/kg 和 10.25 MJ/kg，SID Lys 与净能比值同试验一，并根据需要依次补充 Lys、Thr、Met、Trp 和 Val，具体日粮组成和营养物质含量见表 2-11。

表 2-11 试验日粮组成和营养物质含量   （%，饲喂基础）

项目	生长期		育肥前期		育肥后期	
	高蛋白	低蛋白	高蛋白	低蛋白	高蛋白	低蛋白
原料						
玉米	50.69	50.79	46.50	49.20	53.10	53.11
高粱	15.00	15.00	10.00	10.00	10.00	10.00
大麦	—	—	20.00	20.00	16.22	17.00
豆粕	20.65	13.00	20.41	11.65	18.21	9.18
米糠粕	10.61	17.56	—	5.57	—	7.56
L-赖氨酸盐酸盐	0.36	0.60	—	0.20	—	—
L-赖氨酸硫酸盐	—	—	0.32	0.40	0.20	0.58
DL-蛋氨酸	0.07	0.16	0.03	0.12	—	0.06
L-苏氨酸	0.07	0.20	0.02	0.16	—	0.14
L-色氨酸	—	0.05	—	0.03	—	0.02
L-缬氨酸	—	0.06	—	0.07	—	0.04
磷酸氢钙	0.63	0.62	0.79	0.81	0.43	0.42
石粉	1.06	1.11	1.05	0.92	0.91	0.97
食盐	0.44	0.43	0.46	0.45	0.51	0.50
植酸酶	0.02	0.02	0.02	0.02	0.02	0.02
预混料[1]	0.40	0.40	0.40	0.40	0.40	0.40
营养成分分析值						
干物质	88.17	88.21	88.38	88.43	88.20	88.59

（续表）

项目	生长期		育肥前期		育肥后期	
	高蛋白	低蛋白	高蛋白	低蛋白	高蛋白	低蛋白
总能（MJ/kg）	16.11	15.90	16.15	16.02	16.19	16.11
粗蛋白质	16.93	15.27	16.28	13.69	15.26	13.11
中性洗涤纤维	8.24	9.47	8.92	9.59	8.92	9.36
酸性洗涤纤维	3.00	3.34	3.65	3.88	3.54	3.50
精氨酸	0.99	0.85	0.93	0.72	0.87	0.71
组氨酸	0.41	0.37	0.40	0.32	0.38	0.30
异亮氨酸	0.65	0.59	0.60	0.50	0.59	0.49
亮氨酸	1.62	1.46	1.53	1.27	1.47	1.23
赖氨酸	1.09	1.12	0.97	0.98	0.82	0.81
蛋氨酸	0.37	0.43	0.32	0.36	0.26	0.29
蛋+胱氨酸	0.67	0.68	0.58	0.59	0.51	0.52
苯丙氨酸	0.84	0.74	0.83	0.62	0.72	0.60
苏氨酸	0.74	0.76	0.66	0.67	0.59	0.61
色氨酸	0.19	0.20	0.19	0.18	0.17	0.16
缬氨酸	0.82	0.78	0.77	0.69	0.75	0.64
营养成分计算值[2]						
净能[3]（MJ/kg）	10.08	10.08	10.25	10.25	10.25	10.25
标准回肠可消化氨基酸[4]						
赖氨酸	0.98	0.98	0.85	0.85	0.73	0.73
蛋+胱氨酸	0.56	0.56	0.51	0.51	0.45	0.45
苏氨酸	0.60	0.60	0.53	0.53	0.48	0.48
色氨酸	0.17	0.17	0.15	0.15	0.14	0.14
缬氨酸	0.67	0.63	0.64	0.59	0.60	0.52
赖氨酸/净能（g/MJ）	0.97	0.97	0.83	0.83	0.71	0.71

注：[1] 预混料为每千克日粮提供：维生素 A（视黄醇乙酸酯）8 250 IU；维生素 D_3（胆钙化醇）825 IU；维生素 E（DL-α-乙酸生育酚）40 IU；维生素 K_3（亚硫酸氢烟酰胺甲萘醌）4 mg；维生素 B_1（硝酸硫胺）1 mg；维生素 B_2（核黄素）5 mg；维生素 B_5（DL-泛酸）15 mg；维生素 B_6（盐酸吡哆醇）2 mg；维生素 B_{12} 22 μg；烟酸 40 mg；生物素 4 mg；叶酸 2 mg；氯化胆碱 600 mg；锰（MnO）25 mg；铁（$FeSO_4 \cdot H_2O$）80 mg；锌（$ZnSO_4$）100 mg；铜（$CuSO_4 \cdot 5H_2O$）50 mg；碘（KI）0.5 mg；硒（Na_2SeO_3）0.15 mg。

[2] 均为将干物质含量调整为88%的日粮营养成分计算值。

[3,4] 原料的净能和标准回肠可消化氨基酸来源于农业农村部饲料工业中心数据库。

2.2.3　饲养管理

试验前对猪舍进行清扫消毒，试验期间自由采食和饮水，按猪场常规程序进行消毒、驱虫和免疫，随时观察猪的精神状况和健康状况。

2.2.4 应用效果

2.2.4.1 生长性能

日粮蛋白质水平和添加 NCG 对生长育肥猪生长性能的影响见表 2-12。结果表明，饲喂 HP、LP 和 LPG 日粮均对各生长阶段猪的平均日增重、平均日采食量和饲料转化效率无显著性影响。但从数值上来看，LP 日粮中添加 NCG 可以改善生长期猪的生长性能。

表 2-12　日粮蛋白质水平和添加 NCG 对生长育肥猪生长性能的影响

项目	高蛋白	低蛋白	低蛋白+NCG	均值标准误	P 值
初始均重（kg）	24.94	24.97	24.97	1.04	0.99
生长期					
末重（kg）	60.04	58.71	59.93	1.27	0.72
平均日增重（kg/d）	0.73	0.70	0.73	0.01	0.27
平均日采食量（kg/d）	1.55	1.49	1.52	0.04	0.49
增重耗料比（g/g）	0.47	0.47	0.48	0.01	0.77
育肥前期					
末重（kg）	89.31	87.47	89.59	1.53	0.58
平均日增重（kg/d）	0.81	0.80	0.82	0.02	0.74
平均日采食量（kg/d）	2.12	2.08	2.21	0.06	0.34
增重耗料比（g/g）	0.38	0.39	0.37	0.01	0.61
育肥后期					
末重（kg）	112.91	111.36	113.58	1.92	0.71
平均日增重（kg/d）	0.74	0.75	0.75	0.03	0.94
平均日采食量（kg/d）	2.45	2.37	2.48	0.08	0.59
增重耗料比（g/g）	0.30	0.32	0.30	0.01	0.13
生长-育肥全期					
平均日增重（kg/d）	0.76	0.75	0.76	0.02	0.68
平均日采食量（kg/d）	1.98	1.91	2.00	0.05	0.49
增重耗料比（g/g）	0.38	0.39	0.38	0.01	0.59

注：NCG，N-氨甲酰谷氨酸。$n=6$。

2.2.4.2 表观全肠道营养物质消化率

日粮蛋白质水平和添加 NCG 对生长育肥猪表观全肠道营养物质消化率的影响见表 2-13。结果表明，生长期和育肥前期 HP 日粮组猪的表观全肠道干物质、总能和粗蛋白质的消化率均显著高于 LP 和 LPG 日粮组（$P<0.05$），生长期 LPG 日粮组猪的干物质和总能消化率显著高于 LP 日粮组（$P<0.05$），育

肥前期 LPG 日粮组猪的干物质消化率显著高于 LP 日粮组（$P<0.05$）；育肥后期 HP 日粮组猪的干物质消化率显著高于 LP 和 LPG 日粮组（$P=0.04$），但总能和粗蛋白质的消化率三个处理组间无显著差异。

表 2-13　日粮蛋白质水平和添加 NCG 对生长猪全肠道营养物质消化率的影响 （%）

项目	高蛋白	低蛋白	低蛋白+NCG	均值标准误	P 值
生长期					
干物质	88.87[a]	86.94[c]	87.98[b]	0.27	<0.01
总能	88.83[a]	86.56[c]	87.95[b]	0.27	<0.01
粗蛋白质	87.50[a]	85.50[b]	86.08[b]	0.41	0.01
育肥前期					
干物质	87.16[a]	84.76[c]	86.16[b]	0.31	<0.01
总能	86.93[a]	84.61[b]	85.83[ab]	0.43	<0.01
粗蛋白质	85.81[a]	80.59[b]	81.53[b]	0.46	<0.01
育肥后期					
干物质	86.59[a]	85.32[b]	85.11[b]	0.40	0.04
总能	86.41	85.26	85.10	0.44	0.10
粗蛋白质	81.80	81.25	81.31	0.59	0.77

注：同行数据肩标不同字母表示差异显著（$P<0.05$）。NCG，N-氨甲酰谷氨酸。$n=6$。

2.2.4.3　胴体性状、肉品质和肌肉常规营养成分

日粮蛋白质水平和添加 NCG 对生长育肥猪胴体性状、肉品质和肌肉常规营养成分的影响见表 2-14。结果表明，与 HP 和 LP 日粮组相比，LPG 日粮组猪的眼肌面积有升高的趋势（$P=0.09$），但其他胴体性状、肉品质和肌肉营养成分指标三个日粮处理组间无显著差异。

表 2-14　日粮蛋白质水平和添加 NCG 对猪胴体品质、肉品质和肌肉营养成分的影响

项目	高蛋白	低蛋白	低蛋白+NCG	均值标准误	P 值
胴体品质					
屠宰重（kg）	111.02	110.38	112.33	2.29	0.83
热胴体重（kg）	79.42	77.94	80.64	1.95	0.63
屠宰率（%）	71.53	70.58	71.81	0.92	0.62
胴体长（cm）	95.67	93.83	94.33	2.14	0.82
背膘厚（mm）	24.81	26.14	24.74	1.70	0.81
眼肌面积（cm^2）	40.48	38.80	47.87	2.84	0.09

（续表）

项目	高蛋白	低蛋白	低蛋白+NCG	均值标准误	P 值
肉品质					
L*	51.82	49.06	50.98	1.14	0.24
a*	16.63	18.10	17.66	0.54	0.18
b*	4.10	4.20	3.82	0.40	0.79
pH_{45min}	6.44	6.32	6.36	0.07	0.46
pH_{24h}	5.46	5.48	5.53	0.06	0.67
滴水损失（%）	2.52	2.68	2.54	0.32	0.93
烹饪损失（%）	60.60	61.88	60.49	1.32	0.72
肌肉营养成分（%）					
干物质	26.19	26.97	25.70	0.90	0.61
粗蛋白质	25.42	23.98	24.24	1.12	0.63
肌内脂肪	2.50	2.68	3.12	0.29	0.32

注：NCG，N-氨甲酰谷氨酸。$n=6$。

2.2.4.4 肌肉氨基酸

日粮蛋白质水平和添加 NCG 对生长育肥猪肌肉氨基酸含量的影响见表 2-15。结果表明，猪背最长肌中的 EAA、NEAA 和 TAA 的含量在 3 个日粮处理组间均无显著差异，但从数值上看 LPG 日粮组猪肌肉中总的氨基酸含量最高。

表 2-15 日粮蛋白质水平和添加 NCG 对猪肌肉氨基酸含量的影响 （mg/g）

项目	高蛋白	低蛋白	低蛋白+NCG	均值标准误	P 值
必需氨基酸					
精氨酸	15.35	14.47	15.74	0.84	0.57
组氨酸	10.47	9.80	11.08	0.62	0.39
异亮氨酸	11.54	10.81	11.85	0.69	0.57
亮氨酸	19.73	18.69	20.20	1.11	0.63
赖氨酸	21.47	20.22	21.86	1.23	0.62
蛋氨酸	7.98	7.42	7.84	0.49	0.70
苯丙氨酸	9.78	9.27	9.99	0.54	0.64
苏氨酸	11.19	10.64	11.44	0.61	0.66
色氨酸	2.92	2.83	2.95	0.17	0.88
缬氨酸	12.36	11.75	12.78	0.72	0.62

（续表）

项目	高蛋白	低蛋白	低蛋白+NCG	均值标准误	P 值
非必需氨基酸					
半胱氨酸	3.71	3.18	3.53	0.28	0.39
脯氨酸	9.38	9.04	9.67	0.49	0.68
酪氨酸	7.75	7.33	7.92	0.43	0.62
丙氨酸	13.76	13.14	14.12	0.74	0.65
天冬氨酸	22.47	21.31	23.10	1.25	0.60
谷氨酸	36.08	34.21	36.94	2.02	0.63
甘氨酸	10.18	9.88	10.52	0.51	0.69
丝氨酸	9.73	9.26	9.88	0.52	0.70
总氨基酸	235.86	223.26	241.37	13.09	0.62

注：NCG，N-氨甲酰谷氨酸。$n=6$。

2.2.4.5 血清生化指标和游离氨基酸

日粮蛋白质水平和添加 NCG 对生长育肥猪血清生化指标的影响见表 2-16。结果表明，各生长阶段 LP 和 LPG 日粮组猪的血清中尿素氮含量显著低于 HP 日粮组（$P<0.01$），但其他血清生化指标各处理间无显著差异。

表 2-16 日粮蛋白质水平和添加 NCG 对猪血清生化指标的影响

项目	高蛋白	低蛋白	低蛋白+NCG	均值标准误	P 值
生长期					
总胆固醇（mmol/L）	2.01	2.11	2.05	0.07	0.62
甘油三酯（mmol/L）	0.48	0.44	0.44	0.03	0.57
总蛋白（g/L）	54.07	52.50	50.12	1.33	0.14
谷丙转氨酶（U/L）	41.62	40.08	38.60	1.00	0.14
谷草转氨酶（U/L）	27.60	31.73	30.17	1.97	0.35
碱性磷酸酶（U/L）	154.52	159.55	162.33	13.50	0.92
脂肪酶（U/L）	358.88	365.44	350.90	13.08	0.74
尿素氮（mmol/L）	5.62[a]	2.44[b]	2.50[b]	0.18	<0.01
育肥前期					
总胆固醇（mmol/L）	2.49	2.54	2.52	0.10	0.93
甘油三酯（mmol/L）	0.42	0.40	0.44	0.03	0.74
总蛋白（g/L）	57.23	60.13	59.37	1.04	0.16
谷丙转氨酶（U/L）	40.00	38.18	40.48	2.11	0.72
谷草转氨酶（U/L）	23.53	19.97	19.42	2.83	0.55

（续表）

项目	高蛋白	低蛋白	低蛋白+NCG	均值标准误	P 值
碱性磷酸酶（U/L）	133.90	121.07	136.45	12.11	0.64
脂肪酶（U/L）	337.61	337.61	337.37	12.23	0.99
尿素氮（mmol/L）	4.60[a]	2.67[b]	2.38[b]	0.46	<0.01
育肥后期					
总胆固醇（mmol/L）	2.15	2.07	2.18	0.12	0.82
甘油三酯（mmol/L）	0.37	0.37	0.33	0.04	0.71
总蛋白（g/L）	63.02	63.67	61.15	1.21	0.34
谷丙转氨酶（U/L）	37.52	37.95	41.73	3.37	0.63
谷草转氨酶（U/L）	20.18	22.65	19.45	1.61	0.36
碱性磷酸酶（U/L）	136.43	144.52	139.80	16.22	0.94
脂肪酶（U/L）	353.12	344.91	348.49	7.30	0.73
尿素氮（mmol/L）	5.17[a]	2.91[b]	3.03[b]	0.43	<0.01

注：同行数据肩标不同字母表示差异显著（$P<0.05$）。NCG，N-氨甲酰谷氨酸。$n=6$。

日粮蛋白质水平和添加 NCG 对生长育肥猪血清游离氨基酸的影响见表 2-17。结果表明，各生长阶段饲喂 HP 日粮的猪血清中 His 的含量显著高于 LP 和 LPG 日粮组（$P<0.01$）；相对于 HP 和 LP 日粮组，各生长阶段 LPG 日粮组猪血清中 β-Ala 以及生长期和育肥前期 Arg 的含量显著升高（$P<0.01$）；生长期饲喂 HP 日粮的猪血清中的 Ile 含量显著高于其他两个日粮处理组（$P<0.01$）；育肥前期饲喂 HP 日粮的猪血清中的 Lys 含量显著低于其他两个日粮处理组（$P<0.01$），Ile 和 Phe 的含量显著高于 LP 日粮组（$P<0.05$），但与 LPG 日粮组相比无显著差异；育肥后期饲喂 HP 日粮的猪血清中的 Ile 含量有高于 LP 日粮组的趋势（$P=0.05$），但与 LPG 日粮组相比无显著差异。综合来看，各生长阶段猪血清中 EAA 和 NEAA 的含量不同处理组间无显著差异。

表 2-17　日粮蛋白质水平和添加 NCG 对猪血清游离氨基酸含量的影响

（μmol/L）

项目	高蛋白	低蛋白	低蛋白+NCG	均值标准误	P 值
生长期					
精氨酸	151.95[b]	142.23[b]	184.55[a]	8.67	<0.01
组氨酸	84.22[a]	49.97[b]	55.35[b]	7.14	<0.01
异亮氨酸	121.02[a]	85.50[b]	87.75[b]	5.96	<0.01

（续表）

项目	高蛋白	低蛋白	低蛋白+NCG	均值标准误	P 值
亮氨酸	204.57	197.15	185.32	11.51	0.51
赖氨酸	129.60	195.92	197.08	22.97	0.09
蛋氨酸	32.20	40.27	46.77	4.81	0.13
苯丙氨酸	73.73	57.92	61.90	4.39	0.06
苏氨酸	157.63	193.87	194.63	16.04	0.21
色氨酸	42.28	49.65	51.88	4.81	0.36
缬氨酸	182.18	176.48	186.95	15.83	0.90
β-丙氨酸	20.78[b]	26.05[b]	58.28[a]	3.84	<0.01
必需氨基酸[1]	1 179.38	1 188.96	1 252.18	74.58	0.76
非必需氨基酸[2]	2 595.98	2 490.29	2 520.03	96.47	0.61
育肥前期					
精氨酸	152.70[b]	148.45[b]	184.22[a]	4.79	<0.01
组氨酸	88.32[a]	49.55[b]	51.07[b]	7.34	<0.01
异亮氨酸	104.85[a]	72.25[b]	89.12[ab]	8.22	0.04
亮氨酸	211.15	195.33	215.58	13.76	0.56
赖氨酸	146.50[b]	270.95[a]	291.78[a]	22.97	<0.01
蛋氨酸	40.18	53.83	54.98	4.72	0.08
苯丙氨酸	81.78[a]	64.37[b]	77.18[ab]	4.38	0.03
苏氨酸	129.27	179.40	178.47	20.92	0.19
色氨酸	45.60	46.38	46.63	4.68	0.99
缬氨酸	251.97	238.72	254.75	17.69	0.79
β-丙氨酸	20.17[b]	28.70[b]	55.28[a]	3.12	<0.01
必需氨基酸	1 252.32	1 319.23	1 443.78	83.41	0.51
非必需氨基酸	2 691.44	2 741.46	2 835.11	90.73	0.43
育肥后期					
精氨酸	252.03[a]	211.90[b]	276.55[a]	10.86	<0.01
组氨酸	114.45[a]	72.73[b]	66.30[b]	6.62	<0.01
异亮氨酸	107.78[a]	81.35[b]	89.52[ab]	7.15	0.05
亮氨酸	223.58	202.75	214.48	13.98	0.58
赖氨酸	171.85[b]	271.02[a]	278.27[a]	22.67	<0.01
蛋氨酸	39.12	48.22	55.32	4.57	0.07
苯丙氨酸	93.97	81.28	84.23	5.40	0.25
苏氨酸	189.58	221.73	242.75	23.67	0.31

（续表）

项目	高蛋白	低蛋白	低蛋白+NCG	均值标准误	P 值
色氨酸	45.48	50.55	55.62	5.93	0.50
缬氨酸	270.62	226.72	233.82	18.78	0.24
β-丙氨酸	18.28[b]	22.82[b]	45.17[a]	2.88	<0.01
必需氨基酸	1 508.46	1 468.25	1 596.86	83.73	0.80
非必需氨基酸	2 623.49	2 744.59	2 687.09	91.54	0.71

注：同行数据肩标不同字母表示差异显著（$P<0.05$）。NCG，N-氨甲酰谷氨酸。$n=6$。

2.2.5 讨论分析

与北方商品猪场试验结果不同，在中国南方的大群商品猪试验数据表明，各生长阶段猪的生长性能均未受到日粮蛋白质水平和添加 NCG 的影响，这可能是因为南方正处炎热夏季，猪容易产生热应激，因此导致生长速度较慢，低蛋白日粮中的氮含量完全可以满足猪的每日生长需求。人们普遍认为，降低日粮蛋白质水平并通过补充晶体氨基酸可以减少蛋白质代谢过程中多余氨基酸的能量消耗，从而缓解了热应激状态下猪的热增耗（Kerr 等，2003；Le Bellego 等，2002）。因此，在北方商品猪场生长期的猪体内，营养物质特别是低蛋白日粮中 NEAA 的缺乏降低了蛋白质沉积速率，导致与饲喂高蛋白质日粮的猪相比生长速度较慢（Ruusunen 等，2007）。这说明低蛋白日粮的应用可能因地域而异，EAA 的需求应根据中国的地域特性来精确测定。此外，南北方猪场饲喂模式的不同也可能是导致生长性能下降的原因，北方猪场采用的是完全自由采食模式，而南方试验猪场分阶段每天饲喂 4~6 次（随着生长期的延后饲喂次数逐渐减少）。低蛋白日粮中合成氨基酸的含量较多，一次采食过多会大大降低合成氨基酸的利用效率，因此南方试验猪场少食多餐的饲喂模式有利于低蛋白日粮中晶体氨基酸的高效利用。

本试验发现，日粮蛋白质水平对猪表观全肠道营养物质消化率的影响结果同试验一相近，但营养物质消化率的降低并未对猪的生长速率造成不良影响。此外，本研究还发现在低蛋白日粮中添加 0.1% 的 NCG 可以有效提高猪的营养物质消化率，从而促进饲料转化效率，这可能是因为日粮中添加 NCG 可以提高机体的氮利用效率，促进了机体蛋白质的沉积（Zeng 等，2015）。本研究还发现低蛋白日粮中添加 NCG 可以提高猪背最长肌的眼肌面积。Frank 等（2007）研究发现仔猪日粮中添加 NCG 可以增加肌肉蛋白质的合成，这主要是由于血浆中 Arg 和生长激素水平升高所致。本研究中也发现饲喂添加 NCG

的日粮后,猪血清中的 Arg 浓度显著增加。

血清尿素氮常被用于监测日粮中氨基酸的平衡性,也是反映肝脏功能和肾脏功能的一项重要指标(Ma 等,2015)。正如预期,氨基酸平衡状态更好的低蛋白日粮饲喂的生长猪血清中尿素氮的浓度显著低于高蛋白质日粮。在血清游离氨基酸含量方面,本研究发现,饲喂 LP 和 LPG 日粮的猪在各生长阶段血清中 His 和 Ile 的含量均较低,这可能与低蛋白日粮中这几种氨基酸含量较低且未额外补充有关,也表明这几种氨基酸可能是继 Lys、Thr、Trp、Met 和 Val 之后的下一步限制性氨基酸,在日粮蛋白质水平进一步降低时,需要注意对这几种氨基酸的补充。

3 小结及展望

蛋白质饲料资源短缺和排泄物污染是制约我国养殖业,尤其是养猪业可持续发展的两大瓶颈因素。近年来,低蛋白日粮在突破养猪业此两大瓶颈中的重要贡献越发突出,其环境友好型和资源可持续型特征受到越来越多的关注。低蛋白日粮是根据蛋白质营养的实质和氨基酸营养平衡理论,在不影响畜禽生产性能和产品品质的条件下,通过添加适宜种类和数量的工业氨基酸,降低饲粮蛋白质水平、减少蛋白质原料用量和氮排放的饲粮。其不仅是人类深入认识蛋白质营养实质的突破,更是理论切实指导实践,在生产中能用、好用的实用技术。

猪低蛋白日粮的研究始于 1995 年(Kerr 等,1995),经过近 30 年的不断探索,其内涵逐渐丰富,标准化工作也逐渐完善。截至目前,我国已经对各体重阶段仔猪和生长育肥猪,以及妊娠和哺乳母猪的低蛋白日粮蛋白质水平、净能水平、净能与 Lys 比值以及各种 EAA 回肠末端可消化量给出了推荐范围(Wang 等,2018),并于 2020 年出台了仔猪、生长育肥猪配合饲料国家标准。在蛋白质资源短缺和排泄物污染严重的大背景下,低蛋白日粮的全国性推广已经被放到了重要的位置。然而任何技术在应用过程中都会暴露缺陷与不足,但也都会在不断的研究与实践中得到完善。根据低蛋白日粮的特点特性,开发与之匹配的技术措施,深入挖掘其功能潜力,进一步优化完善低蛋白日粮将是下一步工作的重点。

参考文献

冯杰,许梓荣,2003. 苏氨酸与赖氨酸不同比例对猪生长性能和胴体组成的影响. 浙江大学学报：农业与生命科学版，29（1）：14-17.

高运苓，吴信，周锡红，等，2010. 精氨酸和精氨酸生素对断奶仔猪氧化应激的影响．农业现代化研究（4）：484-487.

江雪梅，吴德，方正锋，等，2011. 饲粮添加 L-精氨酸或 N-氨甲酰谷氨酸对经产母猪繁殖性能及血液参数的影响．动物营养学报：1185-1193.

赖玉娇，何烽杰，刘影，等，2017. NCG 对育肥猪生长性能的影响．中国畜牧业（3）.

梁福广，2005. 生长猪低蛋白日粮可消化赖、蛋+胱、苏、色氨酸平衡模式的研究．北京：中国农业大学.

林映才，蒋宗勇，吴世林，等，1996. 生长肥育猪可消化赖氨酸需要量的研究．中国饲料（6）：19-21.

林映才，蒋宗勇，余德谦，2001. 超早期断奶仔猪可消化蛋氨酸、苏氨酸、色氨酸需求参数研究．动物营养学报（3）：30-39.

林映才，刘炎和，蒋宗勇，等，2002. 生长肥育猪可消化色氨酸需求参数研究．中国饲料（11）：15-17.

刘飞飞，2015. 日粮能源结构对仔猪氮素利用的影响及机制研究．长春：吉林农业大学.

刘星达，吴信，印遇龙，等，2011. 妊娠后期日粮中添加不同水平 N-氨甲酰谷氨酸对母猪繁殖性能的影响．畜牧兽医学报：1550-1555.

刘绪同，2016. 生长肥育猪低氮排放日粮标准回肠可消化缬氨酸与赖氨酸适宜比例及对采食量调控的研究．北京：中国农业大学.

鲁宁，2010. 低蛋白日粮下生长猪标准回肠可消化赖氨酸需要量的研究．北京：中国农业大学.

罗献梅，陈代文，张克英，2002. 35~60 kg 生长猪可消化氨基酸需要量研究．中国畜牧杂志，38（1）：9-10.

马文锋，2015. 猪肥育后期低氮日粮限制性氨基酸平衡模式的研究．北京：中国农业大学.

谯仕彦，王黎文，王凤来，等，2020. 仔猪、生长育肥猪配合饲料．中华人民共和国国家标准 GB/T 5915—2020.

孙卫，2019. 低蛋白质日粮添加 N-氨甲酰谷氨酸对生长育肥猪生长性能的影响．北京：中国农业大学.

王玲鞯，瞿明仁，游金明，等，2010. N-氨甲酰谷氨酸对断奶仔猪生长性能、养分消化率及血清游离氨基酸含量的影响．动物营养学报（4）：1012-1018.

王康宁，2010. 猪禽饲料 NE 测定及其需要量研究．饲料与畜牧（5）：8-11.

王钰明，2020. 日粮蛋白质水平对猪肠道营养物质消化代谢的影响及机制研究．北京：中国农业大学.

席鹏彬，李德发，高天增，2002. 赖氨酸与蛋白质比例对断奶仔猪生长性能、血浆尿素氮及游离氨基酸浓度的影响．动物营养学报，1：36-41．

谢春元，2013．肥育猪低蛋白日粮标准回肠可消化苏氨酸、含硫氨基酸和色氨酸与赖氨酸适宜比例的研究．北京：中国农业大学．

杨平，吴德，车炼强，等，2011．饲粮添加 L-精氨酸或 N-氨甲酰谷氨酸对感染 PRRSV 妊娠母猪繁殖性能及免疫功能的影响．动物营养学报：1351-1360．

易孟霞，易学武，贺喜，等，2014．标准回肠可消化氨酸水平对生长猪生长性能、血浆氨基酸和尿素氮含量的影响，动物营养学报，26：2085-2092．

易学武，2009．生长育肥猪低蛋白日粮净能需要量的研究．北京：中国农业大学．

曾祥芳，2011．氮氨甲酰谷氨酸对大鼠繁殖性能的影响及其机制研究．北京：中国农业大学．

张峰瑞，2013．N-氨甲酰谷氨酸调控新生仔猪肠道黏膜免疫的研究．北京：中国农业大学．

张桂杰，2011．生长猪色氨酸、苏氨酸及含硫氨基酸与赖氨酸最佳比例的研究．北京：中国农业大学．

张克英，罗献梅，陈代文，2001．25~35 kg 生长猪可消化氨基酸的需要量．中国畜牧杂志，37（2）：26-27．

赵元，何立荣，李金林，等，2016．低蛋白质日粮添加 N-氨甲酰谷氨酸、维生素 A 对育肥猪肉品质的影响．中国饲料（21）：12-17．

郑春田，2000，低蛋白质日粮补充异亮氨酸对猪蛋白质周转和免疫机能的影响．北京：中国农业大学．

中华人民共和国农业部，NY/T 65—2004，猪饲养标准．北京：中国农业出版社，2004-09-01．

周俊言，2019．无抗生素低蛋白质日粮氨基酸需要对断奶仔猪肠道健康和生长性能的影响．北京：中国农业大学．

周相超，2016．生长肥育猪低氮日粮异亮氨酸与赖氨酸适宜比例的研究．北京：中国农业大学．

朱进龙，2015．妊娠早期 N-氨甲酰谷氨酸通过调控母猪子宫内膜蛋白组表达提高早期胚胎存活率的研究．北京：中国农业大学．

朱立鑫，2010．低蛋白日粮下肥育猪标准回肠可消化赖氨酸需要量研究．北京：中国农业大学．

ARC，1981．The nutrient requirements of pigs：Technical review. Slough：Commonwealth Agricultural Bureaux.

BAKER D H, CLAUSING W C, HARMON B G, et al., 1969．Replacement valueof cystine for methionine for the young pig. J. Anim, Sci. 29：581-585.

BAKER D H, 1986．Problems and pitfalls in animal experiments designed to establish dietary requirements for essential nutrients. J. Nutr., 116：2339-2349.

BAREA R, BROSSARD L, N. LE FLOCH, et al., 2009. The standardized ileal digestible valine-to-lysine requirement ratio is at least seventy percent in postweaned piglets. J. Anim. Sci, 87: 935-947.

BAREA R, BROSSARD L, LE FLOC'H N, et al., 2009. The standardized ileal digestible isoleucine-to-lysine requirement ratio may be less than fifty percent in eleven-to twenty-three-kilogram piglets. Journal of Animal Science, 87 (12): 4022-4031.

BARNES J A, TOKACH M D, DRITZ S S, et al., 2010. Effects of standardized ileal digestible tryptophan: lysine ratio in diets containing 30% drieddistiller grains with solubles on the growth performance and carcass characteristics of finishingpigs in a commercial environment. In: Kansas State University Swine Day 2010. Report of Progress 1038. USA: Kansas, pp 156-165.

BERTOLO R F, MOEHN S, PENCHARZ P B, et al., 2005. Estimate of the variability of the lysine requirement of growing pigs using the indicator amino acid oxidation technique. Journal of Animal Science, 83 (11): 2535-2542.

BISWAS, KABIR S S N, AND PAL A K, 1998. The role of nitric oxide in the process of implantation in rats. J. Reprod. Fertil. 114: 157-161.

BRAGA D D Á M, DONZELE J L, DONZELE R F M D, et al., 2018. Evaluation of the standardized ileal digestible lysine requirement of nursery pigs from 28 to 63 d of age in a three-phase feeding program. Semina: Ciências Agrárias, 39 (2): 719-730.

BSAS, 2003. Nutrient requirement standards for pigs. Penicuik: British Society of Animal Science.

BURGOON K G, KNABE D A, AND GREGG E J, 1992. Digestible tryptophan requirements of startinggrowing and finishing pigs. J. Anim. Sci. 70: 2493-2500.

CHUNG T K, AND BAKER D H, 1992c. Methionine requirement of pigs between 5 and 20 kilograms body weight. J. Anim. Sci. 70: 1857-1863.

CHUNG T K, BAKER D H, 1992. Ideal amino acid pattern for 10-kilogram pigs. Journal of Animal Science, 70 (10): 3102-3111.

CHUNG T K, BAKER D H, 1992. Maximal portion of the young pig's sulfur amino acid requirement that can be furnished by cystine. Journal of Animal Science, 70 (4): 1182-1187.

CHWALIBOG A, JAKOBSEN K, TAUSON A H, et al., 2005. Energy metabolism and nutrient oxidation in young pigs and rats during feeding, starvation and re-feeding. Comparative Biochemistry and Physiology Part A: Molecular & Integrative Physiology, 140 (3): 299-307.

COLE D J A, 1980. The amino acid requirements of pigs-the concept of an ideal protein. Pig news and Information, 1 (3): 201-205.

CURTIN L V, LOOSLI J K, ABRAHAM J, et al., 1952. The methionine requirement for the growth ofswine. J. Nutr, 48: 499-508.

DE GOEY L W, AND EWAN R C, 1975a. Effect of level of intake and diet dilution on energy metabolism in the young pig. J. Anim. Sci, 40: 1045-1051.

DEGUCHI E, NAMIOKA S, 1989. Synthesis ability of ami-no acids and protein from non-protein nitrogen and role of intestinal flora on this utilization in pigs. Bifidobacteria and Microflora (8): 1-12.

DEGUCHI E, NAMIOKA S, 1989. Synthesis ability of amino acids and protein from non-protein nitrogen and role of intestinal flora on this utilization in pigs. Bifidobacteria and Microflora, 8: 1-12.

DE JONGE W J, KWIKKERS K L, et al., 2002. Arginine deficiency affects early B cell maturationand lymphoid organ development in transgenic mice. J. Clin, Invest, 110: 1539-1548.

DE LA LLATA M, DRITZ S S, et al., 2007. Effects ofincreasing lysine to calorie ratio and added fat for growing-finishing pigs reared in a commercialenvironment: I. growth performance and carcass characteristics. Prof, Anim, Sci., 23: 417-428.

DOURMAD J Y, AND ETTIENNE M, 2002. Dietary lysine and threonine requirements of the pregnant sow estimated by nitrogen balance. J. Anim. Sci, 80: 2144-2150.

EDER, NONN K H, KLUGE H, et al., 2003. Tryptophan requirement of growing pigs atvarious body weights. J. Anim. Physiol. Anim. Nutr. 87: 336-346.

FABIAN J, CHIBA L I, FROBISH L T, et al., 2004. Compensatory growth and nitrogen balance in grower-finisher pigs. Journal of Animal Science, 82 (9): 2579-2587.

FLYNN N E, AND G W, 1996. An important role for endogenous synthesis of arginine in maintainingarginine homeostasis in neonatal pigs. Am. J. Physiol-reg. 1, 271: R1149-R1155.

FRANK J W, ESCOBAR J, NGUYEN H V, et al., 2007. Oral N-carbamylglutamate supplementation increases protein synthesis in skeletal muscle of piglets. The Journal of Nutrition, 137 (2): 315-319.

FUJITA S, DREYER H C, DRUMMOND M J, et al., 2007. Nutrient signalling in the regulation of human muscle protein synthesis. The Journal of Physiology, 582 (2): 813-823.

FULLER M F, MCWILLIAM R, WANG T C, et al., 1989. The optimum dietary amino acid pattern for growing pigs: Requirements for maintenance and for tissue protein accretion. British Journal of Nutrition, 62: 255-267.

FU S X, GAINES A M, RATLIFF B W, et al., 2004. Evaluation of the true ileal digestible (TID) lysine requirement for 11 to 29 kg pigs. Journal of Animal Science, 82: 294.

GAHL M J, CRENSHAW T D, AND BENEVENGA N J, 1994. Diminishing returns in weight, nitrogen, and lysine gain of pigs fed 6 levels of lysine from 3 supplemental sources.

J. Anim. Sci., 72: 3177-3187.

GAINES A M, KENDALL D C, ALLEE G L, et al., 2011. Estimation of the standardized ileal digestible valine – to – lysine ratio in 13 – to 32 – kilogram pigs. J. Anim. Sci, 89: 736-742.

GAINES A M, KENDALL D C, ALLEE G L, et al., 2003. Evaluation of the true ideal digestible (TID) lysine requirement for 7 to 14 kg pigs. Journal of Animal Science, 81: 549.

GEBHARDT, DITTRICH B S, PARBEL S, et al., 2005. N-Carbamylglutamateprotects patients with decompensated propionicaciduria from hyperammonaemia. J. Inherit. MetabDis., 28: 241-244.

GEBHARDT, VLAHO B S, FISCHER D, et al., 2003, N – Carbamylglutamate enhance sammonia detoxification in a patient with decompensated methylmalonic aciduria. Mol. Genet Metab. 79: 303-304.

GRANDHI R R, AND NYACHOTI C M, 2002. Effect of true ileal digestible dietary methionine to lysineratios on growth performance and carcass merit of boars, gilts and barrows selected for lowbackfat, Can. J. Anim. Sci, 82: 399-407.

GRAU E, FELIPO V, MINANA M D, et al., 1992. Treatment of hyperammonemia with carbamylglutamate in rats. Hepatology, 15: 446-448.

GRIMSON R E, BOWLAND J P, 1971. Urea as a nitrogen source for pigs fed diets supplemented with lysine and methionine. Journal of Animal Science, 33: 58-63.

GUZIK A C, SHELTON I L, SOUTHERN L L, et al., 2005. The tryptophanrequirement of growing and finishing barrows. J. Anim. Sci. 83: 1303-1311.

HAESE D, DONZELE J L, DE OLIVEIRA R F M, et al., 2006. Dietary digestible tryptophan levels for barrows with of high genetic potential for lean deposition in the carcass from 60 to 95 kg. Rev. Bras. Zootecn., 35: 2309-2313.

HAHN J D, AND BAKER D H, 1995. Optimum ratio to lysine of threonine, tryptophan, and sulfur amino acids for finishing swine. J. Anim. Sci, 73: 482-489.

HAYS V W, ASHTON G C, LIU C H, et al., 1957. Studies on the Utilization of Urea by Growing Swine. Journal of Animal Science: 1.

HEINRITZ S N, WEISS E, EKLUND M, et al., 2016. Intesti-nal microbiota and microbial metabolites are changed in a pig model fed a high-fat/low-fiber or a low-fat/high-fiber diet. PLoS One, 11 (4): e0154329.

HE L Q, WU L, XU Z Q, et al., 2016. Low-protein diets af-fect ileal amino acid digestibility and gene expression of digestive enzymes in growing and finishing pigs. Amino Acids, 48 (1): 21-30.

HENRY Y, RERAT A, AND GANIER P, 1996. Growth performance and brain neurotransmitters pigs as affected by tryptophan, protein, and sex. J. Anim Sci. 74: 2700-2710.

HINSON R B, SCHINCKEL A P, RADCLIFFE J S, et al., 2009. Effect of feeding reduced crude protein and phosphorus diets on weaning-finishing pig growth performance, carcass characteristics, and bone characteristics. Journal of Animal Science, 87 (4): 1502-1517.

IVAN M, FRAGA A L, PAIANO D, et al., 2004. Nitrogenbalance of starting barrow pigs fed on increasing lysine levels. Braz. Arch, Biol. Technol, 47: 85-91.

JUST A, 1982b. The net energy value of crude (catabolized) protein for growth in pigs. Livest. Prod. Sci 9: 349-360.

KASAPKARA C S, EZGU F S, OKUR I, et al., 2011. N-carbamylglutamate treatment for acute neonatal hyperammonemia in isovaleric acidemia. Eur. J. Pediatr., 170: 799-801.

KENDALL D C, GAINES A M, KERR B J, et al., 2007. True ileal digestible tryptophan to lysine ratios in ninety-to one hundred twenty-five-kilogram barrows. J. Anim. Sci, 85: 3004-3012.

KENDALL D C, GAINES A M, ALLEE G L, et al., 2008. Commercial validation of the true ileal digestible lysine requirement for eleven-to twenty-seven-kilogram pigs. J. Anim. Sci., 86: 324-332.

KENDALL D C, GAINES A M, ALLEE G L, et al., 2008. Commercial validation of the true ileal digestible lysine requirement for eleven-to twenty-seven-kilogram pigs. Journal of Animal Science, 86 (2): 324-332.

KERR B J, EASTER R A, 1995. Effect of feeding reduced protein, amino acid - supplemented diets on nitrogen and energy balance in grower pigs. Journal of Ani-mal Science, 73 (10): 3000-3008.

KERR B J, MCKEITH F K, EASTER R A, 1995. Effect on performance and carcass characteristics of nursery to finisher pigs fed reduced crude protein, amino acid-supplemented diets. Journal of Animal Science, 73 (2): 433-440.

KERR B J, SOUTHERN L L, BIDNER T D, et al., 2003. Influence of dietary protein level, amino acid supplementation, and dietary energy levels on growing-finishing pig performance and carcass composition1. Journal of Animal Science, 81 (12): 3075-3087.

KNOWLES T A, SOUTHERN L L, AND BIDNER T D, 1998. Ratio of total sulfur amino acids to lysine for finishing pigs. J. Anim. Sci., 76: 1081-1090.

KORNEGAY E T, 1972. Supplementation of lysine, ammonium polyphosphate and urea in diets for growing-finishing pigs. Journal of Animal Science, 34: 55-63.

LE BELLEGO L, VAN MILGEN J, NOBLET J, 2002. Effect of high temperature and low-protein diets on the performance of growing-finishing pigs. Journal of Animal Science, 80 (3): 691-701.

LEWIS A J, AND NISHIMURA N, 1995. Valine requirement of the finishing pig. J. Anim. Sci., 73: 2315-2318.

LI D F, XIAO C T, OIAO S Y, et al., 1999. Effects of dietarythreonine on performance, plasma parameters and immune function of growing pigs. Anim, FeedSci. Technol, 78: 179-188.

LI P L, WU F, WANG Y M, et al., 2021. Combination of non-protein nitrogen and N-carbamylglutamate supple-mentation improves growth performance, nutrient di-gestibility and carcass characteristics in finishing pigs fed low protein diets. Animal Feed Science and Technology, 273: 114753.

LOUGHMILLER J A, NELSSEN J L, GOODBAND R D, et al., 1998. Influence of dietary total sulfur amino acids and methionine on growth performance and carcasscharacteristics of finishing gilts. J. Anim Sci., 76: 2129-2137.

MANSILLA W D, COLUMBUS D A, HTOO J K, et al., 2015. Nitrogen absorbed from the large intestine increases whole-body nitrogen retention in pigs fed a diet defi-cient in dispensable amino acid nitrogen. The Jour-nal of Nutrition, 145 (6): 1163-1169.

MANSILLA W D, HTOO J K, DE LANGE C F M, 2017. Nitrogen from ammonia is as efficient as that from free amino acids or protein for improving growth per-formance of pigs fed diets deficient in nonessential a-mino acid nitrogen. Journal of Animal Science, 95 (7): 3093-3102.

MANSILLA W D, SILVA K E, ZHU C L, et al., 2018. Am-monia-nitrogen added to low-crude-protein diets defi-cient in dispensable amino acid-nitrogen increases the net release of alanine, citrulline, and glutamate post-splanchnic organ metabolism in growing pigs. The Journal of Nutrition, 148 (7): 1081-1087.

MAO X B, ZENG X F, HUANG Z M, et al., 2013. Leptin and leucine synergistically regulate protein metabolism in C2C12 myotubes and mouse skeletal muscles. The British Journal of Nutrition, 110 (2): 256-264.

MAO Z, ZHANG W Z, 2018. Role of mTOR in glucose and lipid metabolism. International Journal of Molecular Sciences, 19 (7): 2043.

MAVROMICHALIS I, KERR B J, PARR T M, et al., 2001. Valine requirement of nursery pigs. Journal of Animal Science, 79 (5): 1223-1229.

MA W F, ZHANG S H, ZENG X F, et al., 2015. The appropriate standardized ileal digestible tryptophan to lysine ratio improves pig performance and regulates hormones and muscular amino acid transporters in late finishing gilts fed low-protein diets. Journal of Animal Science, 93 (3): 1052-1060.

MEIJER A J, LOF C, RAMOS I C, et al., 1985. Control of ureogenesis. Eur. J. Biochem, 148: 189-196.

MILLIGAN L, AND SUMMERS M, 1986. The biological basis of maintenance and its relevance to assessing responses to nutrients. Proc. Nutr. Soc., 45: 185-193.

MITCHELL H H, BLOCK R J, 1946. Some relationships between the amino acid contents of proteins and their nutritive values for the rat. Journal of Biological Chemistry, 163: 599-620.

MOEHN S, BALL R O, FULLER M F, et al., 2004. Growth potential, but not body weight or moderatelimitation of lysine intake, affects inevitable lysine catabolism in growing pigs. J. Nutr., 134: 2287-2292.

MOEHN, SHOVELLER S A, RADEMACHER M, et al., 2005. The methionine requirement varies betweenindividual weaned pigs fed a corn - soybean meal diet. J. Anim. Sci. 83 (Suppl. 1): 287. (Abstr.).

MOEHN S, SHOVELLER A K, RADEMACHER M, et al., 2008. An estimate of the methionine requirement and its variability in growing pigs using the indicator amino acid oxidation technique. Journal of Animal Science, 86 (2): 364-369.

MONGIN P, 1981. Recent advances in dietary anion-cation balance: application in poultry. Proceedings Nutrition Society, 40: 285-294.

MOUGHAN P J, 1999. Protein metabolism in the growing pig. In: I. Kyriazakis (ed.) A QuantitativeBiology of the Pig. Oxon: CABI Publishing, pp 299-331.

MYRIE S B, BERTOLO R F, SAUER W C, et al., 2008. Effect of common antinutritive factors and fibrousfeedstuffs in pig diets on amino acid digestibilities with special emphasis on threonine. J. Anim. Sci 86: 609-619.

NATIONAL SWINE NUTRITION GUIDE, 2010. National Swine Nutrition Guide Tables on Nutrient Recommendations, Ingredient Composition, and Use Rates. U. S. Pork Center of Excellence, Ames. IA.

NITIKANCHANA S, TOKACH M D, DRITZ S S, et al., 2012. Determining the effects of standardized ileal digestible tryptophan: lysine ratio and tryptophan source in diets containing dried distillers grains with solubles on growth performance and carcass characteristics of finishing pigs. In: Kansas State University Swine Day 2012. Report of progress1074. USA: Kansas: 189-203.

NOBLET I, FORTUNE H, SHI X S, et al., 1994a. Prediction of net energy value of feeds for growing pigs. J. Anim. Sci. 72: 344-354.

NOBLET J, AND SHI X S, 1994, Effect of body weight on digestive utilization of energy and nutrients of ingredients and diets in pigs. Livest. Prod. Sci., 37: 323-338.

NOBLET J, AND VAN MILGEN J, 2004. Energy value of pig feeds: effect of pig body weight and energyevaluation system. J. Anim. Sci., 82 (E. Suppl): E229-E238.

NRC, 1998. Nutrient requirements of swine. 10th rev. ed. Washington, DC: National Academy

Press.

NRC, 2012. Nutrient requirements of swine. 11th rev. ed. Washington, DC: National Academy Press.

NØRGAARD J V, PEDERSEN T F, SOUMEH E A, et al., 2015. Optimum standardized ileal digestible tryptophan to lysine ratio for pigs weighing 7-14 kg. Livestock Science, 175: 90-95.

NØRGAARD J V, SHRESTHA A, KROGH U, et al., 2013. Isoleucine requirement of pigs weighing 8 to 18 kg fed blood cell - free diets. Journal of Animal Science, 91 (8): 3759-3765.

ORMEROD K L, WOOD D L A, LACHNER N, et al., 2016. Genomic characterization of the uncultured Bacteroid - ales family S24 - 7 inhabiting the guts of homeothermic animals. Microbiome, 4 (1): 36.

OTA, H, IGARASHI S, OYAMA N, et al., 1999. Optimal levels of nitric oxide are crucial for implantation in mice. Reprod. Fertil. Dev., 11: 183-188.

PARR T M, KERR B J, AND BAKER D H, 2004. Isoleucine requirement for late-finishing (87 to 100 kg) pigs. Journal of animal science, 82 (5): 1334-1338.

PAULICKS B R, OTT H, AND ROTH-MAIER D A, 2003. Performance of lactating sows in response to the dietary valine supply. J. Anim. Physiol. Anim. Nutr, 87: 389-396.

PEAK S, 2005. TSAA requirement for nursery and growing pigs. In: G. Foxcroft (ed.) Advances in PorkProduction. Alberta: Univ. of Alberta Press: 101-107.

PEDERSEN C, LINDBERG J E, AND BOISEN S, 2003. Determination of the optimal dietary threoninelysine ratio for finishing pigs using three different methods. Livest. Prod. Sci., 82: 233-243.

PENG Y, 2012. Effects of oral supplementation with N-Carbamylglutamate on serum biochemical indices and intestinal morphology with its proliferation in weanling piglets. Journal of Animal and Veterinary Advances, 16: 2926-2929.

PEREIRA A, DONZELE L L, DE OLIVEIRA R F M, et al., 2008. Dietary digestible tryptophan levels for barrows with high genetic potential in the phase from 97 to 125 kg. Rev. Bras. Zootecn., 37: 1984-1989.

PESTI G M, VEDENOV D, CASON J A, et al., 2009. A comparison of methods to estimate nutritional requirements from experimental data. Br. Poult. Sci, 50: 16-32.

PHONGTHAI S, D'AMICO S, SCHOENLECHNER R, et al., 2018. Fractionation and antioxidant properties of rice bran protein hydrolysates stimulated by in vitro gastro-intestinal digestion. Food Chemistry, 240: 156-164.

PLITZNER C, ETTLE T, HANDL S, et al., 2007. Effects of different dietary threonine levels on growth and slaughter performance in finishing pigs. Czech J. Anim. Sci, 52:

447-455.

PRANDINI A, SIGOLO S, MORLACCHINI M, et al., 2013. Microencapsulated lysine and low-protein diets: Effects on performance, carcass characteristics and nitrogen excretion in heavy growing-finishing pigs. Journal of Animal Science, 91 (9): 4226-4234.

RADEMACHER M, SAUER W C, JANSMAN A J M, 2009. Standardized ileal digestibility of amino acid in pigs. Germany: Evonik Degussa GmbH.

ROBBINS, SAXTON K R A M, AND SOUTHERN L L, 2006. Estimation of nutrient requirements usingbroken - line regression analysis. J. Anim. Sci., 84 (Suppl.): E155 - E165.

ROSE W C, SMITH L C, WOMACK M, et al., 1949. The utilization of the nitrogen of ammonium salts, urea, and certain other compounds in the synthesis of non-essential amino acids in vivo. The Journal of Bio-logical Chemistry, 181 (1): 307-316.

ROTH, EDER F X K, RADEMACHER M, et al., 2000. Influence of the dietary ratio betweersulphur containing amino acids and lysine on performance of growing-finishing pigs fed diets withvarious lysine concentrations. Arch. Anim. Nutr, 53: 141-155.

RUUSUNEN M, PARTANEN K, PÖSÖ R, et al., 2007. The effect of dietary protein supply on carcass composition, size of organs, muscle properties and meat quality of pigs. Livestock Science, 107 (2-3): 170-181.

SANTOS F D, DONZELE J L, DE OLIVEIRA R F M, et al., 2007. Digestible methionine plus cystine requeriment of high genetical potentialbarrows in the phase from 60 to 95 kg. Rev Bras. Zootecn., 36: 2047-2053.

SASAKI T, YASUI T, MATSUKI J, 2000. Effect of amylose content on gelatinization, retrogradation, and pasting properties of starches from waxy and nonwaxy wheat and their F_1 seeds. Cereal Chemistry, 77 (1): 58-63.

SHARMA M, WASAN A, SHARMA R K, 2021. Recent developments in probiotics: an emphasis on Bifidobacte-rium. Food Bioscience, 41: 100993.

SHOVELLER A K, BRUNTON J A, PENCHARZ P B, et al., 2003, The methionine requirement is lower in neonatal piglets fed parentally than in those fed enterally. J. Nutr, 133: 1390-1397.

SIMONGIOVANNI A, CORRENT E, LE FLOC'H N, et al., 2012. Estimation of the tryptophan requirement in piglets by meta-analysis. Animal, 6 (4): 594-602.

SOENKE M, JACOB A, AND RONALD O, 2005. Using net energy for diet formulation: Potential for the canadian pig industry. Adv. Pork. Prod., 16: 119-129.

SOUMEH E A, VAN MILGEN J, SLOTH N M, et al., 2014. The optimum ratio of standardized ileal digestible isoleucine to lysine for 8-15 kg pigs. Animal Feed Science and Technology, 198: 158-165.

SOUMEH E A, VAN MILGEN J, SLOTH N M, et al., 2015. The optimum ratio of stand-ardized ileal digestible leucine to lysine for 8 to 12 kg female pigs. Journal of Animal Sci-ence, 93 (5): 2218-2224.

SOUTHERN L, AND BAKER D H, 1983. Arginine requirement of the young pig. J. Anim. Sci., 57: 402-412.

TESTER R F, KARKALAS J, QI X, 2004. Starch—composition, fine structure and archi-tecture. Journal of Cereal Science, 39 (2): 151-165.

THEIL P K, FERNáNDEZ J A, DANIELSEN V, 2004. Valine requirement for maximal growth rate in weaned pigs. Livestock Production Science, 88 (1): 99-106.

TILOCCA B, BURBACH K, HEYER C M E, et al., 2017. Dietary changes in nutritional studies shape the structural and functional composition of the pigs' fecal mi-crobiome-from days to weeks. Microbiome, 5 (1): 144.

VAN DEN ABBEELE P, BELZER C, GOOSSENS M, et al., 2013. Butyrate-producing Clostridium cluster XIVa species specifically colonize mucins in an in vitro gut model. The ISME Journal, 7 (5): 949-961.

VAN MILGEN J, DOURMAD J Y, 2015. Inraporc: Concept and application of ideal protein for pigs. Journal of Animal Science Biotechnology, 6: 15.

WAGUESPACK A M, BIDNER T D, PAYNE R L, et al., 2012. Valine and isoleucine re-quirement of 20-to 45-kilogram pigs. J. Anim. Sci, 90: 2276-2284.

WAKABAYASHI Y, LWASHIMA A, YAMADA E, et al., 1991. Enzymological evidence for the indispensabilityof small intestine in the synthesis of arginine from glutamate. Il, N-acetylglutamate synthase. ArchBiochem. Biophys., 291: 9-14.

WANG T C, FULLER M F, 1989. The optimum dietary amino acid pattern for growing pigs. British Journal of Nutrition, 62 (1): 77.

WANG W W, ZENG X F, MAO X B, et al., 2010. Optimal dietary true ileal digestible threonine for supporting the mucosal barrier in small intestine of weanling pigs. The Journal of Nutrition, 140 (5): 981-986.

WANG X, QIAO S Y, LIU M, et al., 2006. Effects of graded levels of true ileal digestible threonine on performance, serum parameters and immune function of 10-25 kg pigs. Animal Feed Science and Technology, 129 (3): 264-278.

WANG Y, ZHOU J, WANG G, et al., 2018. Advances in low-protein diets for swine. Journal of Animal Science and Biotechnology, 9 (1): 1-14.

WANG Y M, 2020. Effects and mechanisms of dietary crude protein level on intestinal nutrient digestion and metabolism in pigs. Ph. D. Thesis. Beijing: China Agri-cultural University. (in Chinese).

WECKE C, AND LIEBERT F, 2010. Optimal dietary lysine to threonine ratio in pigs (30-

110 kg BW) derived from observed dietary amino acid efficiency. J. Anim. Physiol. Amin. Nutr. . 94: E277-E285.

WESSELS A G, KLUGE H, MIELENZ N, et al., 2016. Estimation of the leucine and histidine requirements for piglets fed a low-protein diet. Animal, 10 (11): 1803-1811.

WILTAFSKY M K, SCHMIDTLEIN B, AND ROTH F X, 2009a, Estimates of the optimum dietary ratio of standardized ileal digestible valine to lysine for eight to twenty-five kilograms of body weight pigs. J. Anim. Sci., 87: 2544-2553.

WILTAFSKY M K, PFAFFL M W, ROTH F X, 2010. The effects of branched-chain amino acid interactions on growth performance, blood metabolites, enzyme kinetics and transcriptomics in weaned pigs. British Journal of Nutrition, 103 (7): 964-976.

WU G, 1997. Synthesis of citrulline and arginine from proline in enterocytes of postnatal pigs. Am. J. Physiol, 272: G1382-1390.

WU G, 2013. Functional amino acids in nutrition and health. Amino Acids, 45: 407-411.

WU G, AND MORRIS S M, 1998. Arginine metabolism: nitric oxide and beyond. J. Biochem. 336: 1-17.

WU G, KNABE D A, AND FLYNN N E, 1994. Synthesis of citrulline from glutamine in pig enterocytes. Biochem. J., 299: 115-121.

WU G, KNABE D A, AND KIM S W, 2004. Arginine nutrition in neonatal pigs. J. Nutr., 134: S2783-2790,.

WU G, BAZER F, SATTERFIELD M C, et al., 2013. Impacts of arginine nutrition on embryonic and fetal development in mammals. Amino Acids, 45: 241-256.

WU G, BAZER F W, BURGHARDT R C, et al., 2010. Impacts of amino acid nutrition on pregnancy outcomein pigs: Mechanisms and implications for swine production. J. Anim. Sci, 8813: E195-204.

WU G, BAZER F W, TUO W, et al., 1996. Unusual abundance of arginine and ornithine in porcine allantoic fluid Biol Reprod., 54: 1261-1265.

WU X, RUAN Z, GAO Y, et al., 2010. Dietary supplementation with L-arginine or N-carbamylglutamateenhances intestinal growth and heat shock protein-70 expression in weanling pigs fed a corn and soybean meal-based diet. Amino Acids, 39: 831-839.

WU G, 1998. Intestinal mucosal amino acid catabolism. The Journal of Nutrition, 128 (8): 1249-1252.

YAMADA E, AND WAKABAYASHI Y, 1991. Development of pyrroline-5-carboxylate synthase and N acetylglutamate synthase and their changes in lactation and aging. Arch, Biochem. Biophys., 291. 15-23.

YE C C, ZENG X Z, ZHU J L, et al., 2017. Dietary N-car-bamylglutamate supplementation in a reduced protein diet affects carcass traits and the profile of muscle amino acids and fatty acids in finishing pigs. Journal of Agricultural and Food Chemistry, 65 (28): 5751-5758.

YI G F, GAINES A W, RATLIFF B W, et al., 2006. Estimation of the true ileal digestible lysine and sulfuramino acid requirement and comparison of the bioefficacy of 2-hydroxy-4-(methylthio) butanoic acidand DL-methionine in eleven-to twenty-six-kilogram nursery pigs. J. Anim. Sci., 84: 1709-1721.

YIN F G, ZHANG Z Z, HUANG J, et al., 2010. Digestion rate of dietary starch affects systemic circulation of amino acids in weaned pigs. The British Journal of Nutrition, 103 (10): 1404-1412.

ZENG X, HUANG Z, ZHANG F, et al., 2015. Oral administration of N-carbamylglutamate might improve growth performance and intestinal function of suckling piglets. Livestock Science, 181: 242-248.

ZHANG G J, XIE C Y, THACKER P A, et al., 2013. Estimation of the ideal ratio of standardized ileal digestible threonine to lysine for growing pigs (22-50 kg) fed low crude protein diets supplementedwith crystalline amino acids. Anim Feed Sci Technol., 180: 83-91.

ZHENG L F, ZUO F R, ZHAO S J, et al., 2017. Dietary supplementation of branched-chain amino acids increases muscle net amino acid fluxes through elevating their substrate availability and intramuscular catabolism in young pigs. The British Journal of Nutrition, 117 (7): 911-922.

ZHOU J Y, WANG L, ZHOU J C, et al., 2021. Effects of u-sing cassava as an amylopectin source in low protein diets on growth performance, nitrogen efficiency, and postprandial changes in plasma glucose and related hormones concentrations of growing pigs. Journal of Animal Science, 99 (12): skab332.

第三章　肉鸡低蛋白日粮的配制

1　肉鸡低蛋白日粮研究进展

鸡肉目前已成为国际上人均消费最多的肉类，为了提高肉鸡产量，往往需要日粮粗蛋白质含量具有较高水平，而且以玉米-豆粕型日粮为主。在豆粕价格日益翻飞的今天，肉鸡实施低蛋白日粮，控制因肉鸡养殖量的增长导致对大豆的无限需求，无论是对于全球肉鸡养殖业的可持续发展，还是减少像我国因大豆生产能力不足导致对进口大豆的依赖均尤为重要。国际上对肉鸡低蛋白日粮研究较早，目前已形成较为成熟的肉鸡低蛋白日粮配制技术。

1.1　低蛋白日粮中氨基酸平衡模式研究进展

实施低蛋白日粮的先决条件是确保必需氨基酸水平得到满足，并且实现氨基酸平衡。理想蛋白模式是一种氨基酸平衡模型，该模型中氨基酸比例接近机体合成每一种特定蛋白质所需要的氨基酸比例。家禽的理想蛋白模式由伊利诺伊大学家禽系科学家于20世纪50年代末期提出，在肉鸡胴体氨基酸组成的基础上提出的模型。理想蛋白模型中，可消化必需氨基酸的需要量采用与赖氨酸的比例来表示。最早 Dean 和 Scott（1965）提出模型标准，Huston 和 Scott（1968），Sasse 和 Baker（1973），以及 Baker 和 Han（1994）均提出了不同的模型标准。Baker（1997）又提出修改模型。随着科技的发展，或由于基因型不同，肉鸡每天所需的必需氨基酸的量存在一定差异。理想蛋白中氨基酸组成也发生一定的变化，不同的学者提出不同的模型（表3-1）。

Wu 和 Li（2022）认为早期版本的"理想蛋白模式"对于猪来说是无效的。第一，日粮中所有的氨基酸在肠黏膜中被上皮细胞或微生物以不同的速度代谢；第二，由于日粮中氨基酸在肠道中发生首过代谢，血浆中氨基酸浓度与摄入的食物中有很大的不同；第三，血浆中的蛋白原性氨基酸被动物体内的细胞以不同的速率吸收，并通过不同的细胞特异性代谢途径具有不同的代谢命运；第四，动物中蛋白质的类型和氨基酸组成不同于植物源性蛋白。因此，建议将"理想蛋白质"的概念替换为动物的"所有蛋白质原性氨基酸的最佳比例和数量"。新概念为低蛋白日粮中添加非必需氨基酸，如谷氨酸、谷氨酰胺、甘氨酸、脯氨酸和丝氨酸提供了科学依据。由于鸡也存在类似与猪相同的问题，对传统的理想蛋白质模式的认识也可能需要改变。近年来，肉鸡育种公司根据肉鸡不同生长阶段提出不同的模型（表3-2），并根据饲养效果进行调整，该模型的参数与Wu（2014）标准比较接近，适宜作为肉鸡参考的模型。

表3-1 肉鸡日粮中可消化氨基酸的最佳比例

氨基酸	Baker 和 Han（1994）	NRC（1994）0~21 d	Baker（1997）		Wu（2014）	
			0~21 d	21~42 d 43~56 d	0~21 d	21~42 d 43~56 d
赖氨酸	100	100	100	100	100	100
蛋氨酸	36.1	42	36	37	40	42
胱氨酸	36.1	33	36	38	32	33
苏氨酸	71.4	67	67	70	67	70
缬氨酸	76.7	75	77	80	77	80
异亮氨酸	66.7	67	67	69	67	69
精氨酸	106	104	105	108	105	108
色氨酸	16.1	17	16	17	16	17
亮氨酸	109	100	109	109	109	109
甘氨酸	66.7				176	176
组氨酸	35.6	29	35	35	35	35
苯丙氨酸	55.6				60	60
丝氨酸					69	69
苯丙+酪氨酸		112	105	105	105	105

表3-2 肉鸡日粮中可消化氨基酸的最佳比例

氨基酸	Ross（308）2022				Cobb（500）2022			
	0~10d	11~24d	25~39d	>40d	0~8d	9~18d	19~28d	>29d
赖氨酸	100	100	100	100	100	100	100	100
蛋氨酸	42	43	44	44	38	40	41	41
蛋+胱氨酸	76	78	80	80	75	76	77	77
苏氨酸	67	67	67	67	68	67	66	65
缬氨酸	76	77	78	78	76	76	76	77
异亮氨酸	67	68	69	69	64	64	65	66

（续表）

氨基酸	Ross （308）2022				Cobb （500）2022			
	0~10d	11~24d	25~39d	>40d	0~8d	9~18d	19~28d	>29d
精氨酸	106	108	108	110	108	108	109	109
色氨酸	16	16	16	16	16	16	18	18
亮氨酸	110	110	110	110	110	110	110	110

目前，针对理想蛋白模型是否适用于低蛋白日粮？有人提出质疑。Macelline 等（2021）采用双因素试验，利用两种理想蛋白模型分别在 210 g/kg 和 180 g/kg 蛋白水平下进行研究，结果发现理想蛋白模型与日粮蛋白水平对 35 d 肉鸡的 FCR 存在显著的互作影响，在常规蛋白水平下，理想蛋白模型 1 的生产性能显著优于另一种，但在低蛋白日粮情况下却并非如此。由此说明，标准蛋白质日粮的理想氨基酸比例几乎不适合低粗蛋白质日粮。因此，要想解决低蛋白日粮问题特别需要明确肉鸡个体氨基酸的需要量。与猪相比，家禽的氨基酸需求可能会因羽毛而变得复杂。羽毛占 21 日龄雄性肉仔鸡体重的 9.7%（Si 等，2004），在羽毛蛋白质中含有 931 g/kg 的氨基酸，而这些氨基酸当中，丝氨酸、甘氨酸和脯氨酸最为常见（Greenhalgh 等，2020）。

1.2 低蛋白日粮中粗蛋白质降低程度研究进展

目前认为，低蛋白日粮是基于满足必需氨基酸，通过添加合成氨基酸实现粗蛋白质水平的降低。由于家禽的必需氨基酸种类很多，通过添加合成氨基酸满足必需氨基酸后是否可以无限降低日粮粗蛋白质水平，答案是否定的。目前，国际上针对肉鸡日粮粗蛋白质水平的降低程度进行了大量的研究。Aftab 等（2006）综述认为，日粮粗蛋白质为标准值的 0.87~0.93（平均 0.9）对肉鸡生长性能没有影响，但如果进一步降低则导致体重下降，屠体脂肪增加。Van Harn 等（2019）通过在 11~35 d 的肉鸡日粮中，在确保可消化氨基酸（可消化赖氨酸、蛋+胱，苏氨酸、缬氨酸、异亮氨酸、精氨酸、色氨酸、甘氨酸+丝氨酸）水平一致的情况下，发现日粮粗蛋白质水平降低 3 个百分点之后，虽然肉鸡生长性能没有显著影响，但肉鸡的胸肌率显著降低，提出日粮满足以上氨基酸的基础上，日粮粗蛋白质适宜降低 2.2~2.3 个百分点。在 Chrystal 等（2020b）的综述中，也认为肉鸡粗蛋白质降低 2~3 个百分点对肉鸡生长性能没有显著影响，但进一步降低则导致生长性能下降，并伴随胴体脂肪沉积增加。

Brandejs 等（2022）对 10~31 d 肉鸡进行低蛋白日粮研究，发现满足可消化赖氨酸、蛋+胱、苏氨酸、缬氨酸、异亮氨酸、精氨酸、色氨酸的情况下，粗蛋白质水平由 22% 降低到 20%，不会影响肉鸡生长性能，但在 10~28 d 肉鸡试验中日粮粗蛋白质或 20% 减低到 18% 就会导致增重下降，料重比升高，降低到 19% 则没有负面影响，并且发现 10~28 d 肉鸡日粮粗蛋白质为 20% 肉鸡体重最大。说明低蛋白日粮中，满足可消化必需氨基酸水平不是唯一因素，还有很多因素需要考虑。有人认为日粮添加合成氨基酸过多，导致蛋白质消化过快，会影响低蛋白日粮的效果。因而，提出快消化蛋白、慢消化蛋白，低蛋白日粮中淀粉/粗蛋白质水平需要得到满足等科学问题（Liu 和 Selle，2017；Macelline 等，2022）。de Rauglaudre 等（2023）通过元分析发现，在等能等赖氨酸的情况下，粗蛋白质每降低 1 个百分点，饲料转化率提高 1.3%，常规情况下，日粮粗蛋白质最大降低 2.5 个百分点。

针对夏季热应激，由于日粮粗蛋白质代谢产热，导致热增耗程度增加，会加重夏季热应激，因而，夏季降低日粮粗蛋白质水平则可以减少代谢产热，降低热应激程度。但是，Awad 等（2018）认为，超过 30℃ 的慢性热应激环境，通过降低肉鸡日粮粗蛋白质水平并不能取得好的效果。低蛋白日粮并不能缓解循环高温应激对肉鸡生长性能的不利效果也得到其他研究者的证实（Zulkifli 等，2018；Law 等，2018，2019）。因而，高温热应激情况下要实现肉鸡的正常生产性能不宜采用低蛋白日粮技术。

1.3 低蛋白日粮中氨基酸需要量

许多研究发现，低 CP 肉鸡日粮可能对生长性能造成负面影响，并导致脂肪沉积增加（Chrystal 等，2020）。但是在常规配制低蛋白日粮时，会通过添加晶体必需氨基酸，以达到高蛋白质饲粮中的氨基酸水平。而且现有的研究已经发现，在低蛋白质饲粮中同时添加必需氨基酸和非必需氨基酸，以达到常规高蛋白质饲粮中的氨基酸水平，可将肉仔鸡前期饲粮中的粗蛋白质水平降低至 162 g/kg，且对肉仔鸡体重无显著影响。通过添加合成赖氨酸和蛋氨酸等氨基酸满足肉鸡限制性氨基酸需要是目前配制常规日粮的基本做法。但当日粮粗蛋白质水平降低时，日粮中的氨基酸水平也会相应地降低，会导致更多的必需氨基酸不能满足"理想蛋白质"或"所有蛋白质原性氨基酸的最佳比例和数量"中的氨基酸需要，成为限制性氨基酸。因而，低蛋白日粮需要补充更多的必需氨基酸。

虽然目前国际上还没有明确提出肉鸡低蛋白日粮的氨基酸需要量标准，但近年来国内外学者围绕低蛋白日粮中各种氨基酸的需要进行了大量的研究，一些研究结果可以为低蛋白日粮的配制提供技术支持。蛋氨酸、赖氨酸作为家禽的第一、第二限制性氨基酸，需要得到满足已经成为常识，但还需要添加哪些氨基酸成为生产中普遍关注的话题。当然，有些合成氨基酸由于生产量少，价格偏高，添加后导致成本增加可能成为配制低蛋白日粮中添加氨基酸种类的限制因素。

1.3.1 苏氨酸

苏氨酸是家禽体内最后发现的必需氨基酸，是家禽继赖氨酸、蛋氨酸之后的第三限制性氨基酸，参与机体蛋白质合成和肠道组织发育，尤其是参与免疫物质的合成，具有提高生长性能，改善胴体品质和提高免疫效果。Star 等（2021）研究 7～28 d 肉鸡低蛋白日粮中（粗蛋白质由 20.5% 降低到 18.5%）苏氨酸的需要，各种必需氨基酸与赖氨酸之比均达到 Cobb（2022）要求，发现苏氨酸添加水平与肉鸡生产性能呈现二次曲线关系，表观全肠道可消化苏氨酸/赖氨酸比为 0.58 时（其他 3 个浓度分别为 0.55、0.61 或 0.64）可以实现肉鸡增重最大，饲料转化率与高蛋白日粮相近，但可消化苏氨酸/赖氨酸比偏低时（0.55），肉鸡体增重显著降低，料比显著升高（$P<0.05$）。由于苏氨酸参与黏蛋白的合成，更多的研究者认为当鸡舍环境条件差，或发生球虫等引起肠道炎症时，苏氨酸需要量要提高 5%（Kidd 等，2003），也有认为需要量提高 10%（Corzo 等，2007）。

1.3.2 支链氨基酸：缬氨酸、异亮氨酸和亮氨酸

支链氨基酸作为功能性氨基酸，在构成蛋白质等方面具有重要作用。目前，ROSS 公司将缬氨酸和异亮氨酸分别列为第四和第五限制性氨基酸，而 COBB 公司将缬氨酸和异亮氨酸分别列为第五和第六限制性氨基酸。可见，支链氨基酸作为限制性氨基酸的重要性。

缬氨酸缺少时，即使亮氨酸和异亮氨酸充足，仍对肉鸡体增重，羽毛和腿部健康方面有负面影响（Crystal 等，2020）。Ospina-Rojas 等（2017）研究了以玉米豆粕为基础日粮的生长后期肉鸡低蛋白日粮中缬氨酸的需要，可消化赖氨酸为 10.4 g/kg，另外异亮氨酸水平固定为 7.1 g/kg（与赖氨酸比为 68.3），发现随着可消化缬氨酸水平的增加，生产性能和腿肌呈现二次增长关系，同时线性降低腹脂含量。1~42 d 肉鸡低蛋白质饲粮单独补充 Val 获得最大平均增重和最小料重比的饲粮 Val/Lys 比推荐值分别为 0.807 和 0.810（陈将等，2019）。Maynard 等（2021）认为，基于饲料转化率 14～35 d 雄性和雌性肉鸡可消化缬氨酸/赖氨酸比最低为 0.78 和 0.77。15～35 d 肉鸡粗蛋白质由 23.0%

降低到21%，如果缬氨酸不能满足 Wu（2014）推荐的比例，则导致肉鸡体重、采食量和料重比显著下降（Maynard 等，2022）。

异亮氨酸具有维持肉鸡生长发育和提高免疫力中的作用。家禽日粮的 L-异亮氨酸水平通常达不到推荐水平，异亮氨酸/赖氨酸的比值为 0.50~0.66，而低粗蛋白质日粮中异亮氨酸/赖氨酸的比值更是低于标准。Maynard 等（2020）通过 4 个试验表明，缬氨酸是 COBB 肉鸡玉米-豆粕低蛋白日粮的第四限制性氨基酸，异亮氨酸并不受限制；但随后的研究发现，15~35 d 肉鸡日粮粗蛋白质由 23.0%降低到21%，如果异亮氨酸不能满足 Wu（2014）推荐的比例（0.67），则导致肉鸡体重和料重比显著下降（Maynard 等，2022）。因此，建议各生长阶段肉鸡的可消化异亮氨酸与可消化赖氨酸的比值为 0.69时，可以在满足经济效益的情况下实现最佳生产性能（Khan，2021）。

虽然亮氨酸可以调节蛋白质和脂质代谢，促进幼龄动物肌肉组织沉积，减缓成年动物肌肉蛋白分解。但是，同理想蛋白模型中亮氨酸与赖氨酸比例相比，玉米型、小麦型和高粱型日粮中的亮氨酸比例往往都偏高。在缬氨酸和异亮氨酸满足"最低"理想蛋白模式下，亮氨酸经常超过需求。而早有许多研究发现，亮氨酸过量会引起其他支链氨基酸发生拮抗作用。Ospina-Rojas 等（2017）的研究中发现，随着日粮可消化亮氨酸水平增加，肉鸡采食量、体增重和饲料利用率，胸肌产量和腹脂率均呈现显著的线性下降。Greenhalgh 等（2022）发现，7~28 d 肉鸡日粮中，将亮氨酸水平由 1.10（相对于可消化赖氨酸）提高到 1.30 或 1.50 会降低饲料代谢能，降低肉鸡增重。因此，低蛋白饲粮中亮氨酸、异亮氨酸和缬氨酸应以适当的比例存在，防止肉鸡氨基酸失衡（Wu，2014）。

1.3.3　精氨酸

目前，ROSS 肉鸡将精氨酸列为第六限制性氨基酸，而 COBB 肉鸡将精氨酸列为第五限制性氨基酸。低蛋白日粮中添加单独添加精氨酸具有改善肉鸡增重和饲料转化率的效果得到很多研究者证实（Barekatain 等，2019；Dao 等，2021）。Maynard 等（2022）认为 15~35 d 肉鸡日粮粗蛋白质水平由 23.0%降低到21%，如果精氨酸不能满足 Wu（2014）推荐的比例，则导致肉鸡体重和料重比显著下降。

1.3.4　芳香族氨基酸：苯丙氨酸和酪氨酸

苯丙氨酸是一种经常被营养学家忽视的氨基酸，因为在常规肉鸡日粮中通常不会受到限制。然而，苯丙氨酸也是一种必需氨基酸，是酪氨酸的前体。苯丙氨酸、酪氨酸和色氨酸是芳香族氨基酸，苯丙氨酸通过在甲状腺激素合成中的作用影响代谢过程。而这些激素直接影响肉鸡的耗氧量，进而影响饲粮蛋白质、碳水化合物和脂类的代谢，从而对肉鸡的生长性能产生深远的影响。此外，它们在产热和适应环境温度变化方面起着至关重要的作用（Gropper 和 Smith，2012）。在苯丙氨酸+酪氨酸的总需求量中，D'Mello（2003）建议其中至少58%应以苯丙氨酸的形式提供，Ferreira 等（2016）和 Wu（2014）分别提出了55%和57%的建议。

在早期的研究中，苯丙氨酸+酪氨酸和赖氨酸的理想比例在95%～119%（Dean 和 Scott，1965）。近年来也有人提出115%（Dorigam 等，2013）和105%（Wu，2014）的理想比例。Franco 等（2017）认为8～17日龄 Cobb500 雄性肉鸡苯丙氨酸+酪氨酸与赖氨酸的比值与生产性能和屠宰性能呈现二次曲线关系，实现最大体增重和胸肌增重苯丙氨酸+酪氨酸与赖氨酸的比值为113%（可消化赖氨酸水平为10.5 g/kg）。Chrystal 等（2020a）将玉米－豆粕型日粮中蛋白水平由210 g/kg 降低到165 g/kg 时，日粮中总苯丙氨酸+酪氨酸水平下降了46%，但尽管如此，低蛋白日粮中苯丙氨酸仍占57.6%。在小麦型低蛋白日粮中，苯丙氨酸和酪氨酸可能存在不足。小麦－豆粕型饲粮蛋白从222 g/kg 降到165 g/kg，导致罗斯308 肉鸡7～35 d 生长性能明显下降。在该低蛋白日粮中，苯丙氨酸+酪氨酸与赖氨酸之比仅为67%，这表明这两种氨基酸可能缺乏，也部分解释了生长性能下降的原因。而关于在低蛋白日粮中，苯丙氨酸、酪氨酸和赖氨酸的理想比例如何，还有待进一步研究。

1.3.5　甘氨酸和丝氨酸

虽然甘氨酸是家禽的非必需氨基酸，但甘氨酸在合成尿酸过程中扮演重要角色。许多研究发现，甘氨酸在低蛋白日粮中可能成为条件性限制性氨基酸。Kriseldi 等（2017）研究发现，在 ROSS 肉鸡日粮中，降低蛋白水平并补充足够量的甘氨酸和谷氨酸盐可以缓解低蛋白（下降2.4%）对胴体品质和生长性能的影响。Awad 等（2018）也证明补充甘氨酸后，0～3 周龄肉鸡日粮粗蛋白质由21.0%～22.0%降低到17.0%～18.0%并不影响肉鸡生产性能。

在机体内，甘氨酸和丝氨酸可以直接相互转化，丝氨酸向甘氨酸转化产生1 个甲基，而甘氨酸向丝氨酸转化消耗1 个甲基。考虑到甘氨酸与丝氨酸之间的转化关系，通常以甘氨酸当量（glycine equivalents，Gly_{equi}）定义（Dean 等，2006）。

Gly_{equi}（g/kg）= Gly（g/kg）+［Ser（g/kg）×0.714 3］。

蛋氨酸转化为胱氨酸时需要丝氨酸的参与，而在低蛋白日粮中，往往只注重补充 DL-蛋氨酸，却忽略胱氨酸的重要性。在这个转化过程中产生的氨需要额外一个甘氨酸分子来重新合成尿酸。Siegert 等（2016）研究认为，Gly_{equi} 对肉鸡体增重、采食量和饲料转化率有显著的正向影响。同时，蛋氨酸与蛋氨酸+胱氨酸的比例可以进一步提高 Gly_{equi} 对饲料转化率的影响效果。

由于甘氨酸可以通过苏氨酸在苏氨酸脱氢酶或苏氨酸醛解酶作用下代谢产生，一些研究认为，甘氨酸和丝氨酸添加效果受日粮苏氨酸水平的影响。Corzo 等（2009）研究发现，当饲粮中含有 6.5 g/kg 可消化苏氨酸时，再添加甘氨酸和丝氨酸肉鸡体增重下降 3.21%。Hilliar 等（2019）进一步证实，低蛋白日粮中补充甘氨酸和丝氨酸，添加苏氨酸导致肉鸡体重下降 9.5%（$P<0.05$）。因此，日粮中高水平苏氨酸降低肉鸡对 Gly_{equi} 的需求。相比之下，Chrystal 等（2020c）发现，在玉米-豆粕型低蛋白日粮中（165 g/kg），苏氨酸和甘氨酸+丝氨酸联合添加能提高肉鸡的生长性能，而在低蛋白处理组中单独添加苏氨酸或甘氨酸+丝氨酸则没有这种效果。基于此，甘氨酸、丝氨酸以及苏氨酸这三者之间的相互作用在低蛋白日粮中应给予充分的考虑。Star 等（2021）认为，在肉鸡低蛋白日粮中苏氨酸不缺乏的情况下，甘氨酸也不会缺乏。

Award 等（2017）认为高温环境下，确保总的赖氨酸、蛋+胱氨酸、苏氨酸、缬氨酸、异亮氨酸、精氨酸不变的低蛋白日粮（降低 6 个百分点）补充甘氨酸，使得甘+丝氨酸/赖氨酸比值符合 Wu（2014）标准的话，可以避免肉鸡体重的下降，改善饲料转化率。Woyengo 等（2023）综述认为，肉鸡日粮中赖氨酸、蛋+胱氨酸、苏氨酸和缬氨酸与高蛋白日粮一致的情况下，肉鸡前期、后期日粮粗蛋白质可以由 22% 和 20% 降低到 19% 和 17%，即降低 3 个百分点也不至于影响肉鸡生长性能，但如果进一步补充甘氨酸，使得甘氨酸也与高蛋白日粮一致的情况下，肉鸡日粮粗蛋白质可以降低 4 个百分点。

此外，甘氨酸是一种很容易与葡萄糖发生早期美拉德反应的氨基酸。经过 80~90℃ 制粒处理的肉鸡日粮中糖含量为 35~45 g/kg，如果甘氨酸参与美拉德反应，会降低氨基酸的可利用性和消化率，肉鸡对 Gly_{equi} 需要量也会发生改变。但这一推测仍需探讨，特别是如果日粮中添加了葡萄糖和非结合甘氨酸在低蛋白日粮下的利用效果仍有待研究。

1.3.6 其他非必需氨基酸

Maia 等（2021）将肉鸡日粮粗蛋白质降低 3 个百分点后，导致非必需氨基酸占总氨基酸数量的 44% 会导致体重和饲料转化率均下降，添加非必需氨基酸（20% 的丙氨酸+20% 的甘氨酸+60% 谷氨酸），实现非必需氨基酸占总氨基酸 47% 可以缓解肉鸡体重的下降，因而提出低蛋白日粮中非必需氨基酸要达到50%以上。

1.3.7 生长阶段对氨基酸添加的影响

目前关于在肉鸡生长后期低蛋白日粮中添加非必需氨基酸对肉鸡生长性能的影响研究结果有限。但需要注意的是，在生长后期肉仔鸡饲粮氨基酸需要量低于前期。因此，也可以认为将肉鸡生长后期饲粮中的蛋白质水平降低至162 g/kg，对肉鸡生产性能无显著影响。同高蛋白日粮处理组相比，在176 g/kg低蛋白日粮中添加丙氨酸、天冬氨酸和脯氨酸对肉鸡生产性能并没有改善。

1.3.8 外源添加氨基酸蛋白质和能量研究进展

由于外源添加的合成氨基酸含有粗蛋白质和能量，从精准营养来说，将合成氨基酸的粗蛋白质和能量用于配方计算更符合生产实际需要，尤其是合成添加量比较大时更加不能忽略其对日粮粗蛋白质含量的影响。

Tillman（2019）归纳总结了18种氨基酸的粗蛋白质和生物学能量（表3-3）。

表3-3 18种氨基酸的粗蛋白质和生物学能量

氨基酸种类	分子量（g/mol）	氮（%）	粗蛋白质（%）	总能（kcal/kg）	AMEn（kcal/kg）	NE（kcal/kg）
丙氨酸	89.09	15.72	98.25	4 629	3 395	2 890
精氨酸	174.20	32.16	201.00	5 191	3 220	2 802
天冬氨酸	133.10	10.52	65.75	3 008	2 217	1 870
胱氨酸	121.16	11.56	72.25	4 575	3 908	2 890
谷氨酸	147.13	9.52	59.50	3 880	3 077	2 536
甘氨酸	75.07	18.66	116.33	3 339	1 869	1 783
组氨酸	155.15	27.08	169.25	4 973	2 647	2 234
异亮氨酸	131.17	10.68	66.75	6 734	5 881	4 779
亮氨酸	131.17	10.68	66.75	6 732	5 856	4 837
赖氨酸	146.19	19.16	119.75	6 263	4 742	4 188
蛋氨酸	149.21	9.39	58.69	5 594	4 325	4 071
苯丙氨酸	165.19	8.48	53.00	6 902	6 241	5 000
脯氨酸	115.13	12.17	76.06	5 802	4 250	3 503
丝氨酸	105.09	13.33	83.31	3 463	2 484	2 138
苏氨酸	119.12	11.76	73.50	4 316	3 315	2 798
色氨酸	204.23	13.72	85.75	6 682	5 189	4 570
酪氨酸	181.19	7.73	48.31	6 022	5 444	4 377
缬氨酸	117.15	11.96	74.75	6 177	5 206	4 289

1.4 日粮标准回肠氨基酸消化率研究进展

基于标准回肠氨基酸消化率计算的肉鸡饲料配方能够更加准确合理地反映家禽对饲料蛋白质的消化能力、减少氮的排泄。因而，采用标准回肠氨基酸消化率设计日粮配方是实现低蛋白营养的前提。在低蛋白日粮中，如何准确测定氨基酸的消化率决定了低蛋白日粮配制的基础。

1.4.1 肉鸡 SIAAD 数据库

由于标准回肠氨基酸消化率受鸡品种影响，成年公鸡、蛋鸡和肉鸡对饲料 SIAAD 存在差异。如果没有特别说明，国际上目前注明家禽而非肉鸡的数据意味着是用成年公鸡测定的参数，肉鸡饲料标准回肠氨基酸消化率参数相对缺乏。中国饲料营养成分表（2010 版）提供了肉鸡饲料的 SIAAD 数据库，为肉鸡采用标准回肠氨基酸消化率计算低蛋白日粮提供了标准。但即使是商品肉鸡，饲料的标准回肠氨基酸消化率受肉鸡日龄和饲料化学组成的影响。Barua 等研究发现，与第 7 天相比，肉鸡第 14、第 21、第 28、第 35 和第 42 天，所有氨基酸的平均 AIAAD 分别增加了 0.46%、22.0%、19.4%、18.6% 和 20.5%。Barua 等研究发现，必需氨基酸和总氨基酸的平均 SIAAD 和日龄之间呈现二次曲线变化（$P<0.05$），表现为第 7 天较高，第 14 天降低，第 21~35 天升高并趋于稳定，第 42 天再次下降。研究发现肉鸡对小麦的 SIAAD 表现为 14 d 肉鸡 SIAAD 高于 28 d 肉鸡。因而，要想准确获得肉鸡的标准回肠氨基酸消化率参数，需要对肉鸡进行阶段划分，通常分为 14 d、28 d 两个阶段来代表商品肉鸡的前期、后期。此外，由于家禽 SIAAD 还受饲料化学组成影响，用单一的消化率参数也不利于采用 SIAAD 实现精准配制肉鸡日粮。

近年来，国内的研究机构通过对不同特性的原料样品采样，测定了不同日龄肉鸡对不同原料的 SIAAD（表 3-4），并建立 SIAAD 与样品化学成分的回归方程，为今后根据样品化学组成准确估测 SIAAD 提供了科学计算依据。

表 3-4 肉鸡不同原料标准回肠氨基酸消化率测定

原料名称	鸡品种	肉鸡日龄（d）	文献来源
菜粕	白羽肉鸡	14、28	黄祥祥，2017
米糠	白羽肉鸡	14、28	潘迪子，2017
大米、碎米	白羽肉鸡	14、28	谢堃，2017
米糠粕	白羽肉鸡	14、28	吴昀昭，2018
发酵菜粕	白羽肉鸡	14、28	申童，2018

（续表）

原料名称	鸡品种	肉鸡日龄（d）	文献来源
面粉	白羽肉鸡	14、28	张相德，2018
小麦	白羽肉鸡	14、28	陈思，2018
菜籽粕	白羽肉鸡	14、28	丁鹏，2019
小麦麸	白羽肉鸡	14、28	周雅倩，2021
豆粕	白羽肉鸡	14、28	孙征，2023
玉米	白羽肉鸡	14、28	李贝，2023

1.4.2　添加酶制剂对肉鸡 SIAAD 研究进展

植酸盐普遍存在于植物性饲料中，植酸盐会结合饲粮氨基酸和内源性蛋白水解酶降低氨基酸的消化率（Woyengo 和 Nyachoti，2013）。因此，在日粮中添加植酸酶可能通过降解植酸来提高氨基酸的利用效果。最近的研究结果表明，在肉仔鸡饲粮中添加植酸酶可使大多数氨基酸的表观回肠消化率提高约 4.0%。但也有一些研究表明，添加植酸酶对氨基酸消化率没有影响。因而，配制低蛋白日粮时需要选择能提高氨基酸消化率的植酸酶。

在肉鸡日粮中添加外源蛋白酶制剂可以显著提高氨基酸的消化率。许多研究表明，在肉鸡日粮中添加蛋白酶可使大部分氨基酸消化率提高约 2.5 个百分点，但也有一些研究认为，蛋白酶不能改善日粮氨基酸消化率，应该还是与产品本身有关。

在家禽日粮中添加碳水化合物酶可以帮助降解碳水化合物，特别是降解非淀粉多糖（NSP）。NSP 不易被家禽消化，并且还可能包裹住氨基酸，从而降低氨基酸的消化率（Woyengo 和 Nyachoti，2011）。一些研究表明，在以玉米或玉米-玉米副产物为基础的日粮中添加碳水化合物酶可以提高氨基酸的表观回肠消化率（Woyengo 等 2016；Rios 等，2017；Jasek 等，2018），然而，有些研究结果却并非如此，认为碳水化合物酶不能改善日粮的氨基酸消化率（Barekatain 等，2013；Gehring 等，2013；Wang 等，2019）。

对于以小麦或小麦-小麦副产物为基础的日粮，一些研究表明，添加木聚糖酶，氨基酸的回肠表观消化率有所提高（Liu 和 Kim，2017；Cozannet 等，2018；Craig 等，2020；Lee 等，2020）。因此，由于碳水化合物酶对氨基酸消化率的影响不一致，很难估计在低蛋白质饲粮中添加碳水化合物酶能进一步降低肉仔鸡粗蛋白质的幅度。

此外，一些研究也表明，添加植物油可以延长食糜在消化道的停留时间，有助于改善日粮氨基酸消化率（Zhou 等，2017），植物油还能减少糖吸收和氨基酸的拮抗，从而提高氨基酸吸收（Selle 和 Liu，2019）。

2 肉鸡低蛋白日粮饲喂技术案例

2.1 补充合成氨基酸满足限制性氨基酸需要

Bezerra 等（2016）采用 2×2 试验，在以玉米-豆粕为基础的日粮中，将肉鸡生长后期（22~35 d）日粮蛋白水平从 198 g/kg 降到 162 g/kg（日粮配方如表 3-5 所示），在该研究中，4 个处理的豆粕占比也由 33%降低到了 20%。与此同时，在日粮中添加必需氨基酸（赖氨酸、蛋氨酸、苏氨酸和缬氨酸），另外通过额外添加谷氨酸后发现，T4 处理组在低蛋白日粮条件下，即使添加必需氨基酸和谷氨酸后肉鸡体增重仍低于高蛋白处理组（生产性能结果见表3-6）。

表 3-5　试验配方与营养成分（22~35 d）　　　　　　（%）

原料	T1	T2	T3	T4
玉米	60.59	67.64	71.4	69.55
豆粕	33.05	26.82	20.01	24.48
豆油	2.92	1.57	1.48	1.11
磷酸氢钙	1.62	1.65	1.71	1.67
石粉	0.78	0.8	0.82	0.81
食盐	0.41	0.42	0.43	0.42
DL-Met	0.23	0.28	0.34	0.3
L-Lys HCl	0.15	0.33	0.54	0.4
L-Thr	0.04	0.12	0.22	0.16
L-Val	—	0.1	0.21	0.13
L-Iso	—	0.06	0.18	0.1
L-Arg	—	0.01	0.23	0.07
L-Try	—	—	0.03	—
L-谷氨酸	—	—	—	0.58
氯化胆碱	0.07	0.07	0.07	0.07
复合矿物质	0.05	0.05	0.05	0.02
复合维生素	0.02	0.02	0.02	0.03

（续表）

原料	T1	T2	T3	T4
抗球虫药	0.03	0.03	0.03	0.01
抗氧化剂	0.01	0.01	0.01	0.01
载体	—	—	2.2	—
营养成分分析值（%）				
ME（kcal/kg）	3 100	3 100	3 100	3 100
CP	19.84	18.04	16.24	17.78
Ca	0.82	0.82	0.82	0.82
有效磷	0.41	0.41	0.41	0.41
可消化 Lys	1.07	1.07	1.07	1.07
可消化 Met+Cys	0.77	0.77	0.77	0.77
可消化 Met	0.5	0.52	0.55	0.53
可消化 Thr	0.7	0.7	0.7	0.7
可消化 Val	0.83	0.83	0.83	0.83
可消化 Iso	0.76	0.72	0.72	0.72
可消化 Arg	1.29	1.13	1.13	1.13
可消化 Trp	0.23	0.19	0.18	0.18
可消化 Phe	0.92	0.81	0.68	0.77
可消化 His	0.5	0.44	0.38	0.42
可消化 Leu	1.57	1.42	1.24	1.37
谷氨酸	3.57	3.15	2.64	3.57

注：引自 Bezerra 等（2016）。

表3-6 22~35 d 肉鸡生产性能结果

处理组	T1	T2	T3	T4	P
粗蛋白（%）	19.84	18.04	16.24	17.78	
采食量（g/只）	2 351.38[ab]	2 453.76[a]	2 361.06[ab]	2 225.12[b]	0.02
末重（g/只）	2 342.06[a]	2 314.74[ab]	2 197.62[c]	2 159.98[c]	<0.01
体增重（g/只）	1 370.92[a]	1 369.64[ab]	1 282.92[ab]	1 265.72[b]	0.01
料重比（g/g）	1.715	1.792	1.841	1.760	0.10

注：引自 Bezerra 等（2016）。

Chrystal 等（2020）利用14~35 d 肉鸡，将日粮粗蛋白质水平由21.0%，分别降低到19.5%、18.0%和16.5%，通过添加 L-赖氨酸、L-苏氨酸、DL-蛋氨酸、L-缬氨酸、L-异亮氨酸、L-精氨酸、L-组氨酸、L-亮氨酸，确保标准回肠可消化赖氨酸、蛋+胱氨酸、苏氨酸、缬氨酸、异亮氨酸、精氨酸一致。在 Chrystal 等（2020）的研究中，试验配方与配方营养成分如表 3-7 和表 3-8 所示，在该研究中通过以下公式分别计算营养物质消化率系数以及养分在各肠段的消失率。

表 3-7　试验日粮组成

原料组成（g/kg）	处理组 1	处理组 2	处理组 3	处理组 4	处理组 5	处理组 6	处理组 7
粉碎玉米	543	594	654	714	716	464	804
整粒玉米	0	0	0	0	0	250	0
豆粕	355	309	253	195	192	195	0
浓缩乳清蛋白	0	0	0	0	0	0	124
豆油	47.2	38	26.8	14.9	14.1	14.9	0
L-Lys	0.869	2.238	3.895	5.629	5.731	5.629	2.215
DL-Met	1.842	2.043	2.288	2.545	4.301	2.545	1.7
L-Cys	0.902	1.09	1.309	1.56	1.369	1.56	0.544
L-Thr	0.931	1.552	2.305	3.094	3.142	3.094	0.941
L-Try	0	0	0.138	0.442	0.46	0.442	0.01
L-Val	0.144	0.919	1.859	2.845	2.905	2.845	1.63
L-Arg	0	0.196	1.793	3.465	3.563	3.465	6.858
L-Iso	0	0.384	1.344	2.33	2.39	2.33	0.991
L-Leu	0	0	0	0.59	0.653	0.59	0
L-His	0	0	0	0.259	0.293	0.259	0.655
食盐	2.37	1.93	1.35	0.7	0.67	0.7	1.82
碳酸氢钠	2.24	2.91	3.78	4.76	4.81	4.76	3.33
石粉	5.63	5.61	5.57	5.54	5.54	5.54	5.35
磷酸二氢钙	21.72	22.32	23.06	23.83	23.88	23.83	26.88
胆碱	0.8	0.8	0.99	1.35	1.38	1.35	1.88
预混料	2	2	2	2	2	2	2
硅藻土	15	15	15	15	15	15	15

注：引自 Chrystal 等（2020）。

表 3-8　试验日粮养分分析值

养分（g/kg）	处理组 1	处理组 2	处理组 3	处理组 4	处理组 5	处理组 6	处理组 7
AMEn（MJ/kg）	13.1	13.1	13.1	13.1	13.1	13.1	13.41
CP	210	195	180	165	165	165	165
Ca	8.25	8.25	8.25	8.25	8.25	8.25	8.25
P	6.94	6.88	6.79	6.71	6.7	6.71	6.24
植酸磷	2.2	2.11	2.01	1.9	1.9	1.9	1.35
非植酸磷	4.74	4.77	4.78	4.81	4.81	4.81	4.89
SID AA							
Lys	10.9	10.9	10.9	10.9	10.9	10.9	10.9
Met	4.58	4.58	4.58	4.58	6.29	4.58	4.58

（续表）

养分（g/kg）	处理组 1	处理组 2	处理组 3	处理组 4	处理组 5	处理组 6	处理组 7
Cys	3.6	3.6	3.6	3.6	3.4	3.6	3.6
Met+Cys	8.18	8.18	8.18	8.18	9.69	8.18	8.18
Thr	7.63	7.63	7.63	7.63	7.63	7.63	7.63
Try	2.23	2	1.85	1.85	1.85	1.85	1.85
Val	8.72	8.72	8.72	8.72	8.72	8.72	8.72
Arg	12.88	11.77	11.77	11.77	11.77	11.77	11.77
Iso	7.91	7.52	7.51	7.52	7.52	7.52	7.52
Leu	15.21	14.09	12.73	11.88	11.88	11.88	14.84
His	5.01	4.6	4.09	3.82	3.82	3.82	3.82
Gly+Ser	15.87	14.38	12.58	10.69	10.57	10.5	9.79

注：引自 Chrystal 等（2020）。

营养物质消化率系数＝［（Nutrient/AIA）$_{日粮}$－（Nutrient/AIA）$_{食糜}$］/（Nutrient/AIA）$_{日粮}$（AIA：酸不溶灰分）

营养物质消失率＝采食量（g/d）×日粮养分浓度（g/kg）×养分消化率系数

结果发现当日粮蛋白水平下降到 165 g/kg 时，尽管补充了晶体氨基酸但肉鸡生产性能仍不如其他处理（表 3-9）。另外，由于晶体氨基酸消化率高，因此随着日粮蛋白水平下降，氨基酸的补充，空肠与回肠后段 17 种氨基酸的平均消化系数分别由 0.459 提高到 0.594 和 0.744 提高到 0.790（表 3-10）。

表 3-9 生产性能

处理	体增重	采食量	料重比	死淘率
1	1 838	2 882[ab]	1.569[abc]	0[a]
2	1 883	2 932[ab]	1.559[ab]	2.4[ab]
3	1 918	2 949[ab]	1.538[a]	0[a]
4	1 866	2 999[bc]	1.608[cde]	4.8[ab]
5	1 845	2 994[bc]	1.625[de]	2.4[ab]
6	1 886	3 097[c]	1.642[e]	11.9[b]
7	1 807	2 808[a]	1.586[bcd]	11.9[b]
SEM	37.277	50.813	0.0165	3.37
P	0.454	0.01	<0.001	0.049
LSD（$P<0.05$）		145	0.0471	9.62
1~4 组线性关系	$r=0.138$	$r=0.321$	$r=0.229$	$r=0.258$
	$P=0.484$	$P=0.096$	$P=0.242$	$P=0.185$

注：引自 Chrystal 等（2020）。

表3-10 回肠后段氨基酸消化率系数

处理	Arg	His	Ile	Leu	Lys	Met	Phe	Thr	Trp
1	0.819^a	0.781^a	0.731^a	0.744^a	0.784^a	0.844^a	0.771^a	0.699^a	0.728^a
2	0.822^a	0.786^ab	0.750^a	0.754^a	0.793^a	0.846^a	0.773^a	0.720^ab	0.728^a
3	0.844^ab	0.794^ab	0.775^ab	0.767^ab	0.815^ab	0.871^ab	0.782^a	0.748^b	0.751^ab
4	0.862^b	0.813^ab	0.806^bc	0.798^b	0.830^abc	0.878^abc	0.802^a	0.766^bc	0.769^ab
5	0.876^bc	0.821^ab	0.817^bc	0.798^b	0.856^bc	0.928^d	0.803^a	0.796^cd	0.786^b
6	0.877^bc	0.824^bc	0.826^c	0.809^b	0.847^bc	0.903^bcd	0.808^a	0.801^cd	0.790^b
7	0.899^c	0.864^c	0.884^d	0.902^c	0.874^c	0.916^cd	0.868^b	0.821^d	0.850^c
SEM	0.012	0.014 6	0.016 1	0.016 8	0.016 2	0.013 3	0.015 8	0.016 3	0.017 7
P	<0.001	0.004	<0.001	<0.001	0.002	<0.001	0.001	<0.001	<0.001
LSD（P<0.05）	0.034 1	0.041 7	0.046	0.047 9	0.046 2	0.038 2	0.045	0.046 5	0.050 5
1~4组线性关系	$r=-0.432$	$r=-0.258$	$r=-0.506$	$r=-0.357$	$r=-0.358$	$r=-0.34$	$r=-0.244$	$r=-0.469$	$r=-0.304$
	$P=0.022$	$P=0.185$	$P=0.006$	$P=0.062$	$P=0.062$	$P=0.077$	$P=0.21$	$P=0.012$	$P=0.116$

处理	Val	Ala	Asp	Cys	Glu	Gly	Pro	Ser	平均
1	0.724^a	0.705^a	0.732^a	0.665^a	0.791^a	0.686	0.741^a	0.706	0.744^a
2	0.753^ab	0.714^ab	0.739^a	0.687^a	0.799^a	0.699	0.740^a	0.721	0.754^ab
3	0.780^bc	0.729^ab	0.743^a	0.713^bc	0.807^a	0.704	0.767^ab	0.734	0.772^abc
4	0.802^cd	0.755^ab	0.752^a	0.732^bcd	0.822^a	0.707	0.789^b	0.739	0.790^bc
5	0.826^de	0.758^ab	0.750^a	0.752^cd	0.819^a	0.711	0.79^b	0.744	0.802^c
6	0.83^de	0.766^b	0.755^a	0.768^d	0.825^a	0.714	0.797^b	0.746	0.805^c
7	0.866^e	0.842^c	0.845^b	0.839^e	0.876^b	0.702	0.857^c	0.787	0.852^d
SEM	0.015 6	0.021 3	0.015 5	0.016 3	0.013 7	0.020 1	0.014 4	0.017 1	0.015 6
P	<0.001	0.001	<0.001	<0.001	0.002	0.968	<0.011	0.065	<0.001
LSD（P<0.05）	0.044 7	0.060 8	0.044 3	0.046 5	0.039 1	—	0.041 2	—	0.044 4
1~4组线性关系	$r=-0.534$	$r=-0.294$	$r=-0.16$	$r=-0.455$	$r=-0.275$	$r=-0.147$	$r=-0.398$	$r=-0.245$	$r=-0.355$
	$P=0.003$	$P=0.13$	$P=0.451$	$P=0.015$	$P=0.156$	$P=0.456$	$P=0.036$	$P=0.209$	$P=0.064$

注：引自 Chrystal 等（2020）。相同小写字母代表差异不显著（$P>0.05$），不同小写字母代表差异显著（$P<0.05$）。

Brandejsa 等（2022）采用 10~28 d 肉鸡，日粮粗蛋白质由 22%，分别降低 1 个、2 个、3 个百分点，通过添加 L-赖氨酸、L-苏氨酸、DL-蛋氨酸、L-缬氨酸和 L-异亮氨酸，保持标准回肠可消化氨基酸一致（表 3-11），标准回肠可消化赖氨酸水平为 1.09% 可消化蛋+胱为 0.807%，可消化苏氨酸为 0.708%，可消化异亮氨酸为 0.763% 和可消化缬氨酸为 0.872%，结果发现肉鸡体重和胸肌率以日粮粗蛋白质降低 2 个百分点至 20 个百分点时最好，但在该水平下，腹脂率升高（表 3-12）。

表 3-11 试验日粮组成及养分分析值

处理组	CP22	CP21	CP20	CP18
原料（%）				
玉米	30	30	34.3	39.9
小麦	25.7	30	31	31
豆油	5.4	4.7	3.8	2.8
豆粕	35.6	31.6	26.8	21.7
DL-Met	0.21	0.24	0.28	0.32
L-Thr	0.02	0.07	0.13	0.2
L-Lys HCl	0.09	0.2	0.34	0.49
L-Ile	—		0.08	0.16
L-Val	—	0.08	0.12	0.2
胍基乙酸	—		0.06	0.06
氯化钠	0.26	0.2	0.12	
硫酸钠	0.14	0.21	0.31	0.45
磷酸氢钙	0.75	0.78	0.82	0.87
碳酸钙	1.42	1.43	1.44	1.46
预混料	0.45	0.45	0.45	0.45
营养成分计算值（g/kg）				
ME（MJ/kg）	12.7	12.7	12.7	12.7
CP	220	208.8	195	180
SID Arg	12.98	11.99	10.74	9.4
SID Met	5.02	5.15	5.33	5.52
SID Cys	3.05	2.92	2.74	2.54
SID Met+Cys	8.07	8.07	8.07	8.06
SID Ile	8.22	7.63	7.63	7.63
SID Lys	10.9	10.9	10.9	10.9
SID Thr	7.08	7.08	7.08	7.08

（续表）

处理组	CP22	CP21	CP20	CP18
SID Trp	2.34	2.18	1.96	1.72
SID Val	8.92	8.72	8.72	8.72
Ca	7.6	7.6	7.6	7.6
Cl	2.1	2.1	2.1	1.99
Na	1.6	1.6	1.6	1.6
有效磷	4	4	4	4
养分分析值（g/kg）				
CP	219.1	207.9	193.3	178.2
Arg	14.7	13.5	12.1	10.6
Met	5.4	5.51	5.65	5.81
Ile	9.38	8.71	8.62	8.52
Lys	12.4	12.3	12.1	12
Thr	8.38	8.3	8.2	8.09
Trp	2.67	2.5	2.25	1.97
Val	10.3	10	9.9	9.8

注：引自 Brandejsa 等（2022）。

表3-12 日粮不同蛋白水平对肉鸡胴体品质的影响

项目	处理组					P值	
	CP22	CP21	CP20	CP18	SEM	线性	二次
体重（g）	2 022	2 028	2 047	1 990	11.7	0.460	0.180
胴体重（g）	1 397	1 402	1 410	1 355	8.67	0.123	0.082
胴体率（%）	69.1[b]	69.1[b]	68.9[b]	68.1[a]	0.13	0.003	0.093
腹脂率（%）	2.17[a]	2.34[ab]	2.61[b]	3.18[c]	0.06	0.001	0.073
胸肌率（%）	33.2[b]	33.4[b]	32.9[b]	32.0[a]	0.14	0.001	0.042
腿肌率（%）	31.5	31.5	31.0	31.4	0.10	0.348	0.036

注：引自 Brandejsa 等（2022）。

2.2 调控日粮电解质平衡

在肉鸡养殖过程中，降低饲粮粗蛋白质水平一般是通过降低饲粮豆粕水平和增加谷物等能量饲料来实现。豆粕的钾含量高于谷类（NRC，2012），因而，在肉仔鸡饲粮中用谷物代替部分豆粕可能会降低饲粮中钾和异黄酮的水平。钾的减少会导致电解质平衡的下降。因此，在低粗蛋白质饲粮中添加钾以提高饲粮电解质平衡至高粗蛋白质饲粮的水平对肉鸡生长性能的影响。

日粮中电解质平衡（DEB）计算公式如下：

DEB（mEq/kg）= Na^+（mg/kg）×23.0+K^+（mg/kg）×39.1-Cl^-（mg/kg）×35.5

DEB 在体液平衡和维持酸碱平衡中起重要作用。根据环境温度、湿度和其他因素，从 200~350 mEq/kg 不等（Borges 等，2011），大约 250 mEq/kg 的 DEB 似乎是最佳的。

许多关于降粗蛋白质日粮的研究都忽略了 DEB。随着饲粮粗蛋白质的减少，DEB 也随之减少。Lamberta 等（2023）采用 11~30 日龄肉鸡生长期和育肥期正对照组日粮粗蛋白水平分别为 20.7% 和 19.5% CP，试验组日粮粗蛋白质水平分别降低 1 个、2 个和 3 个百分点（表 3-13），但通过添加 L-Lys、L-Thr、DL-Met、L-Val、L-Ile、L-Arg、Gly、L-Trp、L-Leu 和 L-His，保持日粮赖氨酸、蛋+胱、苏氨酸、缬氨酸、异亮氨酸、精氨酸、甘氨酸、色氨酸、亮氨酸和组氨酸不变，如果电解质保持与对照组一致，则肉鸡体重、采食量、饲料转化率和屠体性能均没有显著差异，但日粮降低 3 个百分点，电解质平衡常数 DEB 值只有对照组一半时，导致肉鸡采食量增加，饲料转化率下降，并导致相应的负面问题。因而，低蛋白日粮要注意电解质平衡（表 3-14）。

表 3-13 试验日粮组成与养分分析值

处理组	对照		CP-1%		CP-2%		CP-3%		NC CP-3%	
	10~20 d	20~30 d	10~20 d	20~30 d	10~20 d	20~30 d	10~20 d	20~30 d	10~20 d	20~30 d
小麦	328	351	384	404	441	460	497	514	506	520
豆粕，CP 49%	222	198	149	133	73	65	—	—		
玉米	200	200	200	200	200	200	200	200	200	200
燕麦	75	75	75	75	75	75	75	75	75	75
油菜籽	50	50	50	50	50	50	50	50	50	50
土豆蛋白浓缩物	—		17	12	34	24	50	36	50	36
葵花籽粕，CP 36%	30	30	30	30	30	30	30	30	30	30
鸡脂	28	29	24	26	21	22	17	19	17	19
豆油	24	27	19	22	15	17	10	13	10	13
磷酸氢钙	8	4.9	8.7	5.5	9.5	6.2	10.2	6.8	10.2	6.8
石粉	10.9	12.5	11	12.4	11.1	12.4	11.2	12.4	11.2	12.4
食盐	1.4	1.5	0.9	1	0.5	0.5	—		—	
碳酸氢钠	2.8	2.6	3.4	3.4	4.1	4.1	4.8	4.9	4.8	4.9

（续表）

处理组	对照		CP-1%		CP-2%		CP-3%		NC CP-3%	
	10~ 20 d	20~ 30 d	10~ 20 d	20~ 30 d	10~ 20 d	20~ 30 d	10~ 20 d	20~ 30 d	10~ 20 d	20~ 30 d
碳酸钾	—		2.2	1.9	4.4	4	6.6	5.9	—	
预混料	14.8	14.8	14.8	14.8	14.8	14.8	14.8	14.8	14.8	14.8
DL-Met	2.22	1.72	2.21	1.97	2.21	2.23	2.2	2.48	2.2	2.48
L-Thr	0.73	0.51	1.22	1.05	1.71	1.61	2.2	2.15	2.2	2.15
L-Lys	2.18	1.83	3.4	3.05	4.67	4.31	5.89	5.53	5.89	5.53
L-Val			0.13	0.12	0.26	0.25	0.38	0.38	0.38	0.38
L-Try			0.14	0.12	0.28	0.24	0.42	0.36	0.42	0.36
L-lso			0.59	0.58	1.21	1.18	1.8	1.76	1.8	1.76
L-Arg			1.42	1.19	2.87	2.43	4.29	3.62	4.29	3.62
Gly			1	0.8	2.03	1.63	3.03	2.43	3.03	2.43
L-Leu			0.11	0.12	0.21	0.24	0.32	0.36	0.32	0.36
L-His			0.21	0.17	0.44	0.34	0.65	0.5	0.65	0.5
养分计算值										
AMEn	12.4	12.7	12.4	12.7	12.4	12.7	12.4	12.7	12.4	12.7
CP	207 (208)	195 (198)	197 (201)	185 (190)	187 (191)	175 (176)	177 (183)	165 (169)	177 (181)	165 (166)
DID Lys	10.5	9.5	10.5	9.5	10.5	9.5	10.5	9.5	10.5	9.5
EE	76 (76)	80 (81)	68 (66)	72 (72)	60 (61)	64 (64)	51 (53)	56 (61)	51 (54)	56 (56)
CF	42 (33)	42 (32)	41 (29)	41 (34)	40 (30)	40 (30)	39 (28)	39 (27)	39 (30)	39 (32)
淀粉	379 (408)	396 (388)	412 (440)	426 (416)	445 (458)	457 (457)	478 (487)	487 (491)	478 (462)	487 (477)
DEB（mEq/kg）	226	211	226	211	226	211	226	211	122	122
Ca	6.9 (7.9)	6.8 (7.6)	6.9 (7.6)	6.8 (7.4)	6.9 (7.5)	6.8 (7.3)	6.9 (8.3)	6.8 (7.9)	6.9 (8.2)	6.8 (7.2)
P	6.1 (6.4)	5.3 (5.4)	6 (6.1)	5.2 (5.2)	6.0 (6.1)	5.2 (5.2)	5.9 (6.2)	5.3 (5.2)	5.9 (6.1)	5.4 (5.1)
K	8.5 (8.6)	7.9 (8.2)	8.5 (8.6)	7.9 (8.1)	8.5 (8.6)	7.9 (7.8)	8.5 (8.3)	7.9 (7.8)	4.5 (5.4)	4.4 (4.5)
Na	1.4 (1.5)	1.4 (1.3)	1.4 (1.5)	1.4 (1.4)	1.4 (1.5)	1.4 (1.4)	1.4 (1.6)	1.4 (1.5)	1.4 (1.4)	1.4 (1.5)
Cl	1.9 (2.1)	1.9 (1.8)	1.9 (2.0)	1.9 (1.9)	1.9 (2.0)	1.8 (1.9)	1.9 (2.0)	1.8 (2.0)	1.9 (2.0)	1.8 (1.9)

注：引自 Lamberta 等（2023）。

表 3-14 低蛋白日粮下不同电解质水平对肉鸡生产性能的影响

处理	对照	CP-1%	CP-2%	CP-3%	NC CP-3%	SE	线性	二次	DEB
前期									
10d 体重（g）	338	337	339	341	342	1.72	0.16	0.26	0.7
20d 体重（g）	994	982	974	978	990	5.95	0.02	0.14	0.1
平均日增重（g/d）	65	64.5	63.4	63.5	64.8	0.52	0.01	0.49	0.05
平均日采食量（g/d）	89.1	88.9	90.5	90.5	92.0	0.53	<0.001	0.85	0.01
料重比	1.38	1.37	1.43	1.42	1.42	0.01	<0.001	0.95	0.74
饮水量（g/d）	164.8	160.4	153.7	147.4	135.3	1.05	<0.001	0.28	<0.001
水/料	1.85	1.79	1.7	1.63	1.47	0.01	<0.001	0.35	<0.001
后期									
30d 体重	1 848	1 887	1 867	1 862	1 856	11	0.68	0.05	0.7
平均日增重（g/d）	85.2	90.2	89.3	88.3	86.4	1.1	0.1	0.01	0.25
平均日采食量（g/d）	136	138.4	137.4	133.2	137.7	0.91	0.02	<0.001	<0.001
料重比	1.6	1.54	1.54	1.51	1.59	0.02	<0.001	0.26	<0.001
饮水量	260	257.3	246	230.2	204.1	2.12	<0.001	<0.001	<0.001
水/料	1.91	1.86	1.79	1.73	1.48	0.01	<0.001	0.56	<0.001
全期 10~30 d									
平均日增重（g/d）	75.5	77.5	76.4	76	75.7	0.53	0.83	0.03	0.65
平均日采食量（g/d）	112.5	113.9	113.9	111.8	114.8	0.69	0.45	0.01	<0.01
料重比	1.49	1.47	1.49	1.47	1.52	0.01	0.1	0.98	<0.01
饮水量（g/d）	212.6	209.2	200.1	189.1	170.1	1.31	<0.01	<0.001	<0.01
水/料	1.89	1.84	1.76	1.69	1.48	0.01	<0.01	0.33	<0.01
N 利用率	58	62	65	70	67	0	<0.01	0.09	<0.01
欧洲综合指数	424	445	430	436	426	3.68	0.18	0.03	0.04

注：引自 Lamberta 等（2023）。

2.3 使用外源酶制剂

添加蛋白酶可以降低日粮粗蛋白质 0.5 个百分点。以此判断，当日粮蛋白水平分别由 180 g/kg、170 g/kg、160 g/kg 和 150 g/kg，降低到 175 g/kg、165 g/kg、155 g/kg 和 145 g/kg 时，添加蛋白酶不会影响氨基酸的利用率。Woyengo 等（2023）综述认为添加植酸酶、蛋白酶、可以提高氨基酸的平均消化率 4.73 个百分点，假定日粮的表观回肠氨基酸消化率在 0.70~0.90，日粮蛋白质则可以由 18%、17%、16% 或 15% 降低到 17%、16%、15% 和 14%。

2.4 调节日粮淀粉组成

有研究认为，快速消化淀粉由于葡萄糖释放过快，导致小肠前段肠腔内葡萄糖水平过高，此时由于氨基酸和葡萄糖共用 Na^+ 转运系统，进而会出现吸收竞争的现象（Liu 和 Selle，2017；Moss 等，2018a，b）。由此，Liu 等（2021）提出，在低蛋白日粮中应合理控制日粮淀粉与蛋白质的比值。Moss 等（2018b）研究发现，将日粮蛋白水平由 219 g/kg 降到 189 g/kg，同时使用玉米淀粉增加饲粮淀粉含量（由 269 增加到 439 g/kg）（日粮配方如表 3-15 所示）。结果发现，同标准蛋白水平日粮相比，随着日粮蛋白水平的下降，肉鸡采食量提高，降低了饲料代谢效率。另外 28d 肉鸡回肠淀粉消化率系数与 11 种氨基酸消化率系数呈显著负相关（$P<0.05$）。同高蛋白处理组相比，低蛋白日粮组空肠前段平均淀粉消化系数提高 23.5%（0.908 vs 0.735），空肠后段平均淀粉消化系数提高 30.3%（0.951 vs 0.730），回肠前段平均淀粉消化系数提高 15.9%（0.964 vs 0.832），回肠后段平均淀粉消化系数提高 10.9%（0.968 vs 0.873）（表 3-16）。

表 3-15 试验日粮组成及营养水平

原料（g/kg）	1A	2B	3C	4D	5E	6F
玉米	465	75	98	114	114	98
豆粕	370	340	344	340	340	344
玉米淀粉		513	483	464	450	483
菜籽油	68	14.3	15.8	16.4	18.3	15.6
石粉	6.1	5.4	5.4	5.4	5.4	5.4
磷酸氢钙	17.2	18.9	18.7	18.8	18.8	18.7
氯化钠	2.66	2.19	2.27	2.23	2.23	2.27
碳酸氢钠	3.89	4.06	3.96	4.01	4.02	3.96
碳酸氢钾		4	3.67	3.76	3.76	3.67
氯化胆碱	1.17	1.28	1.19	1.18	1.18	1.19
载体	10	10	10	10	10	10
预混料	2	2	2	2	2	2
沙土	5					
Lys. HCl	0.76	2.84	2.64	2.73	2.73	2.64
DL-Met	2.66	4.24	4.12	4.12	4.12	4.12
L-Thr	0.29	1.76	1.63	1.66	1.66	1.63
L-Iso			0.93	0.97	0.97	0.93

（续表）

原料（g/kg）	1A	2B	3C	4D	5E	6F
L-Val			1.79	1.82	1.82	1.79
L-Arg		0.59	0.37	0.46	0.46	
L-Gly				1.46	1.46	
L-Ser				1.94	1.94	
L-Pro				3.16	3.16	
L-Ala					2.47	
L-Asp					3.11	
L-Glu					7.3	
营养物质含量（g/kg）						
CP	213	172	178	183	192	178
AME（MJ/kg）	12.8	12.8	12.8	12.8	12.8	12.8
EE	97.6	26.6	29.2	30.4	32.2	29
CF	8.8	5.6	5.9	5.9	5.9	5.9
Ca	7.56	7.5	7.5	7.5	7.5	7.5
总磷	7.39	6.3	6.37	6.39	6.39	6.37
有效磷	3.6	3.6	3.6	3.6	3.6	3.6
钠	2.1	2	2	2	2	2
氯	2.2	2.2	2.2	2.2	2.2	2.2
钾	10.6	10.8	10.8	10.8	10.8	10.8
胆碱（mg/kg）	2 102	1 600	1 600	1 600	1 600	1 600
淀粉	299	561	545	522	522	546
Lys	11	11	11	11	11	11
Met	5.46	6.23	6.17	6.17	6.17	6.17
Cys	2.68	1.91	1.97	1.97	1.97	1.97
Thr	7.1	7.1	7.1	7.1	7.1	7.1
Try	2.29	1.92	1.96	1.94	1.94	1.96
Arg	13.1	11.44	11.44	11.44	11.44	11.08
Iso	8.13	6.53	7.59	7.59	7.59	7.59
Leu	15.8	11.37	11.72	11.72	11.72	11.72
Val	8.77	6.82	8.75	8.75	8.75	8.75
His	5.14	3.94	4.04	4.03	4.03	4.04
Phe	9.6	7.56	7.74	7.7	7.7	7.74
Gly	7.43	5.88	6.02	7.43	7.43	6.02
Ser	9.18	7.1	7.28	9.17	9.17	7.28
Pro	11.33	7.93	8.19	11.33	11.33	8.19

（续表）

原料（g/kg）	1A	2B	3C	4D	5E	6F
Ala	8.88	6.22	6.42	8.88	8.88	6.42
Asp	19.06	15.8	16.11	19.06	19.06	16.11
Glu	34.36	26.58	27.24	34.35	34.35	27.24

注：引自 Moss 等（2018）。

表3-16　日粮不同蛋白与淀粉水平对肉鸡生产性能的影响

处理	体增重（g/只）	采食量（g/只）	料重比	死淘率（%）
1A	1 433	1 972[a]	1.379[a]	2.1
2B	1 433	2 120[b]	1.481[bc]	8.3
3C	1 468	2 130[b]	1.452[bc]	2.1
4D	1 451	2 112[b]	1.456[bc]	12.5
5E	1 454	2 074[b]	1.429[ab]	6.3
6F	1 378	2 056[ab]	1.493[c]	2.1
SEM	26.93	33.3	0.019 4	3.403
P	0.251	0.017	0.003	0.181
LSD（P<0.05）	—	95	0.055 3	—

注：引自 Moss 等（2018）。

在另一项研究（Chrystal 等，2020）中，通过将玉米添加量从 560 g/kg 增加到 719 g/kg，将豆粕从 329 g/kg 减少到 171 g/kg，并将非结合氨基酸从 6.0 g/kg 增加到 24.9 g/kg，将玉米型日粮 CP 从 200 g/kg 降低到 156 g/kg，饲粮淀粉：蛋白质比率从 1.55 扩大到 2.57（日粮配方表3-17）。结果发现，空肠淀粉：蛋白质消失率从 2.08 扩大到 3.17。这种变化导致 FCR 降低了 8.96%（1.629 vs 1.495），增加了 70.8% 的腹脂（12.40 g/kg vs 7.26 g/kg）（表3-18）。类似的结果在小麦型低蛋白日粮中也有发现。

表3-17　试验日粮组成与营养成分

原料（g/kg）	处理1	处理2	处理3	处理4	处理5	处理6	处理7
玉米	560	602	659	719	727	741	614
豆粕	329	289	233	171	170	168	165
燕麦							131
植物油	49.7	42.7	32.8	22.4	19.4	3.82	
Lys. HCl	1.622	2.85	4.558	6.454	6.476	6.509	6.507
DL-Met	2.897	3.249	3.742	4.296	4.288	4.275	4.305

（续表）

原料（g/kg）	处理1	处理2	处理3	处理4	处理5	处理6	处理7
L-Thr	0.974	1.533	2.311	3.178	3.181	3.185	3.202
L-Try			0.202	0.533	0.537	0.542	0.497
L-Val	0.673	1.364	2.326	3.4	3.401	3.403	3.333
L-Arg		0.454	2.08	3.886	3.903	3.929	3.737
L-Iso	0.235	0.93	1.898	2.974	2.982	2.992	2.957
L-Leu				1.239	1.22	1.193	1.454
L-His				0.319	0.317	0.314	0.375
NaCl	4.009	2.626	0.222		4.253		4.086
碳酸氢钠	0.01	2.401	5.73	6.187		6.194	
碳酸钾				2.615		2.655	7.406
石粉	7.25	7.17	7.06	6.93	6.94	6.96	7.14
磷酸氢钙	20.29	20.91	21.77	22.75	22.73	22.7	22.32
胆碱	0.9	0.9	0.9	0.9	0.9	0.9	0.9
载体	20	20	20	20	20	20	20
预混料	2	2	2	2	2	2	2
营养物质含量（g/kg）							
AME（kcal/kg）	3 071	3 071	3 071	3 071	3 071	2 971	2 870
CP	200	188	172	156	156	156	156
真蛋白	182	171	157	143	143	143	143
EE	73.5	67.1	57.9	48.1	45.4	30.4	31
CF	21.6	21.2	20.5	19.8	19.9	20.1	33.7
ADF	33.7	33.1	32.2	31	31.2	31.6	47.8
NDF	84.5	85	85.1	84.9	85.6	86.7	113.3
Ca	8.25	8.25	8.25	8.25	8.25	8.25	8.25
总磷	7.35	7.29	7.2	7.09	7.11	7.13	7.01
有效磷	4.13	4.13	4.13	4.13	4.13	4.13	4.13
Na	1.8	1.8	1.8	1.8	1.8	1.8	1.8
K	9.3	8.53	7.45	7.72	6.24	7.74	10.49
Cl	3.06	2.35	1.37	1.62	4.18	1.64	4.13
DEB（mEq/kg）	230	230	230	230	120	230	230
可消化氨基酸							
Lys	11	11	11	11	11	11	11
Met	5.51	5.68	5.91	6.17	6.17	6.16	6.18
Met+Cys	8.14	8.14	8.14	8.14	8.14	8.14	8.14
Thr	7.37	7.37	7.37	7.37	7.37	7.37	7.37

（续表）

原料（g/kg）	处理1	处理2	处理3	处理4	处理5	处理6	处理7
Try	2.12	1.91	1.82	1.82	1.82	1.82	1.82
Iso	7.7	7.7	7.7	7.7	7.7	7.7	7.7
Leu	14.52	13.52	12.12	11.77	11.77	11.77	11.77
Arg	12.15	11.44	11.44	11.44	11.44	11.44	11.44
Val	8.8	8.8	8.8	8.8	8.8	8.8	8.8
His	4.8	4.42	3.9	3.63	3.63	3.63	3.63

注：引自 Chrystal 等（2020）。

表3-18　试验日粮对肉鸡生产性能、腹脂率及死淘率的影响

处理组	体增重（g/只）	采食量（g/只）	料重比	腹脂率（g/kg）	死淘率（%）
1 200 g/kg CP	1 934[b]	2 888[a]	1.495[a]	7.26[a]	7.1
2 188 g/kg CP	1 931[b]	2 896[ab]	1.500[a]	8.49[a]	7.1
3 172 g/kg CP	1 912[b]	2 907[ab]	1.522[a]	10.13[a]	2.4
4 156 g/kg CP	1 879[b]	3 036[bc]	1.629[b]	12.40[c]	7.1
5 120 mEq/kg DEB	1 869[b]	3 027[abc]	1.621[b]	12.20[c]	9.5
6 297 1 kcal/kg	1 864[b]	3 096[c]	1.648[b]	11.44[bc]	9.5
7 287 0 kcal/kg	1 760[a]	3 107[c]	1.765[c]	10.10[b]	4.8
SEM	36.00	50.45	0.016 9	0.511 7	3.378
P	0.024	0.006	<0.001	<0.001	0.667
LSD（P<0.05）	102.7	144	0.048 2	1.46	
1~4组线性或二次关系	r=0.282	r=-0.433	r=0.821	r=-0.84	r=0.063
	P=0.146	P=0.021	P<0.001	P<0.001	P=0.750

注：引自 Chrystal 等（2020）。

Greenhalgh 等（2020b）对以小麦为基础的日粮中限制淀粉/蛋白质比进行了评估。在该试验中包括1个阳性对照组以及3×2因子的设计。其中3个日粮CP水平分别为197.5 g/kg、180.0 g/kg 和162.5 g/kg。另外根据日粮淀粉/蛋白比设计2种类型淀粉/蛋白比，分别为无上限组（1.97、2.42、2.91）以及有上限组（1.63、1.63、1.92）。另外，阳性对照组的CP为215.0 g/kg，淀粉/蛋白比为1.63。所有处理组的可消化 Lys 水平均为11.00 g/kg，并保持相同的代谢能与电解质平衡。日粮组成及养分水平如表3-19所示。结果发现，空肠淀粉蛋白质消失率从2.53降低到1.31，回肠淀粉蛋白质消失率从2.01降低到1.71。这些结果表明，相对于蛋白质/氨基酸，淀粉/葡萄糖消化/吸收的

增加会影响肉仔鸡的生长性能（表3-20和表3-21）。

表 3-19　试验日粮组成及营养成分

原料（g/kg）	1A	2B	3C	4D	5E	6F	7G
小麦	547	607	680	738	502	458	488
豆粕	294	236	174	113	253	209	148
豆油	13.7	4.8			44.3	53.6	56.2
菜籽粕	70	70	50.5	30	70	70	70
葡萄糖	25	25	25	25	25	59.9	50
L-Lys. HCl	1.51	3.19	5.2	7.24	2.74	4.26	6.2
DL-Met	2.28	2.71	3.29	3.92	2.82	3.46	4.06
L-Thr	0.63	1.38	2.28	3.22	1.27	2.05	2.95
L-Try				0.25			0.18
L-Val		0.92	2.03	3.19	0.86	1.9	3.05
L-Arg		0.42	2.31	4.25	0.09	1.64	3.54
L-Iso		0.75	1.84	2.97	0.61	1.57	2.7
L-Leu			1.17	3.04		0.88	2.75
L-His			0.03	0.69			0.55
NaCl	2.02				0.3		
碳酸氢钠	2.01	5.48	5.67	5.67	4.57	5.79	5.8
碳酸钾			3.11	6.44		1.55	4.78
石粉	8.88	8.93	9.12	9.27	8.7	8.49	8.45
磷酸氢钙	10.26	10.95	11.76	12.66	11.14	12.19	13.16
木聚糖酶	0.05	0.05	0.05	0.05	0.05	0.05	0.05
植酸酶	0.1	0.1	0.1	0.1	0.1	0.1	0.1
氯化胆碱	0.9	0.9	0.9	0.9	0.9	0.9	0.9
沙土				8.55	49.5	82.3	106
载体	20	20	20	20	20	20	20
预混料	2	2	2	2	2	2	2
营养水平							
CP	215	197.5	180	162.5	197.5	180	162.5
淀粉/蛋白	1.63	1.97	2.42	2.91	1.63	1.63	1.92
AME, MJ/kg	12.6	12.6	12.6	12.6	12.6	12.6	12.6
DID Lys	11	11	11	11	11	11	11
DEB, mEq/kg	250	250	250	250	250	250	250
EE	60	51.2	38.4	29.7	81	87.5	91.7
淀粉	351	389	436	472	323	294	313

注：引自 Greenhalgh 等（2020）。

表3-20　试验处理对7~35 d肉鸡生产性能、死淘率、腹脂率及羽毛评分的影响

处理	CP	淀粉/蛋白模型	体增重（g/只）	采食量（g/只）	料重比（g/g）	死淘率（%）	腹脂率（g/kg）	羽毛评分
1A	215		2 159	3 496	1.627	8.33	6.5	1.8
2B	197.5	S	1 958	3 387	1.684	2.08	8.37[bc]	1.9
5E	197.5	M	2 161	3 492	1.616	6.25	8.15[b]	1.9
3C	180	S	1 451	2 717	1.878	0	8.14[b]	3.1
6F	189	M	1 437	2 963	2.066	4.17	8.74[bc]	2.8
4D	162.5	S	1 010	2 433	2.426	0	6.79[a]	3.7
7G	162.5	M	1 005	2 532	2.554	0	9.63[c]	2.6
SEM			48.18	59.25	0.067 1	1.875	0.456 2	0.476
主效应：蛋白								
197.5			2 063[c]	3 389[c]	1.650[a]	4.17	8.26	1.9[a]
180			1 444[b]	2 840[b]	1.972[b]	2.08	8.41	2.9[b]
162.5			1 008[a]	2 482[a]	2.490[c]	0	8.26	3.1[c]
淀粉/蛋白								
S			1 471	2 812[a]	1.996	0.7	7.77	2.9
M			1 535	2 995[b]	2.076	3.47	8.84	2.4
P								
CP			<0.001	<0.001	<0.001	0.097	0.866	0.031
淀粉/蛋白模型			0.140	<0.001	0.140	0.077	0.006	0.230
CP×模型			0.059	0.448	0.150	0.446	0.005	0.450
两组比较P值								
1A vs 2B			0.010	0.017	0.527	0.074	0.005	0.891
1A vs 5E			0.969	0.959	0.910	0.546	0.012	0.842
2B vs 5E			0.009	0.019	0.456	0.229	0.725	0.949

注：引自 Greenhalgh 等（2020）。

表3-21　日粮处理对35d肉鸡空肠回肠后段淀粉和蛋白质消失率的影响

处理	CP	淀粉/蛋白模型	淀粉消失率[g/（只·d）]		蛋白消失率[g/（只·d）]		淀粉/蛋白消失率比值	
			空肠	回肠	空肠	回肠	空肠	回肠
1A	215		60.8	64.4	26.2	32.4	2.34	2.01
2B	197.5	S	58.5[b]	62.0[c]	23.6	30.9	2.53[bc]	2.01[b]
5E	197.5	M	51.2[c]	55.9[b]	22.7	32.8	2.31[ab]	1.71[a]
3C	180	S	51.9[c]	55.1[b]	19.1	23.1	2.73[c]	2.36[c]
6F	189	M	36.4[b]	42.5[a]	18.6	25.2	2.02[a]	1.70[a]

（续表）

处理	CP	淀粉/蛋白模型	淀粉消失率[g/（只·d）]		蛋白消失率[g/（只·d）]		淀粉/蛋白消失率比值	
			空肠	回肠	空肠	回肠	空肠	回肠
4D	162.5	S	61.4[d]	63.8[c]	16.5	20.2	3.78[c]	3.17[d]
7G	162.5	M	29.8[a]	38.2[a]	15.6	19.4	1.95[a]	1.99[b]
SEM			2.125	1.9	1.382	1.278	0.127	0.05
主效应：蛋白								
197.5			54.8	59	23.1[c]	31.8[c]	2.87	2.58
180			41.2	48.8	18.9[b]	24.1[b]	2.38	2.04
162.5			45.6	51	16.0[a]	19.8[a]	2.42	1.86
淀粉/蛋白								
S			57.3	60.3	19.7	24.7	3.02	2.53
M			39.1	45.5	19	25.8	2.09	1.8
P								
CP			<0.001	<0.001	<0.001	<0.001	<0.001	<0.001
淀粉/蛋白模型			<0.001	<0.001	0.503	0.309	<0.001	<0.001
CP×模型			<0.001	<0.001	0.985	0.438	<0.001	<0.001
两组比较 P 值								
1A vs 2B			0.455		0.183	0.406	0.269	0.922
1A vs 5E			0.002		0.077	0.838	0.849	<0.001
2B vs 5E			0.017		0.653	0.302	0.197	<0.001

注：引自 Greenhalgh 等（2020）。

2.5 全谷物饲粮饲喂

全谷物饲粮（Whole-grain feeding，WGF）通常包括15%的全谷物与85%的颗粒饲料。全谷物日粮配制时，如果最终蛋白需求为225 g/kg，谷物蛋白为110 g/kg，那么颗粒饲料蛋白含量需达到245 g/kg。这些比例在实际应用中是可变的，如果全谷物比例增加，那么颗粒饲料的养分水平也需要相应提高（Liu 等，2015）。全谷物饲粮具有增强肉鸡肌胃功能并提高饲料营养物质利用率的作用。在肉鸡饲料中添加30 g/kg 的全谷物或粗纤维，或使用200~300 g/kg 粗磨谷物（>1.0 mm），可使肌胃重量增加，并提高其功能（Svihus，2011；Mateos 等，2012；Abdollahi 等，2018；Kheravii 等，2018）。Svihus（2011）指出，肌胃对日粮组成的变化反应非常迅速。使用全谷物日粮可以有效提高肉鸡的饲料转化率（Singh 等，2014；Liu 等，2015；Moss 等，2017；

Abdollahi 等，2018）。全谷物日粮在肉鸡氮沉积方面也具有一定作用。Krabbe
（2000）报道，肉仔鸡饲粮的平均粒径从 561 mm 增加到 997 mm 后，显著增加
了 8.4% 的氮存留（从 50.2% 增加到 58.6%）。直观地看，全谷物饲粮会增加
颗粒的粒径，氮的消化率被认为是氮存留的主要决定因素，但淀粉的消化率可
能同样重要，甚至更重要，葡萄糖的额外吸收可通过直接或间接地触发胰岛素
分泌和减少氨基酸的氧化来促进更有效的蛋白质沉积（Simon，1989）。

在以玉米-豆粕为基础的低蛋白饲粮中添加 250 g/kg 的全玉米对 14~35 d
的罗斯 308 肉鸡的肌胃大小和内容物的 pH 值没有影响，同时也无法改善降低
蛋白质（165 g/kg）对肉鸡生产性能的影响（Chrystal 等，2020a）（同案例
2.3）。

在以小麦作为全谷物日粮的研究中，共设置 7 个处理，其中 3 个日粮蛋白水
平分别为 215 g/kg、190 g/kg 和 165 g/kg。有 6 个处理采用 2×3 因子设计，在
2 个蛋白水平下（215 g/kg 和 165 g/kg）和 3 种全谷物水平（0、12.5% 和
25%）饲喂（试验分组及日粮组成如表 3-22，表 3-23 所示）。结果发现（表 3-
24），在以小麦-豆粕为基础的饲粮中添加 250 g/kg 的全小麦对降低 CP
（165 g/kg）的罗斯 308 雄性肉仔鸡的生产性能没有影响，但相对肌胃重量增加
了 53.8%（13.41 g/kg vs. 8.72 g/kg），肌胃内容物 pH 降低（2.76 vs. 3.62），相
对腹部脂肪重量降低了 14.6%（6.91 g/kg vs. 8.09 g/kg）（Yin 等，2020）。

表 3-22　试验设计及分组

处理组	
1A	215 g/kg CP
2B	190 g/kg CP
3C	165 g/kg CP
4D	215 g/kg CP+125 g/kg 全谷物小麦
5E	215 g/kg CP+250 g/kg 全谷物小麦
6F	165 g/kg CP+125 g/kg 全谷物小麦
7G	165 g/kg CP+250 g/kg 全谷物小麦

注：引自 Yin 等（2020）。

表 3-23　试验配方组成及养分分析值

原料（g/kg）	1A	2B	3C
小麦	551	649	747
豆粕	247	147	47.2
菜籽粕	100	100	100

（续表）

原料（g/kg）	1A	2B	3C
植物油	52.2	36.8	21.4
Lys. HCl	1.74	4.63	7.51
DL-Met	1.84	2.57	3.31
Thr	0.74	2.02	3.3
Try		0.12	0.24
Val		1.53	3.05
Arg		2.32	4.64
Iso		1.52	3.04
Leu		1.47	2.93
His		0.3	0.6
NaCl	1.81	0.91	
碳酸氢钠	2.13	3.44	4.76
碳酸钾		3.69	7.37
石粉	8.46	8.58	8.7
磷酸氢钙	9.77	10.82	11.87
木聚糖酶	0.05	0.05	0.05
植酸酶	0.1	0.1	0.1
氯化胆碱	0.9	0.9	0.9
预混料	2	2	2
载体	20	20	20
营养成分分析值（%）			
AME（MJ/kg）	12.7	12.7	12.7
CP	215	190	165
可消化氨基酸			
Lys	11	11	11
Met	4.79	5.09	5.39
Cys	3.35	3.05	2.75
Thr	7.37	7.37	7.37
Try	2.5	2.16	1.82
Iso	7.82	7.76	7.7
Leu	13.92	12.85	11.77
Arg	12.28	11.86	11.44
Val	8.88	8.84	8.8
His	4.79	4.21	3.63
Phe	8.96	7.26	5.56

（续表）

原料（g/kg）	1A	2B	3C
Pro	12.25	11.1	9.94
Glu	18.51	11.02	3.53
Gly	7.51	6.16	4.81
Ser	8.63	6.98	5.33
淀粉	341	401	460
EE	72.7	57.8	42.9
CF	30.4	28.8	27.1
Ca	8.25	8.25	8.25
总磷	5.61	5.37	5.14
有效磷	4.13	4.13	4.13
DEB（mEq/kg）	250	250	250

注：引自 Yin 等（2020）。

表3-24 试验处理对35 d 肉鸡肌胃、肌胃内容物、胰腺、腹脂和肌胃 pH 值的影响

处理		肌胃相对重量（g/kg）	肌胃内容物相对重量（g/kg）	胰腺相对重量（g/kg）	腹脂率（g/kg）	肌胃 pH 值
CP	WG					
215	0	8.33	1.81	1.89	7.32	3.84
	125	11.47	5.39	1.65	7.48	2.9
	250	13.37	5.92	1.78	6.66	2.81
165	0	9.11	3.3	1.92	8.87	3.39
	125	12.33	6.46	1.68	8.03	2.94
	250	13.45	5.95	1.72	7.17	2.71
SEM		0.035 5	0.444	0.102	0.418	0.116
主效应：蛋白						
215		11.06	4.37[a]	1.771	7.15[a]	3.19
165		11.63	5.24[b]	1.771	8.02[b]	3.01
WG						
0		8.72[a]	2.56[a]	1.9	8.09[b]	3.62[b]
12.5		11.90[b]	5.92[b]	1.66	7.76[b]	2.92[a]
25		13.41[c]	5.94[b]	1.75	6.91[a]	2.76[a]
P 值						
CP		0.054	0.022	0.996	0.015	0.074
WG		<0.001	<0.001	0.07	0.021	<0.001
CP×WG	0.496	0.247	0.871	0.381	0.109	

注：引自 Yin 等（2020）。

参考文献

陈将，刘国华，AHMED P S，等，2019. 低蛋白质饲粮补充缬氨酸对肉鸡生长性能、屠宰性能和血清指标的影响. 动物营养学报，31（4）：1604-1612.

陈思，2018. 小麦肉鸡代谢能和氨基酸消化率预测模型构建. 硕士学位论文. 杨凌：西北农林科技大学.

丁鹏，黄祥祥，宋泽和，等，2019. 肉仔鸡菜籽粕氨基酸标准回肠消化率的评定及预测方程的建立. 动物营养学报：1138-1151.

黄祥祥，2017. 菜粕肉仔鸡标准回肠氨基酸消化率和代谢能的评定. 长沙：湖南农业大学.

李贝，2021. 不同来源玉米常规养分测定与白羽肉鸡标准回肠氨基酸消化率评定. 硕士学位论文.

潘迪子，2017. 米糠肉仔鸡代谢能与标准回肠氨基酸消化率的评定. 长沙：湖南农业大学.

申童，2018. 发酵菜粕肉仔鸡代谢能及标准回肠氨基酸消化率的评定. 长沙：湖南农业大学.

孙征，叶晓梦，廖秀冬，等，2023. 不同来源豆粕的肉仔鸡标准回肠氨基酸消化率研究. 中国畜牧杂志（59）：193-199.

吴昀昭，2018. 米糠粕肉仔鸡代谢能与标准回肠氨基酸消化率的评定. 长沙：湖南农业大学.

谢堃，2017. 肉仔鸡大米与碎米代谢和标准回肠氨基酸消化率的评定. 长沙：湖南农业大学.

张相德，2018. 肉仔鸡小麦面粉的代谢能和回肠氨基酸消化率评估. 杨凌：西北农林科技大学.

周雅倩，2021. 小麦麸常规养分与白羽肉鸡标准回肠氨基酸消化率营养价值评定. 硕士学位论文. 长沙：湖南农业大学.

AFTAB U, ASHRAF M, AND JIANG Z, 2006. Low protein diets for broilers. World's Poultry Science Journal，（62）：688-701.

AWAD E A, IDRUS ZULKIFLI, ABDOREZA FARJAM SOLEIMANI & AHMED ALJUOBORI, 2017. Effects of feeding male and female broiler chickens on low-protein diets fortified with different dietary glycine levels under the hot and humid tropical climate, Italian Journal of Animal Science, 16：3, 453-461.

AWAD E A, ZULKIFLI I, FARJAM A S, et al., 2016. Effect of low-protein diet, gender and age on the apparent ileal amino acid digestibilities in broiler chickens raised under hot-humid tropical condition. Indian J Anim Sci, 86（6）：696-701.

BAKER D H, 1997. Ideal amino acid profiles for swine and poultry and their applications in feed formulation. BioKyowa Tech Rev, 9: 1-24.

BEZERRA R, COSTA F, GIVISIEZ P, et al., 2016. Effect of l-glutamic acid supplementation on performance and nitrogen balance of broilers fed low protein diets. *Journal of animal physiology and animal nutrition*, 100, 590-600.

BRANDEJSA V, KUPCIKOVAA L, TVRDONB Z, et al., 2022. Broiler chicken production using dietary crude protein reduction strategy and free amino acid supplementation. Livestock Science, 258: 104879.

CHRYSTAL P V, MOSS A F, KHODDAMI A, et al., 2020b. Effects of reduced crude protein levels, dietary electrolyte balance, and energy density on the performance of broiler chickens offered maize-based diets with evaluations of starch, protein, and amino acid metabolism. Poultry Science, 99, 1421-1431.

CHRYSTAL P V, MOSS A F, KHODDAMI A, et al., 2020a. Impacts of reduced-crude protein diets on key parameters in male broiler chickens offered maize-based diets. Poult Sci, 99: 505-16.

CHRYSTAL P V, GREENHALGH S, SELLE P H, et al., 2020b. Facilitating the acceptance of tangibly reduced-crude protein diets for chicken-meat production. Animal Nutrition, 6: 247-257.

CORZO A, KIDD M T, DOZIER J R, et al., 2007a. Dietary threonine needs for growth and immunity of broilers raised under different litter conditions. J. Appl. Poult. Res, 16, 574-582.

DAO H T, SHARMA N K, BRADBURY E J, et al., 2021. Effects of L-arginine and L-citrulline supplementation in reduced protein diets for broilers under normal and cyclic warm temperature. Animal Nutrition, 7: 927-938.

DE RAUGLAUDRE T, ME' DA B, FONTAINE S, et al., 2019. Effect of low protein diets supplemented with free amino acids on growth performance, slaughter yield, litter quality, and footpad lesions of male broilers. Poultry Science 98: 4868-4877.

FULLER M F, REEDS P J, 1998. Nitrogen cycling in the gut. Annual Review of Nutrition 18, 385-411. doi: 10.1146/annurev. nutr. 18. 1. 385.

GREENHALGH S, MCINERNEY B V, MCQUADE L R, et al., 2020. Capping dietary starch: protein ratios in moderately reduced crude protein, wheat-based diets showed promise but further reductions generated inferior growth performance in broiler chickens. Animal Nutrition. 6, 168-178.

HILLIAR M, HARGREAVE G, GIRISH C K, et al., 2020. Using crystalline amino acids to supplement broiler chicken requirements in reduced protein diets. Poult Sci, 99 (3): 1551-1563.

KIDD M T, BARBER S J, VIRDEN W S, et al., 2003. Threonine responses of Cobb male finishing broilers in differing environmental conditions. J. Appl. Poult. Res, 12, 115-123.

LAMBERTA W, BERROCOSOB J D, SWARTB B, et al., 2023. Reducing dietary crude protein in broiler diets positively affects litter quality without compromising growth performance whereas a reduction in dietary electrolyte balance further improves litter quality but worsens feed effciency. Animal Feed Science and Technology, 297: 115571.

LAMBERT W, FOURNEL S AND LE' TOURNEAU-MONTMINY M P, 2023. Metaanalysis of the effect of low-protein diets on the growth performance, nitrogen excretion, and fat deposition in broilers. Front. Anim. Sci. 4: 1214076. doi: 10. 3389/fanim. 2023. 1214076.

LIU S, AND SELLE P, 2015. A consideration of starch and protein digestive dynamics in chicken-meat production. World's Poultry Science Journal, 71, 297-310.

LIU S Y, MACELLINE S P, CHRYSTAL P V, et al., 2021. Progress towards reduced-crude protein diets for broiler chickens and sustainable chicken-meat production. Journal of Animal Science and Biotechnology, 12 (1): 1-13.

LIU S Y, AND SELLE P H, 2017. Starch and protein digestive dynamics in low-protein diets supplemented with crystalline amino acids. Animal Production Science, 57, 2250-2256.

MACELLINE S P, CHRYSTAL P V, LIU S Y, et al., 2021. The Dynamic Conversion of Dietary Protein and Amino Acids into Chicken-Meat Protein. Animals, 11, 2288. https: // doi. org/10. 3390/ani11082288.

MACELLINE S P, CHRYSTAL P V, TOGHYANI M, et al., 2021. Ideal protein ratios and dietary crude protein contents interact in broiler chickens from 14 to 35 days post-hatch. Proc. Aust. Poult. Sci. Symp, 32: 180-183.

MAIA R C, LUIZ F. T. ALBINO, HOR ACIO S. ROSTAGNO, et al., 2021. Kreuz, Raully L. Silva, Bruno D. Faria, Arele A. Calderano. Low crude protein diets for broiler chickens aged 8 to 21 days should have a 50% essential-to-total nitrogen ratio. Animal Feed Science and Technology, 271: 114709.

MAYNARD C W, MICHAEL KIDD T, PETER CHRYSTAL V, et al., 2022. Assessment of limiting dietary amino acids in broiler chickens offered reduced crude protein diets. Animal Nutrition, 10: 1-11.

MAYNARD C W, LIU S Y, LEE J T, et al., 2020. Determining the 4th limiting amino acid in low crude protein diets for male and female Cobb MV×500 broilers, British Poultry Science, 61: 6, 695-702.

MAYNARD C W, LIU S Y, LEE J T, et al., 2021. Determination of digestible valine requirements in male and female Cobb 500 broilers. Animal Feed Science and Technology, 275: 114847.

MOSS A F, SYDENHAM C J, KHODDAMI A, et al., 2018b. Dietary starch influences growth performance, nutrient utilisation and digestive dynamics of protein and amino acids in broiler chickens offered low – protein diets. *Animal Feed Science and Technology*. 237，55–67.

RAVINDRAN V, MOREL P C H, RUTHERFURD S M, et al., 2009. Endogenous flow of amino acids in the avian ileum as influenced by increasing dietary peptide concentrations. British Journal of Nutrition，101：822–828.

SELLE P H, LIU S Y, 2019. The relevance of starch and protein digestive dynamics in poultry. J. Appl. Poult. Res，28：531–545.

SI J, FRITTS C, BURNHAM D, et al., 2004. Extent to which crude protein may be reduced in corn–soybean meal broiler diets through amino acid supplementation. Int. J. Poult. Sci.

SIEGERT W, WILD K, SCHOLLENBERGER M, et al., 2016. Effect of glycine supplementation in low protein diets with amino acids from soy protein isolate or free amino acids on broiler growth and nitrogen utilisation. British Poultry Science，57：424–434.

STAR L, TESSERAUD S, VAN TOL M, et al., 2021. Production performance and plasma metabolite concentrations of broiler chickens fed low crude protein diets differing in Thr and Gly. Animal Nutrition，7：472–480.

TILLMAN P B, 2019. Determination of Nutrient Values for Commercial Amino Acids. J. Appl. Poult. Res，28：526–530.

WOYENGO T, AND NYACHOTI C, 2011. Supplementation of phytase and carbohydrases to diets for poultry. Canadian Journal of Animal Science，91：177–192.

WOYENGO T A, BACH KNUDSEN K E, BØRSTING C F, 2023. Low – protein diets for broilers：Current knowledge and potential strategies to improve performance and health, and to reduce environmental impact. Animal Feed Science and Technology，297：115574.

WU G, 2021. Amino acids in nutrition，health，and disease. Front Biosci，26：1386–92.

WU GUOYAO AND LI PENG, 2022. The "ideal protein" concept is not ideal in animal nutrition. Experimental Biology and Medicine，X：1–11.

YIN D, CHRYSTAL P V, MOSS A F, et al., 2020. Effects of reducing dietary crude protein and whole grain feeding on performance and amino acid metabolism in broiler chickens offered wheat–based diets. Animal Feed Science and Technology，260，114386.

ZHOU X, BELTRANENA E, ZIJLSTRA R T, 2017. Apparent and true ileal and total tract digestibility of fat in canola press–cake or canola oil and effects of increasing dietary fat on amino acid and energy digestibility in growing pigs. J. Anim. Sci. 95，2593–2604.

第四章 蛋鸡低蛋白日粮的配制

1 蛋鸡低蛋白日粮配制的研究进展

1.1 低蛋白日粮研究背景

豆粕严重依赖进口大豆不可持续。2011—2021 年，我国每年的粮食进口从 8 000 万 t 增加到 1.6 亿 t，其中主要包括近 1 亿 t 的大豆和 2 800 多万 t 的玉米。饲料粮产业中，每年豆粕用量约 7 500 t，几乎全部靠进口大豆加工，而自产大豆只有 1 000 万 t。可见，我国豆粕的进口依赖非常严重。随着国际经济形势和政治形势变化的影响，豆粕价格大幅攀升和波动，目前仍在高位运行，养殖业成本压力较大。为实现我国饲料产业可持续发展，开展粮食节约行动势在必行。同时，我国饲料粮安全问题已上升到国家粮食安全的高度，蛋鸡长期高蛋白日粮饲喂不仅浪费饲料资源，造成氮排放过量污染环境，还会导致产蛋性能下降和鸡蛋品质变差。在此情形下，以豆粕为代表的蛋白原料缺口为商品蛋鸡低蛋白氨基酸平衡日粮的全面应用提供了契机。

为应对我国畜禽养殖生产面临的饲料资源紧缺问题，保障我国饲料业供应安全，农业农村部于 2021 年印发了《饲料中玉米豆粕减量替代工作方案》。在全行业大力推进低蛋白日粮技术背景下，通过充分挖掘和利用蛋白质饲料资源，积极开拓新型饲料资源，多措并举，我国蛋鸡饲料豆粕减量替代工作取得了阶段性成果。此外，国家标准《产蛋鸡和肉鸡配合饲料》（GB/T 5916—2020）对蛋鸡配合饲料中粗蛋白质、总磷增设了上限值，在保证生产性能不受影响的情况下，通过降低饲料蛋白质含量，减少蛋白质消耗，降氮减排，从技术标准上也为蛋鸡日粮豆粕减量提供了支撑。

蛋鸡低蛋白日粮的精准配制，需通过调节原料的成分和比例来精准控制饲料中蛋白质、氨基酸及其他营养物质的含量。当前，蛋鸡饲料和营养已经进入全新时代，构建精准营养供给模型，实现蛋鸡的"动态营养需要"与饲粮营养素的"精准供给"成为商品蛋鸡养殖的重要组成部分。诚然，"低蛋白氨基酸平衡日粮"配制技术为行业高质量发展提供了巨大空间，但在实际应用过程中仍存在许多误解和偏差，须进一步探讨、解决。理论上，低蛋白氨基酸平衡日粮并不会影响蛋鸡的产蛋性能，但实际应用中却出现明显的产蛋性能下降。对此，有专家认为产蛋鸡对氨基酸的吸收主要通过肠道完成，通常情况下，日粮蛋白源氨基酸的消化、吸收速率明显低于晶体氨基酸，这种氨基酸供给速率的不同，造成组织氨基酸代谢池中氨基酸的不平衡，导致了产蛋率的降低。因此，在实际养殖中须针对蛋鸡的品种、日龄、饲料中营养素等进行细分和评价，实现需求与有效供给的营养供需动态平衡。另外，氨基酸消化、吸收、利用平衡也是精准供给的重要一环，实现其平衡才能有效减少氨基酸浪费，避免饲喂低蛋白日粮造成蛋鸡生产性能降低。

调整优化饲料配方结构，促进豆粕减量替代，不仅是保障饲料粮供需平衡的重大产业需求，也是在当前饲料原料供需日益趋紧形势下亟须解决的技术需求。目前我国主要畜禽养殖品种之中，蛋鸡日粮配制技术由于长期以来受国外发展经验影响，主要以玉米-豆粕型日粮为主，因此，创新研发产蛋鸡日粮豆粕减量替代技术就显得十分重要，相关研究涉及饲料精准配制的营养代谢技术问题，以及蛋鸡健康和产品品质等生产问题。

1.2 低蛋白日粮应用依据

蛋白质营养的本质是氨基酸营养。低蛋白质日粮，又称为氨基酸平衡日粮，是在科学认知动物氨基酸需求和饲料原料氨基酸供给的基础上，通过精准添加晶体氨基酸满足动物对特定氨基酸的需求。标准回肠可消化氨基酸是评价不同饲料原料氨基酸可利用性和配制日粮以符合蛋鸡氨基酸营养需求的重要指标。除豆粕外，国内外相关研究已对各种饲料原料的氨基酸标准回肠消化率进行了系统性的评价，并对各种原料替代豆粕饲喂蛋鸡的效果进行了广泛的研究。整理分析搜集到文献和研究数据，发现豆粕可以被多种非常规蛋白质原料合理替代，且对蛋鸡生产性能无不良影响。豆粕含量并非日粮饲喂效果的决定性指标，在满足蛋鸡氨基酸营养需要的条件下，其他蛋白质饲料原料可以部分或完全替代豆粕，以降低日粮豆粕的使用量。

日粮中粗蛋白质含量过低不能满足蛋鸡生长和发育需求，粗蛋白质含量过高增加氮排泄会污染环境，不利于蛋鸡养殖业高质量发展。蛋鸡对蛋白质的需求实际上是对氨基酸的需求，因此，低蛋白氨基酸平衡日粮配制技术，可简单概括为满足蛋鸡对必需和非必需氨基酸的需求。通常情况下，提高粗蛋白质水平可满足蛋鸡对必需氨基酸的需要。随着晶体氨基酸种类的增多和价格的降低，可通过提高晶体氨基酸用量降低粗蛋白水平，进而减少豆粕等蛋白原料使用量，降低日粮成本。与 NRC（1994）推荐标准的日粮蛋白质水平相比，应用低蛋白日粮配制技术配制的日粮，在不影响生产性能和健康状况的前提下，可降低 2%~3% 粗蛋白质水平，实现减少日粮蛋白原料用量，提高蛋白质的利用效率，降低养殖成本和动物代谢负担。

　　理想氨基酸模式是低蛋白日粮配制技术的关键，调整日粮氨基酸供给模式使其尽可能贴近动物生长、生产需要量。研究表明，随着采食量持续增长，需相应降低日粮中氨基酸含量，如单位净能所需要的赖氨酸量随体重增加而降低，以免过量供给对养殖效益和环境产生负面影响。

　　低蛋白日粮具有减少氮排放利于环境、改善肠道健康、缓解热应激、减少对豆粕的依赖、改善鸡脚垫质量以及降低日粮成本的优点。但实施低蛋白日粮技术时，晶体氨基酸添加过多不利于蛋鸡健康，降低日粮粗蛋白质水平影响其生长性能、生产性能和鸡蛋品质，甚至导致机体抗逆性变差等问题。因此，在配制蛋鸡低蛋白日粮时，需根据蛋鸡各生理阶段营养需要，精准调控饲料配方，在降低粮食成本的同时，增加经济效益，达到节能减排、降本增效的目的。

1.3　低蛋白日粮配制技术要点

　　低蛋白日粮的特征是在氨基酸平衡的基础上维持其他营养素不变，主要依据饲料原料氨基酸数据库、标准回肠可消化氨基酸（SIDAA）和日粮氨基酸平衡模式。蛋鸡低蛋白日粮主要考虑生产性能、机体健康（肝脏-肠道-生殖道）和鸡蛋品质三个方面，日粮配制关键点涉及蛋鸡养殖阶段、原料营养特性、营养性和非营养性饲料添加剂使用技术。目前，相关研究主要集中于日粮补充必需晶体氨基酸对产蛋性能、机体健康、鸡蛋品质的影响。主要涉及低蛋白质日粮下单一氨基酸、氨基酸平衡模式、净能体系以及棉粕、菜粕替代豆粕情况下，对蛋鸡生产性能、鸡蛋品质、免疫、抗氧化、肠道健康、繁殖以及环境的影响。合理添加晶体氨基酸（蛋氨酸、苏氨酸、异亮氨酸、精氨酸等）为蛋鸡低蛋白日粮提供了新机会。

　　低蛋白日粮配制技术要保持等能、等氨基酸。降低豆粕用量以降低粗蛋白质水平，添加合成氨基酸以保证氨基酸平衡。确定商品蛋鸡日粮中非豆粕原料添加水平，需考虑粗纤维含量、氨基酸含量和利用效率、有毒有害因子含量等。准确把握原料质量和营养素含量，必需与非必需氨基酸平衡，非必需氨基酸总量及之间的平衡。根据营养源合理使用营养性和非营养性饲料添加剂。合理定位产品价值、根据商品蛋鸡品种、养殖阶段、养殖地域、饲料原料营养素组成，精准设计日粮配方。

1.3.1 低蛋白日粮配制原则

蛋鸡玉米-豆粕减量替代的配方方案，是根据结合品种推荐的营养供给量和蛋鸡所处的生理阶段，参考相应的饲养或营养标准，确定配方的营养指标，合理选择能量和蛋白质原料，在可消化氨基酸基础上计算配方。配方使用效果不能影响蛋鸡生长和生产性能、鸡只健康和鸡蛋品质，并应根据实际使用效果适当调整。需要关注的是，目前应用较多的典型配方有小麦-豆粕型、高粱-豆粕型、玉米杂粮型、小麦杂粮型等，综合性价比和饲料转化效率，玉米和豆粕减量使用应以产蛋期为主，实际应用时可根据原料供应量、价格和使用效益灵活选择和调整，非玉米豆粕型日粮预混料中一般要补充色素和酶制剂等添加剂。在农业农村部畜牧兽医局的领导下，全国动物营养指导委员会制定了《猪鸡饲料玉米豆粕减量替代技术方案》，目的是引导饲料生产和养殖企业因地制宜选择饲料原料，促进饲料原料多元化，推动构建适合我国国情的新型日粮配方结构。

1.3.2 根据日粮类型配制低蛋白日粮

配制蛋鸡日粮，首先要确定日粮类型，以及所用的能量和蛋白原料。参考蛋鸡饲养标准、营养需要和饲养手册，确定蛋鸡日粮适宜的代谢能水平，从而确定其他养分的相应比例。并针对蛋鸡不同生理阶段，合理使用合成氨基酸，要考虑必需氨基酸与非必需氨基酸、小肽的平衡，配制基于可利用氨基酸的低蛋白日粮，同时要适当考虑能氮平衡、脂肪酸平衡、维生素平衡、微量元素平衡、电解质平衡等，且兼顾营养素来源、能量饲料组合、蛋白饲料组合等。针对替代原料的抗营养因子种类和含量，选择适宜的酶制剂及其组合，如植酸酶以及木聚糖酶、β-葡聚糖酶等非淀粉多糖酶和纤维素酶等。合理使用其他饲料添加剂，如小麦中呕吐毒素、花生粕中黄曲霉毒素等，可通过添加霉菌毒素脱毒剂或降解剂处理。陈化谷物的氧化、结构变化等会降低养分消化率，可通过添加抗氧化剂予以预防。黄玉米用量降低或者使用非玉米原料时，要补充色素等。

1.3.3 根据蛋鸡不同生理阶段配制低蛋白日粮

蛋鸡饲料配制时还需要考虑不同阶段蛋鸡的生理和营养代谢特点。由于蛋鸡的生命周期长，持续影响广，要特别关注蛋鸡健康和鸡蛋品质，配方方案的确定既要计较生产成本，也要考虑资源节约和环保，减量替代方案实施时要循序渐进。

1.3.3.1　育雏期（0~6周龄）

由于该阶段鸡的消化和免疫系统需要发育，要求饲料适口性好，易吸收，应适当保留玉米和豆粕。育雏期蛋鸡自身消化酶分泌不足，肠道发育不完全，肠道消化吸收能力弱，为满足其对营养物质的旺盛需求，避免发生采食应激，应饲喂高品质、易消化的饲料，不建议在此阶段日粮中使用过多非常规原料。仅建议使用少量高品质非豆粕蛋白质原料替代豆粕，如膨化玉米、膨化大豆或鱼粉等，以提高育雏鸡采食量及营养物质消化率，促进雏鸡健康生长。

1.3.3.2　育成期（6~16周龄）

育成前期（6~12周龄）蛋鸡肠道进一步发育完善，肠道消化吸收能力进一步增强。相比育雏鸡日粮，可使用较高比例的非常规蛋白原料替代豆粕，适当降低日粮豆粕含量。蛋鸡在育成期的肠道发育程度直接影响产蛋期的采食量，进而影响蛋鸡生产性能和健康状况，若育成前期蛋鸡摄入营养不合理，往往引起产蛋期采食量低、蛋个较小等不利结果。对骨骼和肌肉的生长发育，以及体成熟和性成熟的特殊需求，此阶段饲料可适当降低营养水平，目标是提高鸡的均匀度。因此，为满足育成前期蛋鸡快速生长和预产期蛋鸡生殖系统发育的需要，本阶段日粮可不再使用鱼粉等优质蛋白源，推荐使用小麦、麸皮、花生仁粕、菜籽粕和玉米DDGS丰富日粮的多元性，并限制豆粕用量。

育成后期（12~16周龄）蛋鸡除生殖系统外，机体发育接近成熟蛋鸡，蛋鸡肠道已发育完全，此阶段常采用限饲的方式，以达到节省饲料、延缓性成熟、均匀体重、防止母鸡过肥的目的。育成后期蛋鸡对抗营养因子耐受性较强，可使用更高比例的非常规能量及蛋白质原料替代玉米和豆粕，限制豆粕用量，并增加原料多元性，推荐使用更高含量的小麦、高粱、芝麻粕、米糠粕、菜籽粕、玉米蛋白粉和棉籽粕替代豆粕，并合理应用酶制剂等添加剂降低原料中抗营养因子的负面影响，刺激肠道发育，为产蛋阶段的采食量和消化吸收打好基础。此外，还应特别注意此阶段日粮中各种氨基酸的平衡。

1.3.3.3　产蛋期（>16周龄）

在蛋鸡开产前期，为适应蛋鸡产蛋而激增的营养需要，也为日后良好的生产性能打下基础，需降低日粮纤维素水平，增加优质蛋白质含量，此时优质蛋白质来源显得尤为重要。在此阶段，应尽可能减少非常规饲料原料的使用，可适当添加菜籽粕、芝麻粕、棉籽粕等替代部分豆粕，同时添加玉米DDGS等玉米加工副产物等原料，满足开产蛋鸡营养需要。产蛋高峰期蛋鸡机体损耗透支较大，需要高速动员体储备来供给鸡蛋营养，因此应在满足氨基酸需要的前提下，适当使用菜籽粕、棉籽粕、米糠粕、葵花籽粕、高粱酒糟、玉米蛋白粉等替代豆粕，但用量不宜过高。为提高产蛋后期蛋鸡采食量、促进营养物质消化吸收和改善蛋黄色泽，维持蛋鸡生殖和骨骼系统的健康，以维持高产稳产和健康，可以适当保留部分豆粕。此外，考虑到鸡蛋品质和鸡蛋风味，在产蛋期低玉米低豆粕型日粮中，酶制剂和色素的使用是标配。

1.4 蛋鸡低蛋白日粮研究进展

1.4.1 晶体氨基酸

动物生长所需要的蛋白质，主要是为了获取必需氨基酸。使用常规原料配制饲料，要保证所有必需氨基酸都满足动物需求，就不可避免导致饲料粗蛋白质过剩。目前，我国工业氨基酸产量和产能占全球的70%，饲料中平均粗蛋白质水平在18%左右，实际利用效率只有50%左右。低蛋白氨基酸平衡日粮配制技术基于"木桶原理"，用工业化生产的晶体氨基酸补齐短板品种，减少其他品种的浪费，有效降低饲料中粗蛋白质用量。在蛋鸡低蛋白日粮中，通过添加晶体必需氨基酸，实现蛋白源氨基酸和晶体氨基酸的平衡释放，采食较低粗蛋白水平日粮的蛋鸡生长性能和产蛋性能方面并未出现明显降低。蛋鸡养殖企业可通过低蛋白氨基酸平衡日粮配制技术从饲料端实现增效降本。

目前，商业化的晶体氨基酸技术已然成熟，主要包括：蛋氨酸（Met）、赖氨酸（Lys）、色氨酸（Trp）、苏氨酸（Thr）和缬氨酸（Val），大部分研究也聚焦在此。随着科学研究的进步，一类对机体免疫、抗氧化等健康状况，以及生长和生产性能等方面发挥重要作用的氨基酸进入营养学家的关注范畴，并将其定义为"功能性氨基酸"。功能性氨基酸既是蛋白质合成的基质，也是一种重要的生理活性物质，在细胞内的信号传导过程中发挥重要作用。研究发现，蛋鸡低蛋白日粮对于前四位必需氨基酸和功能性氨基酸的需求尤其重要，如精氨酸、缬氨酸和异亮氨酸等支链氨基酸，以及谷氨酰胺、谷氨酸、甘氨酸、丝氨酸等作为信号分子调节蛋白质周转、参与并调控关键的代谢途径，影响机体健康、生长等。目前，关于低蛋白日粮的研究多采用理想氨基酸模式（IAAP）、SID等模型，而在低蛋白饲料中添加功能性氨基酸的研究较少。将功能性氨基酸纳入IAAP和SID模型，并对两者的相关性进行研究，可为提高低蛋白饲料利用率提供理论依据。

1.4.1.1 含硫氨基酸

蛋氨酸（Met），又称为甲硫氨酸，是蛋鸡第一限制性氨基酸。在蛋鸡低蛋白日粮中，要更加关注Met水平。郭丹（2016）的研究发现，Met过量添加会降低蛋重。研究发现，对于38~55周龄京红蛋鸡，低蛋白日粮添加不同剂量的 Met 可显著改善肠道微生物组成、生产性能，促进生殖系统健康和营养代谢，添加 0.38%Met 有较好的生产性能（Ma 等，2021）。类似地，16%粗蛋白质日粮中含硫氨基酸（Met+Cys）为 0.72%时产蛋性能最佳（Alagawany 等，2020）。低蛋白日粮中 Met 和含硫氨基酸的添加量分别为 0.3%和 0.5%时，可使 68~75 周龄的海兰褐产蛋鸡获得最佳生长性能。产蛋高峰期（>90%产蛋率）的新罗曼蛋鸡，采食添加 0.05%Lys 和 0.1%Met 的低蛋白日粮（14.5%粗蛋白质），产蛋性能可达到 17.5%粗蛋白质日粮水平，并且干物质和氮的排泄量分别减少 21.15%和 15.81%（祁成年等，2001）。

1.4.1.2　苏氨酸

Met 是蛋鸡玉米-豆粕日粮的第一限制性氨基酸，Lys 是第二限制性氨基酸，苏氨酸（Thr）则是第三限制性氨基酸。研究显示，高温环境下蛋鸡采食补充 0.2%Thr 的低蛋白饲粮，可缓解热应激对产蛋率的负面影响（Azzam 等，2011）。将产蛋高峰期（28~40 周龄）的罗曼褐蛋鸡的日粮粗蛋白水平由 16.18%降至 14.16%，补充 0.1%~0.4%Thr 可获得最佳产蛋性能，并能调节肠黏膜免疫系统，表明 Thr 作为限制性氨基酸在蛋鸡低蛋白日粮中效果明确（Azzam 等，2017）。如只单纯将日粮粗蛋白质水平，由 16%降至 14%，则会影响产蛋量，并且减少回肠微生物种类，而补充 0.3%Thr 可通过调控小肠紧密连接蛋白和 sIgA 表达以及增加微生物数量改善肠道健康和生产性能（Dong 等，2017）。低蛋白饲粮添加 0.1%、0.2%和 0.3%的 Thr 均可显著提高蛋鸡产蛋率，改善饲料效率和蛋壳质量，同时提高鸡蛋蛋白质含量；其中补充 0.2%Thr 效果最佳，且优于常规蛋白组（刘国花等，2012）。因此，对于产蛋高峰期蛋鸡，为保证产蛋鸡肠道健康和产蛋性能，Thr 是低蛋白日粮配制技术中需重点考虑的限制性氨基酸，但对不同蛋鸡品种、不同养殖地域和规模条件下，其最适添加量还有待进一步研究。

1.4.1.3　精氨酸

精氨酸（Arg）是家禽必需氨基酸，是蛋白质合成的重要底物和信号分子——一氧化氮（NO）的前体，对家禽的生长、免疫和繁殖至关重要。Sun 等（2022）研究发现，当海兰褐产蛋鸡（33~40 周龄）日粮的粗蛋白质水平由 16%降至 14%，Arg 水平为 0.86%时产蛋率、产蛋量和饲料效率最佳。但是，对于信阳黑蛋鸡（31~45 周龄），低蛋白日粮中 Arg 水平为 1.25%能提高产蛋量、蛋重，改善鸡蛋品质。Uyanga 等（2022）研究发现，海兰褐产蛋鸡（24~31 周龄）饲粮粗蛋白水平由 16%降至 14%，补充 0.05%~0.20%Arg 显著影响繁殖性能基因表达量，且随着 Arg 补充水平的增加，血清中 NO 和

IGF-1 线性或二次增加，且在补充 0.20% Arg 时，显著提高血清中 IGF-1 含量；线性和二次上调 HPG 轴的生殖激素相关基因（GnRH 和 GnIH），上调卵巢中 GnRH 和 GnIH 的表达。因此，在低蛋白饲粮中添加 L-Arg 显著影响蛋鸡 HPG 轴的转录反应。说明在低蛋白日粮中添加适宜水平的 Arg 可解除传统低蛋白饲粮对鸡蛋品质、免疫及繁殖性能的抑制作用，产蛋鸡饲喂低蛋白饲粮时，适当补充晶体 Arg 是必需的，但 Arg 适宜添加量及原料影响需进一步研究。蛋鸡饲喂低蛋白日粮要维持机体健康，Arg 与非必需氨基酸的适宜比例为 14.6%～15.7%。粗蛋白质水平为 12% 和 14% 时，Arg 最适比例分别为 0.67% 和 0.85%（李君，2017）。

1.4.1.4 支链氨基酸

支链氨基酸（BCAAs）中的异亮氨酸（Ile）和缬氨酸（Val）在维持肠道免疫、抗氧化能力和关键代谢过程中发挥重要作用。随着 Ile 的商业化，蛋鸡低蛋白日粮中补充已成为可能。目前，对于 Ile 是否是低蛋白日粮的限制性氨基酸的观点并不一致。有研究发现，理想氨基酸模式下，日粮粗蛋白水平降低至 13%，单独补充 Ile、Thr 或 Trp 不影响生产性能、蛋品质及血清相关指标。Peganova 和 Eder（2002）研究发现，低蛋白日粮中缺乏必需氨基酸会导致降低产蛋鸡的生产性能和鸡蛋品质，而 Ile 对蛋白高度和哈氏单位等鸡蛋清品质无影响。对于 28～40 周龄的罗曼褐蛋鸡，理想氨基酸平衡模式下的 14% 粗蛋白质日粮中添加 1.0～4.0 g/kg 的 Ile，使日粮可消化 Ile 水平在 0.54%～0.94%，对产蛋性能和鸡蛋品质无影响（Dong 等，2016）。有研究认为，Ile 作为玉米-豆粕型蛋鸡低蛋白日粮中的一种限制性氨基酸，适量添加可以增加产蛋率，增加蛋重。Parenteau 等（2020）发现，对于 20～46 周龄白羽蛋鸡，在理想氨基酸模式下，低蛋白日粮缺乏 Ile 时降低产蛋量，在日粮粗蛋白降低 3.3 个和 1.5 个百分点的低蛋白日粮中添加 Ile，可使产蛋率得到恢复。当产蛋鸡日粮添加晶体氨基酸（Met、Lys、Trp 和 Thr）和 Ile 时，粗蛋白质水平可降低 2%，且标准回肠氨基酸 Ile 和 Lys 比值在 82%～88% 最佳，不同研究之间结果存在差异可能与产蛋鸡品种、养殖地域有关。支链氨基酸（Ile、Leu、Val）是重要的信号分子，可通过调控 mTOR、GCN2 等信号途径调控蛋白周转。由于 Ile、Val 和 Leu 都是通过 α-酮酸分支酶的水解而形成的，它们之间存在着一定的拮抗关系。已有研究表明，在低蛋白日粮中，支链氨基酸平衡的最佳配比是：Leu 1.01%、Val 0.40%、Ile 0.29%。所以，尽管在低蛋白日粮中添加支链氨基酸平衡对蛋鸡的生长性能没有明显的影响，但是其对鸡蛋质量的调节却是不可忽视的。

1.4.1.5 甘氨酸和丝氨酸

研究发现，对于24~34周龄海兰褐产蛋鸡，在理想氨基酸模式下，日粮粗蛋白质水平由16.49%降至14.05%，补充丝氨酸（Ser，0.114%~0.498%）可线性提高鸡群的产蛋率、降低料蛋比，改善鸡蛋蛋白高度和哈氏单位等蛋清品质。低蛋白日粮引发的回肠炎症可通过补充Ser减轻，进而提高产蛋性能（Zhou等，2021）。陶红旭等（2014）发现，对于40周龄海兰褐产蛋鸡，0.1%甘氨酸（Gly）可缓解低蛋白日粮（15%粗蛋白质）对生产性能和鸡蛋品质的不良影响。产蛋鸡低蛋白日粮中补充甘氨酸可改善生产性能，补充1.6%Gly提高了产蛋量、饲料效率和鸡蛋质量。同时，Ser作为鸡蛋蛋清卵黏蛋白β亚基的主要成分，对于改善鸡蛋蛋清品质的研究具有重要意义。

另外，晶体氨基酸与原料中氨基酸的消化、代谢速率并不完全一致。因此，低蛋白日粮中晶体氨基酸添加剂量和比例不合适时会影响生产性能。低蛋白日粮添加过多晶体氨基酸有时会抑制蛋鸡食欲和载脂蛋白合成，原因与晶体氨基酸消化吸收过快有关。可通过包被技术对晶体氨基酸做缓释处理以缓解生产性能的下降。

1.4.2 饲料原料

蛋鸡对氨基酸的摄入除额外添加晶体氨基酸外，主要来自饲料原料，因此可通过调节原料配比调整饲粮氨基酸含量。一些可替代豆粕的非常规蛋白原料，如菜籽粕、棉籽粕等，需要在充分了解其营养成分、原料占比和氨基酸可消化能力等基础上，确定适宜添加量，方可实现蛋鸡的精准喂养。构建低蛋白杂粮杂粕型多元化日粮技术，应充分挖掘利用杂粮、杂粕、粮食加工副产物等资源替代玉米、豆粕，准确测定替代原料的化学成分、有效能值、氨基酸消化率等营养价值参数。综合考虑原料产地、品种、加工工艺等变异因素带来的参数差异，建立饲料原料营养价值数据库和动态参数模型。针对配方中替代原料的营养特性与抗营养因子种类，合理选用蛋白酶、非淀粉多糖酶、纤维素酶等添加剂。采取生物发酵等原料预处理工艺，改善饲料原料品质，配合采用特异性加工参数，提高杂粮杂粕型日粮中各类营养物质的利用效率。

在家禽营养中，蛋白质的营养基本等同于氨基酸营养。过去主要依据总氨基酸的需要量配制饲料，但饲料中并非所有氨基酸的消化率都是一致的。人们逐渐认识到用可消化氨基酸配制日粮更具科学性。家禽日粮中氨基酸的消化率是氨基酸可用性的一个敏感指标。低蛋白日粮中替代豆粕的原料，可选用大宗原料，如棉籽粕等，也可选用新兴的昆虫蛋白资源，无论使用哪种原料替代均需在配制饲料时考虑氨基酸平衡。SID是蛋鸡合理配制饲粮，满足其营养需要的重要参考指标，氨基酸消化率因饲料原料营养价值及氨基酸组成的不同而有差异，准确测定蛋鸡对蛋白饲料原料氨基酸的消化率有助于优化蛋白饲料原料的利用。

1.4.2.1 豆粕

豆粕等蛋白原料在低蛋白日粮中的影响主要体现在鸡蛋重量、蛋白高度、哈氏单位、蛋清比例等鸡蛋品质方面。以 40 周龄产蛋鸡为研究对象，在可消化氨基酸模式下，研究不同类型（玉米-豆粕型、玉米-豆粕-棉粕型、玉米-豆粕-花生粕型）和粗蛋白质水平（16.4%、14.4% 和 12.4%）的日粮对产蛋性能和鸡蛋品质的影响，发现降低日粮粗蛋白质水平，以及棉粕、花生粕等蛋白原料对产蛋性能、鸡蛋品质、养分表观消化率、血清总蛋白、尿素氮、尿酸含量均无显著影响。适量使用棉粕、菜粕、花生粕等替代豆粕切实可行。

1.4.2.2 昆虫蛋白

昆虫蛋白也是一种可利用的蛋白质资源。黑水虻和蝇蛆蛋白是两种来源丰富的昆虫蛋白，通过平衡可消化氨基酸配制日粮，使用这两种昆虫蛋白替代豆粕，蛋鸡日粮粗蛋白质降低 1.6 个百分点，可维持正常的产蛋性能和蛋清品质。蝇蛆蛋白中粗蛋白质含量（58%~64%）接近进口鱼粉，必需氨基酸含量丰富，占氨基酸总量的 47.72%，作为优质昆虫蛋白资源，可提高家禽生产性能。以产蛋率、体重相近的健康 33 周龄罗曼白蛋鸡为研究对象，在标准回肠可消化氨基酸（SIDAA）平衡模式，并且蝇蛆蛋白和豆粕提供等量粗蛋白质的模式下，研究不同粗蛋白水平（16.5%、14.85%、13.20%）的玉米-豆粕-蝇蛆蛋白饲粮对蛋鸡的影响。结果发现，14.85% 粗蛋白质日粮对产蛋性能、饲料效率，以及鸡蛋清品质均无显著影响，13.20% 粗蛋白质日粮的产蛋性能、饲料效率和鸡蛋清品质显著降低，但对哈氏单位和蛋清比例无显著影响（车彦卓等，2020a）。因此，蝇蛆蛋白可作为豆粕蛋白替代原料之一在蛋鸡日粮中使用，但需考虑日粮成本因素。此外，黑水虻幼虫和成虫因粗蛋白质（46.25%）和粗脂肪含量丰富，且氨基酸种类全面，纤维素含量少，不饱和脂肪酸和微量元素充足，也可作为豆粕替代原料之一。SIDAA 模式下，以黑水虻蛋白替代豆粕蛋白，日粮粗蛋白质降至 14.85%，对鸡蛋清品质无不良影响，但对输卵管膨大部的蛋白分泌功能有轻微不良影响（车彦卓等，2020b），因此，在产蛋鸡低蛋白日粮中使用黑水虻作为豆粕替代原料，需注意其对蛋鸡生殖系统的影响。

1.4.2.3 原料变异

饲料原料的差异也会引起回肠氨基酸消化率的变化。用不同来源的同种原料饲喂蛋鸡，对蛋鸡 AID 和 SID AA 均有影响。产生这些差异的原因可能是该原料品种、基因型和生长环境、加工工艺、测定方法、饲料形态等的不同。样品的加工工艺和相关的热损耗是氨基酸 SID 变化的重要原因，过度的热处理过程会引起氨基酸中氨基与还原糖的美拉德反应，进而造成原料氨基酸利用率的下降，特别是赖氨酸、精氨酸、胱氨酸的消化率，反之，加热不足会造成原料中某些抗营养因子含量较高，特别是胰蛋白酶抑制剂等，它的存在可以抑制家禽肠道内胰蛋白酶和糜蛋白酶活性，从而降低蛋白质及氨基酸的消化率，进而产生不利影响。

1.4.3 净能

目前，动物饲料营养价值体系主要有消化能、代谢能和净能体系。在众多的能源评价系统中，净能（NE）是最接近动物生存与生产所需的有效能。净能系统是低蛋白日粮的基础。动物在日常活动中需要消耗热量，总产热（THP）包含自主活动产热量、采食产热量（包括采食和食后产热量）和禁食产热量（FHP）。而 NE 是指能够真正用于动物维持生命和生产产品的能量，即饲料代谢能（ME）扣除饲料在体内的热增耗（HI）后剩余的那部分能量。但是，由于畜禽日粮中的供能能力（MEI）和供能（如增重、产蛋、蛋白沉积或脂肪沉积），一种日粮的 HI 值并非固定不变。因此，对蛋鸡而言，其净能摄取率（NEI）可由采食饲料后的能量损失与其产热量的差值得到，即 $HI = THP-FHP$，$NEI = MEI-HI$。在此基础上，NE 仅用于维持生长所需的能量，而不受其他因素影响。因此，饲料 NE 可以通过检测 THP 和 FHP 获得。

根据畜禽不同生理阶段的营养需求，科学确定日粮适宜的蛋白含量、净能水平和可消化氨基酸含量，减少豆粕等蛋白原料的使用量。在制订饲料配方时，采用饲料原料的净能值和可消化氨基酸含量等参数，准确测定饲料原料的氨基酸组成及其消化率，根据动物营养需求额外补充赖氨酸、苏氨酸、蛋氨酸、色氨酸和缬氨酸等限制性氨基酸。在合理下调饲料中蛋白含量基础上，最大限度满足动物的必需氨基酸需求。应用近红外化学成分分析、体外仿生消化评价、动物消化代谢试验、体内氨基酸消化率精准评价等技术手段，评价饲料原料的常规化学成分、氨基酸消化率和净能值等重要营养价值参数。通过相关性分析与拟合回归方程建立原料精准营养价值数据库。基于不同原料的净能值和氨基酸组成及其消化率等参数，适当补充赖氨酸、蛋氨酸等合成氨基酸和维生素、矿物元素，精准制订饲料配方。

目前，净能体系已被广泛用于反刍家畜和生猪，而非家禽，其主要原因是考虑到家禽消化道短，玉米-豆粕型日粮纤维含量低，有效能就已经够用。然而，在制备蛋鸡低蛋白日粮时，由于非常规原料用量较大，其净能所占能量比例偏低，此外大量晶体氨基酸的加入，导致晶体氨基酸代谢能向净能转换效率高，二者之间存在矛盾，难以修正与逆向推导，亟须构建与应用蛋鸡净能系统。

随着对蛋鸡低蛋白日粮研究的深入，代谢能系统的沿用将导致饲料能量浪费，出现蛋鸡脂肪肝等一系列问题。根据饲料中的能量水平，对产蛋鸡的采食量进行调节，使其总体摄取量在一定程度上保持恒定。在实际生产中，日粮中粗蛋白质含量为 16%~17%，能耗为 11.00 MJ/kg 时，仍有较高的蛋白质摄入量，不利于蛋鸡生产性能的发挥和甲烷的减排。低能低蛋白日粮补充 100 IU/kg 复合酶可以提高蛋鸡的饲料转化效率，改善肠内氨浓度和食糜黏度，降低盲肠有害微生物数量（焦莉等，2021）。

1.4.4　能量与蛋白平衡

在使用低蛋白日粮时，还要考虑能量与蛋白的平衡。因为蛋白的热增耗高，降低粗蛋白后，日粮的净能会增加，能量的利用效率会提高。由于低蛋白日粮中添加的谷物比例增多，谷物淀粉的消化速度加快，添加的晶体氨基酸也增多，晶体氨基酸消化吸收非常快，因此原料类型和蛋白降低的幅度与淀粉和氨基酸吸收均有关系。肉鸡中的研究表明低蛋白日粮中淀粉可能相对过剩，即净能增加、腹脂增加。在蛋鸡中可能存在类似情形，有待进一步研究。

日粮蛋白含量与氮排泄密切相关。低蛋白日粮可降低氮排泄。研究发现，在家禽低蛋白日粮中添加氨基酸后，其血液、血浆中的尿素氮含量明显下降，氨基酸的分解代谢减少。在禽类体内，不消化性膳食 N 与内源 N 共同排出，而低蛋白日粮可使机体排出的氮素中尿酸盐的比例减少。同时，日粮中粗蛋白含量的下降也导致了水分摄入量和排出量的下降，而氨基酸的分解代谢能力下降，导致这两种氮素排出需要的水减少。同时，由于豆粕是主要的供钾源，饲料中氯量较高，因此，低蛋白日粮可以促进水分的摄入和排出。

1.4.5　电解质平衡

在低蛋白日粮中，由于晶体氨基酸和其他添加剂的使用有可能引入过多的 Cl^-，所以必须考虑日粮电解质平衡，也就是 $Na^+-K^+-Cl^-$ 的平衡，重点是 Na^+ 和 Cl^- 的影响。生产中经常存在使用氯化钠调整钠离子浓度而致使氯离子过量问题。关于饲粮钠对产蛋鸡的影响。付宇（2019）通过 12 周的蛋鸡试验表明，当硫酸钠或碳酸氢钠作为补充钠源时，适当提高饲粮钠水平（~0.30%）可提高产蛋鸡蛋壳品质，且硫酸钠可通过增加钙化层的硫酸化糖胺聚糖含量和有效层厚度，进一步改善蛋壳品质。以碳酸氢钠或硫酸钠替代部分氯化钠，降低饲粮氯水平（0.15%）可显著提高蛋壳强度，改善蛋壳品质。王晶（2021）研究表明，如果在饲粮中用硫酸钠完全替代氯化钠会导致氯缺乏引起蛋鸡肾脏损伤，降低产蛋性能和蛋壳质量。饲粮氯水平在 0.15% 时，蛋壳品质较佳。

1.5　低蛋白日粮的综合应用

1.5.1　生产性能

低蛋白日粮在蛋鸡上的应用效果有过不少研究。任冰（2012）发现，采用理想氨基酸模式，把日粮粗蛋白质由 17% 降低到 15%，对产蛋性能无负面影响，虽然对温室气体 CO_2 和 CH_4 排放量无影响，但降氮减排的效果很明显。同样地，周岩民等（1998）将粗蛋白质水平由 17% 降低至 15%，蛋鸡生产性能无显著差异。低蛋白日粮的使用时段也会影响应用效果。付胜勇（2012）研究表明：21~32 周龄产蛋鸡，粗蛋白质水平如果由 18% 降至 16%，补充 8 种氨基酸后，蛋重仍然显著下降，主要是蛋清重降低。但在蛋鸡低蛋白日粮（13%粗蛋白质）添加由 Met、Lys 和 Thr 组成的氨基酸补充剂，可有效提高蛋鸡产蛋率和蛋重（李永洙，2012）。纵观海兰褐蛋鸡整个产蛋周期（20~72 周龄），发现短期降低粗蛋白质水平（1.5%），在 32 周之前有较理想产蛋性能，但产蛋后期会显著降低饲料转化率、蛋重、蛋壳强度。当低蛋白日粮粗蛋白质水平为 15% 时，在蛋鸡饲粮中添加 0.1% 甘氨酸，可避免对生产性能和蛋品质造成负面影响（孟艳莉等，2014）。由此可见，在必需氨基酸平衡的基础上，蛋鸡饲粮粗蛋白质水平降低 2~3 个百分点，对生产性能无显著负面影响。

1.5.2　鸡蛋品质

蛋白高度和哈氏单位是衡量蛋清品质的重要指标。低蛋白日粮主要影响蛋清品质，有研究证实，蛋鸡输卵管膨大部卵清蛋白的表达水平与蛋鸡生产性能无关，但受饲粮粗蛋白质水平的调控。产蛋鸡采用氨基酸等营养平衡的日粮，体重降低不明显，产蛋率不变或略降，半年后可能导致料蛋比变差，蛋重在个别时期减小，偶尔会出现蛋清稀化，蛋黄变化不明显，对蛋壳品质无影响。对 21~32 周龄海兰灰产蛋鸡进行 12 周饲养试验研究，等能（2 825 kcal/kg）、标准回肠可消化氨基酸模式下，添加 Lys、Met、Trp、Thr、Ile、Val 6 种必需氨基酸，发现日粮的粗蛋白质水平由 18% 降至 17%，对鸡蛋重（55.36 g vs 55.90 g）、蛋清重（36.35 g vs 36.61 g）、浓蛋白高度（7.01 vs 6.85）、哈氏单位（82.81 vs 82.18）、产蛋率和蛋壳质量均无不良影响，可显著提升蛋黄颜色；当日粮的粗蛋白质水平由17%继续降至16%，34周龄的鸡蛋重量（60.75 g vs 59.82 g）显著降低，但对产蛋率、采食量、料蛋比、产蛋量均无影响（付胜勇，2012）。

当饲粮SID Met、Met+Cys、Thr、Trp、Arg、Ile、Val含量与SID Lys含量的比值依次为50、91、70、21、104、80、88时，鸡蛋的蛋白高度、哈氏单位和蛋组分，以及血浆的氨和尿酸含量在高蛋白组（18%粗蛋白质）和低蛋白组（16%粗蛋白质）之间无显著差异（Ji等，2014）。在必需氨基酸平衡的前提下，将饲粮粗蛋白质水平从16.5%降低到12%，对产蛋后期蛋鸡的鸡蛋哈氏单位没有负面影响（陶红旭等，2014）；将饲粮粗蛋白质水平降低1个百分点后补充蛋白酶，高峰期蛋鸡所产鸡蛋的蛋白高度和哈氏单位均无显著变化（孟艳莉等，2014）。在15.2%粗蛋白质的低蛋白日粮中添加0.34%Glu，可改善鸡蛋组分，但饲粮粗蛋白质水平降至14%时，无改善作用（Bezerra等，2015）。此外，有研究发现低蛋白日粮有改善蛋黄颜色的作用。Torki等（2015）研究表明，低蛋白日粮（粗蛋白质水平分别为12%和10.5%）组的蛋黄颜色显著高于对照组（16.5%粗蛋白质）。Ji等（2014）在蛋鸡饲养阶段全程采用低蛋白日粮，结果发现其蛋黄颜色评分显著提高。蛋黄颜色与日粮中脂溶性类胡萝卜素含量密切相关。因此，低蛋白日粮改善蛋黄颜色可能与玉米用量增加导致的叶黄素含量增加有关。我国消费者更喜欢蛋黄颜色较深的鸡蛋，所以低蛋白日粮的这一特性对鸡蛋销售有利。

1.5.3 降氮减排保健康

低蛋白日粮能减少蛋鸡粪便中氮排放，维持蛋鸡健康状态。Tenesa等（2016）研究发现，蛋鸡采食添加合成氨基酸的低蛋白日粮，能减少日粮氮的摄入，提高粪便中乳酸菌的数量，减少肠杆菌科细菌的数量，从而促进肠道健康，提高氮的吸收利用率，增强机体抗热应激的能力。高环境温度下，补充必需氨基酸，并将产蛋鸡日粮的粗蛋白质从16.5%降低至12.0%，维持适当生产性能的前提下有利于改善应激反应和排泄物质量。Summers（1993）将产蛋鸡日粮中的粗蛋白质含量由17%降至11%，氮素排放量减少40%，产蛋率下降极少，并且在较佳氨基酸配比下，产蛋鸡日粮粗蛋白质含量由17%降到15%，蛋重增加8.08%，明显改善了饲料利用效率，降低了粪便氮素排放。低蛋白日粮可缓解蛋鸡热应激和改善肠道健康。Jacqueline等（2000）研究发现，在高温环境下，罗曼蛋鸡（52~60周龄）日粮粗蛋白质水平从16.5%降至12%的同时补充合成氨基酸，其异嗜性细胞比例降低，粪便酸度得以改善，热应激得以缓解。此研究还指出，在热应激条件下，产蛋鸡日粮粗蛋白质水平为 12.26% 时鸡舍空气质量最好（Torki 等，2015）。

1.5.4　研究展望

低蛋白日粮可减少豆粕使用量，降低饲料成本，在不影响甚至提高蛋鸡生产性能和福利的同时，促进肠道健康和繁殖性能，增加日粮氮营养素的吸收利用，降低养殖废弃物排放，从源头缓解蛋鸡养殖业排污对环境的影响。因此，根据 SIDAA 理想模式配制日粮，可有效改善饲料蛋白利用率、节约饲料成本、降低氮排放，改善蛋鸡肠道健康。因此，在配制低蛋白日粮时，应重视饲料油脂添加，有条件时尽量使用净能体系。另外，在饲料中加入功能性氨基酸也可有效地减少低蛋白日粮的不良效应。为更好地推行蛋鸡低蛋白日粮，尚需要完善饲料原料的 SIDAA、净能等基础数据，此外蛋鸡生产适用的新型蛋白原料也需要进一步挖掘与拓展。

需要重视的是，由于蛋鸡的饲养周期长，影响因素多，育雏或育成期营养也可能对产蛋期产生影响；由于蛋鸡上长期试验的文献匮乏，所以粗蛋白质水平的降低要适度。过度降低产蛋鸡日粮粗蛋白质水平（降低 2%~3% 粗蛋白质水平），即使使用晶体氨基酸补足至正常日粮蛋白水平，依然会对产蛋鸡的蛋鸡体重、机体健康、生产性能和鸡蛋品质产生不良影响。

2　蛋鸡低蛋白多元化日粮饲喂技术案例

低蛋白多元化日粮，其核心是玉米豆粕替代。依据当前市场原料供应情况，玉米选用小麦、大麦、稻谷等谷物原料替代，豆粕选用花生粕、棉粕、菜粕等替代，这样的技术方案应用较多。同时，为了更好地实现玉米-豆粕减量替代，需要持续开发地方性的小麦副产物（麸皮、次粉等）、玉米副产物（玉米胚芽粕等）、稻谷副产物（米糠、米糠粕）等非常规原料，在确定原料营养参数和使用限量的基础上，根据原料价格波动，不断进行动态优化，持续替代减少玉米和豆粕用量。

一般情况下，小麦、大麦、稻谷等谷物原料逐步替代玉米，最高比例可100% 替代玉米，花生粕、棉粕、菜粕等替代部分豆粕，替代 50% 的豆粕较为适宜。

2.1　玉米豆粕替代技术案例

2.1.1　小麦替代玉米

小麦替代玉米的技术在生产中已基本成熟。小麦已在蛋鸡料中完全商品化应用，根据市场需求，产蛋期蛋鸡料小麦用量可达 20%～70%，豆粕使用量降低 4～10 个百分点。产蛋高峰期料中使用小麦替代玉米及部分豆粕，平衡赖氨酸、蛋氨酸、苏氨酸、色氨酸、异亮氨酸，日粮粗蛋白质可下降 1 个百分点不影响生产性能，可大幅降低饲料成本。

小麦替代玉米之后，豆粕可用其他原料如玉米 DDGS、玉米蛋白粉、米糠、棉粕、菜粕、稻谷、糙米、葵花粕等原料替代，同时添加不同比例、不同剂量的复合酶制剂或微生物制剂，并根据使用限量优化替代原料的比例及复合添加剂的使用配比，以维持稳定的产蛋性能和鸡蛋品质。

小麦替代玉米可采取循序渐进的方式。保守起见，替代比例可缓步增加，如产蛋期小麦替代玉米用量由 10% 增加至 30%，米糠替代玉米用量由 5% 增加至 10%，玉米 DDGS 可替代豆粕 3～5 个百分点，棉粕和菜粕替代豆粕总量不超过 8 个百分点。当用小麦替代玉米 30%，豆粕下降 2 个百分点，同时补充复合酶制剂和微生态制剂，可使日粮的饲料成本降低 70 元/t，造蛋成本降低 0.07 元/kg，同时不影响蛋鸡生产性能和蛋品质。

2.1.2 稻谷替代玉米

生产实践表明，脱壳稻谷在蛋鸡产蛋阶段可完全替代玉米，降低造蛋成本 0.5 元/kg。该替代技术可降低豆粕使用量 4～10 个百分点，日粮粗蛋白质下降 1～2 个百分点，饲料成本降低 70～120 元/t。

2.1.3 高粱替代玉米

我国饲用高粱大部分为进口来源，一般可以用 50% 以上的高粱替代玉米。高粱型日粮（高粱 50%、玉米 10%）可提高蛋鸡的产蛋率和平均蛋重，降低蛋鸡体内总胆固醇及低密度胆固醇含量。

2.1.4 棉粕菜粕替代豆粕

低酚棉籽蛋白或双低菜籽粕 6 周内可作为唯一蛋白原料替代豆粕，但长期饲喂（12 周）时会对产蛋性能和蛋品质产生不良影响，这一不良影响即使平衡饲粮氨基酸仍不能完全消除。用棉籽蛋白或双低菜籽粕全部替代豆粕提供的粗蛋白饲喂蛋鸡 8 周以上，会对生产性能和蛋品质产生不良影响。虽然低酚棉籽蛋白和双低菜粕搭配使用不影响鸡蛋品质，但仍然建议二者的联合应用替代豆粕比例不超过一半为宜。

2.1.5 葵花粕替代豆粕

葵花粕除粗纤维较高外，并不含其他抗营养因子，产蛋鸡饲料中添加 5%～10% 的葵花粕替代豆粕，保证总的粗纤维含量不超过 5%，并且平衡氨基酸和代谢能之后，可长期饲喂，产蛋率、蛋重和鸡蛋品质无显著变化。

2.1.6　玉米蛋白粉和羽毛粉替代豆粕

玉米蛋白粉和羽毛粉替代豆粕（豆粕由 26%降至 7%），小麦替代玉米（玉米由 60%降至 16%），调整能量、蛋白质/氨基酸消化率及平衡性、抗营养因子、植酸磷等其他营养成分，每吨饲料降低成本约 100 元，可使产蛋鸡从开产到 60 周龄均维持良好的产蛋性能和鸡蛋品质。

2.1.7　小麦、玉米 DDGS 和谷氨酸渣替代玉米豆粕

蛋雏鸡（2~8 周龄）饲料中，小麦（30%）、玉米 DDGS（1.5%）和谷氨酸渣（3%），替代 23%玉米和 12.1%豆粕，同时对可消化氨基酸、维生素、酶制剂等进行调整。配方成本能降低 80 元左右，可维持正常的生长性能。

2.1.8　小麦糙米替代玉米豆粕

小麦、糙米替代玉米 23%、豆粕 2%，配合使用复合酶制剂，在保证鸡蛋品质的前提下，蛋鸡产蛋率提高 0.2%，平均日采食量减少 1 g，且料蛋比降低 0.03，饲料成本节省 20~40 元/t。

2.1.9　发酵饲料+玉米副产物替代玉米豆粕

用 4%发酵饲料和 6%玉米副产物（玉米 DDGS、喷浆玉米皮、玉米蛋白粉等）替代 4%的玉米和 6%的豆粕，同时辅以多种酶制剂（植酸酶、木聚糖酶、β-葡聚糖酶等），饲料成本降低 30 元/t，可维持蛋鸡良好的生产性能和较佳的蛋壳质量。饲料中添加 2%发酵白酒糟，可降低豆粕用量 1~2 个百分点，降低产品成本 10 元/t 以上，同时改善鸡只肠道健康。

2.2　多元化日粮配制技术要求

2.2.1　注意原料限量

《蛋鸡低蛋白低豆粕多元化日粮生产技术规范》（T/CFIAS 8004—2023）已有对玉米-豆粕之外的原料的使用推荐限量。但生产中可搭配使用多种原料，并在最高限量之下使用较为适宜。一些玉米/豆粕替代原料较佳的使用限量可以参考：小麦、玉米次粉（5%）、玉米胚芽粕（<10%）、玉米蛋白粉（<5%）、羽毛粉（<2%）、发酵白酒糟（<5%）、喷浆玉米皮（<10%）、棉粕（<5%）、菜粕（<5%）、DDGS（<15%）、碎米（<20%）、花椒籽（<6%）、发酵豆粕（<5%）。

2.2.2　合理选择和使用添加剂

针对玉米、豆粕以外原料的抗营养因子种类和含量，选择适宜的酶制剂及其组合。如植酸酶以及木聚糖酶、β-葡聚糖酶等非淀粉多糖（NSP）酶和纤维素酶等。小麦亚油酸和生物素含量低，可额外添加植物性油脂和生物素。小

麦用量逐渐增加，额外添加部分豆油（0.5%~1%）补充亚油酸的不足。小麦添加30%时，每吨饲料补加25 mg生物素，此后，每增加10%的小麦，生物素增加8 mg。小麦不含玉米黄素及叶黄素，可以搭配玉米蛋白粉等富含天然色素的原料，增加蛋黄颜色。

2.2.3 注意电解质平衡，合理使用钠源

豆粕含有的钾离子较多，选择其他原料时要关注钠、钾、氯的含量，保持电解质平衡。钠源的选择包括小苏打、硫酸钠等。

2.2.4 饲料加工工艺调整

部分原料黏度高，粉碎时可适度提高粉碎粒度，调整压缩比，降低饲料硬度，否则会影响动物采食量和生产性能。在前期料中应用替代原料可充分利用膨化、烘烤等工艺对原料进行熟化，同时可降低部分抗营养因子。

使用小麦时需要使用粗粉碎工艺。对于育成前期粉料，小麦可以采用3~4mm孔径筛片粉碎；育成后期及产蛋期粉料，小麦可以不粉碎。使用变频电机或对辊式粉碎机提高粉碎粒径。小麦调制温度应低于玉米5℃。

2.2.5 原料采购做好检测，平衡好库存数量和周转速度，把好质量关

采购时要关注谷物原料的容重、杂质、霉菌毒素、发芽程度、新鲜度（是否为陈化粮）等因素。小麦、DDGS霉菌毒素的检测频次要增加。

两种谷物的混合物要注意各自的品质，要分开检测（像糙麦混合谷物、稻麦混合谷物、糙米玉米混合谷物等）。

糙米、碎米、全脂米糠等，储存时间长或储存不当时，易发生氧化等情况，导致养分消化率降低，影响原料的有效能值和营养效价，可考虑适当添加抗氧化剂。米糠保质期短，需要采购新鲜米糠且尽量在1个星期内使用掉。轮换粮和部分进口原料储藏期较长，会降低养分消化率，影响能值和营养素利用率，使用时注意营养取值和适口性变化。

目前原料和日粮散装仓较普遍，原料仓和成品仓表面喷涂隔热层，可减少原料损耗，提升饲料原料仓储期间质量。加强原料仓储管理，采取"先进先出"的原则，避免发霉变质。特殊原料如全脂米糠脂肪含量高，且含有脂肪酶，容易酸败，放置时间不宜过长，建议使用抗氧化剂，有条件的情况下膨化灭活脂肪酶。

2.2.6 换料应有过渡期

逐步提高替代原料的用量，配方结构发生较大变化时，换料要有过渡期，及时观察并适时调整。注意替代原料的品质稳定，部分副产物原料品质差异较大，要建立动态营养标准，及时根据到货情况调整应用。根据替代性原料的抗

营养因子、微量营养成分、脂肪酸等含量，平衡氨基酸、矿物质等营养元素，及时调整应用酶制剂等功能性添加剂。

参考文献

车彦卓，黄振吾，武书庚，等，2020b. 不同饲粮粗蛋白质水平下黑水虻蛋白替代豆粕对蛋鸡生产性能、蛋清品质及血清蛋白质代谢指标的影响. 动物营养学报，32（4）：1632-1640.

车彦卓，宣秋希，武书庚，等，2020a. 不同饲粮粗蛋白质水平下蝇蛆蛋白替代豆粕对蛋鸡生产性能、蛋清品质及血清蛋白质代谢指标的影响. 动物营养学报，32（4）：1624-1631.

付胜勇，2012. 标准回肠可消化氨基酸模式下日粮能量与蛋白质水平对产蛋鸡的影响. 北京：中国农业科学院.

付宇，2019. 饲粮钠、氯水平对产蛋鸡蛋壳品质及离子代谢的作用. 北京：中国农业科学院.

郭丹，2016. 正常及低蛋白饲粮下产蛋高峰期蛋鸡蛋氨酸需要量的研究. 哈尔滨：东北农业大学.

焦莉，王春明，王洪芳，等，2021. 低营养水平日粮添加复合酶对蛋鸡生产性能、蛋品质和抗氧化的影响. 中国饲料，1（6）：63-66.

李君，2017. 蛋鸡低蛋白日粮应用合成氨基酸的制约因素研究. 泰安：山东农业大学.

李永洙，2012. 氨基酸对蛋鸡生产性能及盲肠微生物菌群结构的影响. 中国农业大学学报，17（2）：108-116.

刘国花，邹晓庭，谢正军，等，2012. 低蛋白饲粮添加苏氨酸对蛋鸡生产性能及蛋品质的影响. 中国家禽，34（9）：33-36.

孟艳莉，白修云，张甦寅，等，2014. 低蛋白质平衡氨基酸日粮对蛋鸡生产性能、蛋品质和氮排泄的影响. 中国饲料（10）：20-24.

祁成年，雷红，白万胜，2001. 低蛋白日粮对蛋鸡产蛋性能和排泄量的影响. 塔里木农垦大学学报（3）：10-12.

任冰，2012. 理想氨基酸模式下低蛋白日粮对产蛋鸡生产性能及氨氮排放的影响. 杨凌：西北农林科技大学.

陶红旭，隋炳毅，龙烁，等，2014. 低蛋白日粮对蛋鸡生产性能和蛋品质的影响. 中国家禽，36（24）：38-42.

王晶，2021. 饲粮添加硫酸钠对产蛋鸡蛋壳品质及离子转运的影响. 哈尔滨：东北农业大学.

周岩民，李忠平，魏宏阳，等，1998. 蛋鸡低蛋白日粮的研究. 畜牧与兽医（5）：8-9.

ALAGAWANY M，EL-HINDAWY M M，EL-HACK M E A，et al.，2020. Influence of low-protein diet with different levels of amino acids on laying hen performance, quality and egg composition. An Acad Bras Cienc, 92 (1): e20180230.

AZZAM M M M, DONG X Y, ZOU X T, 2017. Effect of dietary threonine on laying performance and intestinal immunity of laying hens fed low-crude-protein diets during the peak production period. J Anim Physiol Anim Nutr (Berl), 101 (5): 55-66.

AZZAM M M M, ZOU X T, DONG X Y, et al., 2011. Effect of supplemental L-threonine on mucin 2 gene expression and intestine mucosal immune and digestive enzymes activities of laying hens in environments with high temperature and humidity. Poult Sci, 90 (10): 2251-2256.

BEZERRA R M, COSTA F G P, GIVISIEZ P E N, et al. Glutamic acid supplementation on low protein diets for laying hens. Acta Sci, 37 (2): 129.

DONG X Y, AZZAM M M, ZOU X T, 2016. Effects of dietary L-isoleucine on laying performance and immunomodulation of laying hens. Poult Sci, 95 (10): 2297-2305.

DONG X Y, AZZAM M M M, ZOU X T, 2017. Effects of dietary threonine supplementation on intestinal barrier function and gut microbiota of laying hens. Poult Sci, 96 (10): 3654-3663.

JACOB J P, IBRAHIM S, BLAIR R, et al., 2000. Using enzyme supplemented, reduced protein diets to decrease nitrogen and phosphorus excretion of white leghorn hens. Asian-Australas J Anim Sci, 13 (12): 1743-1749.

JI F, FU S Y, REN B, et al., 2014. Evaluation of amino-acid supplemented diets varying in protein levels for laying hens. J Appl Poult Res, 23 (3): 384-392.

MA M, GENG S, LIU M, et al., 2021. Effects of Different Methionine Levels in Low Protein Diets on Production Performance, Reproductive System, Metabolism, and Gut Microbiota in Laying Hens. Front Nutr, 8: 739676.

PARENTEAU I A, STEVENSON M, KIARIE E G, 2020. Egg production and quality responses to increasing isoleucine supplementation in Shaver white hens fed a low crude protein corn-soybean meal diet fortified with synthetic amino acids between 20 and 46 weeks of age. Poult Sci, 99 (3): 1444-1453.

PEGANOVA S, EDER K, 2002. Studies on requirement and excess of isoleucine in laying hens. Poult Sci, 81 (11): 1714-1721.

SUMMERS J D, 1993. Reducing nitrogen excretion of the laying hen by feeding lower crude protein diets. Poult Sci, 72 (8): 1473-1478.

SUN M, MA N, LIU H, et al., 2022. The optimal dietary arginine level of laying hens fed with low-protein diets. J Anim Sci Biotechnol, 13 (1): 63.

TORKI M, MOHEBBIFAR A, GHASEMI H A, et al., 2015. Response of laying hens to feeding low-protein amino acid-supplemented diets under high ambient temperature: performance，egg quality，leukocyte profile，blood lipids，and excreta pH. Int J Biometeorol，59（5）：575-584.

UYANGA V A，XIN Q，SUN M，et al.，2022. Research Note：Effects of dietary L-arginine on the production performance and gene expression of reproductive hormones in laying hens fed low crude protein diets. Poult Sci，101（5）：101816.

ZHOU J M，QIU K，WANG J，et al.，2021. Effect of dietary serine supplementation on performance，egg quality，serum indices，and ileal mucosal immunity in laying hens fed a low crude protein diet. Poult Sci，100（12）：101465.

第五章 水禽低蛋白日粮配制的研究进展

1 我国水禽产业发展概况

中国是世界上水禽养殖与生产第一大国，2023 年商品肉鸭（包括淘汰蛋鸭）出栏 42.18 亿只，占世界出栏总量的 70% 以上，总产值 1 263.69 亿元，较 2022 年上升 5.04%；蛋鸭存栏 1.49 亿只，鸭蛋产量为 267.05 万 t，较 2022 年上升 0.81%，蛋鸭总产值 377 亿元；商品鹅出栏 5.15 亿只，约占世界出栏总量的 90%，肉鹅产值 531.72 亿元，比 2022 年上涨 0.95%；水禽产业总产值 2 084.85 亿元，创造了巨大的经济和社会效益，已经成为农村经济和农民增收的重要支柱（图 5-1）。受新冠疫情持续影响，近年来中国肉鸭、蛋鸭及肉鹅三大水禽产业的产量都呈下降态势，但由于饲料原料特别是豆粕价格继续上涨，水禽产品市场价格持续走高，三大水禽产业的产值都呈上升状态。在整个水禽产业中，肉鸭产业占六成以上（2023 年占 61%），2022 年和 2023 年出栏量均超过 40 亿只（图 5-2），鸭肉年产量超过 900 万 t，年产值均达到 1 200 亿元，成为继猪肉和鸡肉之后的第三大肉类产业，是我国居民膳食中动物蛋白质的重要来源及肉类消费的不可或缺的重要组成部分。

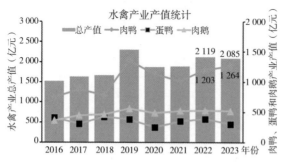
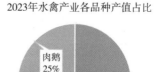

图 5-1 我国水禽产业产值及各品种占比

（资料引自：侯水生等，中国畜牧杂志，2017—2024 年）

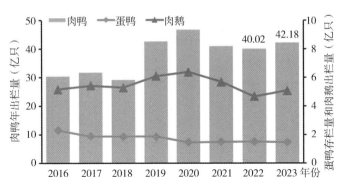

图 5-2　我国水禽各品种出栏量及存栏量
（资料引自：侯水生等，中国畜牧杂志，2017—2023 年）

饲料是肉鸭产业发展的基础，在肉鸭饲养过程中，饲料占肉鸭养殖成本 70% 以上，每年我国肉鸭饲料产量超过 3 000 万 t，占我国肉禽饲料中产量的 1/3 以上。玉米-豆粕型日粮是肉鸭养殖的理想饲料，豆粕是肉鸭饲料中优质的植物性蛋白质饲料原料。然而，我国是饲料资源极其短缺的国家，尤其是豆粕等优质蛋白质饲料资源极其短缺，我国大豆种植量只有 2 000 万 t 左右，而我国大豆需求量高达 11 000 万 t，因此，作为豆粕来源的大豆长期依赖国外进口，近年来我国大豆每年进口量一直在 9 000 万 t 以上（图 5-3），存在进口依存度高、进口来源国集中等风险，是我国粮食安全的主要风险之一。基于国内大豆产量供不应求，开展豆粕减量化使用以及非常规饲料资源的开发利用已经成为应时之需。目前，棉籽粕、菜籽粕、橡胶籽粕、糖渣、酱油渣和酒糟等非常规饲料资源作为豆粕的替代原料已经广泛应用于肉鸭饲料的配制与生产中（Qin 等，2017；Yu 等，2019；姜夏雨等，2023）。另一方面，低蛋白日粮也是降低豆粕等蛋白质饲料资源使用的有效方法，也逐渐在肉鸭饲料配制中逐渐得到应用（Jiang 等，2017；Jiang 等，2018；Xie 等，2017；Xie 等，2017）。

针对目前我国肉鸭产业及其蛋白饲料资源短缺的现状，在快速发展饲料行业中，需构建适合我国国情的新型日粮配方结构，实行肉鸭低蛋白质饲料配制技术以减少肉鸭饲料中豆粕用量，对节约蛋白质饲料资源，高效利用非常饲料资源，减少肉鸭养殖氮排放污染和保障肉鸭类产品质量安全和稳产保供具有重要的现实指导意义。

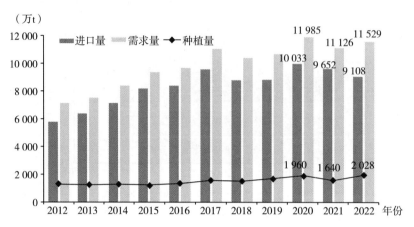

图 5-3 我国大豆需求量、进口量和种植量状况
（资料引自：国家统计局　国民经济和社会发展统计公报，2012—2022 年）

2　水禽低蛋白日粮的意义

2.1　低蛋白日粮的营养学基础

　　低蛋白日粮，顾名思义是指降低日粮中蛋白质水平，但与此同时要保证日粮中必需营养物质的供应。早在 1968 年，Mitchell 等（1968）认为，与畜禽机体维持、生长发育和生产完全一致的氨基酸混合物被描述为理想蛋白质，其可以完全被动物机体消化和代谢。从动物营养理论上来说，动物对蛋白质的营养实际上就是对各种氨基酸的营养。因此，当日粮中的各种氨基酸的含量与畜禽机体完全一致时，才能做到动物对各种氨基酸的利用最大化。随着各种合成氨基酸的工业化发展，动物并不需要只从饲料原料中获得各种氨基酸，也可以直接通过向饲料中添加畜禽机体需要的各种晶体氨基酸，满足机体对氨基酸的需要，从而总体上降低动物饲料中蛋白质的水平，降低饲料中各种饲料原料的使用量，这是配制畜禽低蛋白日粮的营养学基础。配制低蛋白日粮的原理是根据蛋白质营养的实质和氨基酸营养平衡理论，在畜禽日粮中添加各种合成氨基酸，最终实现降低日粮中蛋白质的水平、减少配方中饲料原料的用量、提高各种氨基酸的利用率和减少畜禽氨氮的排放量，但同时要保证不影响或有益于动物的生产性能和畜禽产品质量。

　　通过饲喂畜禽低蛋白日粮维持其生产性能和产品品质，发挥有益作用的前提是配制的低蛋白日粮氨基酸组成和比例需要与畜禽所需氨基酸组成和比例相同或相近，也就是说日粮中各氨基酸（包括必需氨基酸和非必需氨基酸）在组成和比例上要处于最佳平衡状态（段素云，2009；Baker，2009）。因此，低蛋白日粮的营养学理论基础之一就是理想氨基酸模式。目前，关于水禽理想氨基酸模式研究的报道较少，由于水禽种类、品种和生长阶段以及非常规原料种类和来源不同均会导致饲粮氨基酸消化率和利用率的不同，导致理想的氨基酸模式有所不同。王勇生（2003）研究了育雏期可消化氨基酸模式，结果显示北京鸭育雏期总氨基酸需要量为赖氨酸 1.10%、蛋氨酸 0.46%、色氨酸 0.24%、苏氨酸 0.42%、异亮氨酸 0.53%；可消化氨基酸需要量为：赖氨酸 1.02%、蛋氨酸 0.44%、色氨酸 0.21%、苏氨酸 0.38%、异亮氨酸 0.47%；北京鸭育雏期总氨基酸需要的理想模式为：赖氨酸∶蛋氨酸∶色氨酸∶苏氨酸∶异亮氨酸 =100∶42∶22∶38∶48；可消化氨基酸理想模式为：赖氨酸∶蛋氨酸∶色氨酸∶苏氨酸∶异亮氨酸 =100∶43∶21∶37∶46。康萍（2005）研究了 3~6 周龄北京鸭理想氨基酸模式，结果显示 3~6 周龄北京鸭各氨基酸的总需要量（占饲料的百分比%）为赖氨酸 0.59%、蛋氨酸 0.15%、苏氨酸 0.43%、色氨酸 0.078%、异亮氨酸 0.43% 和精氨酸 0.60%；总氨基酸理想模式为赖氨酸∶蛋氨酸∶苏氨酸∶色氨酸∶异亮氨酸∶精氨酸 =100∶25∶73∶13∶73∶102。王旭（2012）研究了骡鸭（四川番鸭 ♂×花边鸭♀）赖氨酸需要量及理想氨基酸模式，结果显示 1~3 周龄骡鸭日粮中 4 种必需氨基酸赖氨酸∶蛋氨酸∶苏氨酸∶色氨酸的比例为 100∶37∶67∶19；4~8 周龄骡鸭日粮中赖氨酸∶蛋氨酸∶苏氨酸∶色氨酸的比例为 100∶33∶64∶18。在水禽饲料配制过程中，理论上氨基酸平衡基本上是依据标准回肠可消化氨基酸体系，基于标准回肠可消化氨基酸体系配制的低蛋白日粮可消除尿氮和后肠道微生物发酵产生氨基酸的影响，排除内源性氮损失的干扰（Stein 等，1999）。例如，利用饲料标准回肠可消化氨基酸体系配制育肥期肉鸭低蛋白日粮，日粮中粗蛋白质水平可降低至 14.81%（Xie 等，2017）。

在畜禽生产中实行低蛋白日粮过程中，涉及动物机体许多生理过程，主要包括日粮中能量在动物机体中的代谢转化、不同饲料原料中氨基酸在动物机体中的代谢转化、日粮中氨基酸的可利用性、日粮能量蛋白质平衡及氨基酸之间的平衡等多方面的内容，是当前畜禽营养研究与应用的集中体现（谯仕彦，2019）。在实际生产中，只有精准把握低蛋白日粮的内涵和畜禽机体能量蛋白质与氨基酸的互作关系，准确评估畜禽氨基酸需要量和各种原料的氨基酸利用率，合理利用工业晶体氨基酸，才能实现低蛋白日粮的真正意义，实现降低畜禽日粮中蛋白饲料原料的用量，减少粪污对环境污染的压力，促进畜牧业健康和可持续发展。

2.2 水禽低蛋白日粮的意义

与其他畜禽相比，水禽（尤其肉鸭、肉鹅）是高饲料转化效率的物种之一。根据 2022 年畜禽产业生产概况数据，鸭和肉鹅的料肉比分别为 2.67：1 和 2.75：1，其中北京鸭料肉比为 2.54：1，且平均出栏体重超过 3.0 kg（侯水生，2023）。因此，通过发展水禽产业是保障居民肉类蛋白供应的有效措施之一。与鸡相比，鸭鹅具有耐粗饲、抵抗力强等特点，配制水禽低蛋白日粮是一种有效的节约蛋白饲料资源的方式。研究表明，在育肥期肉鸭和产蛋期蛋鸭日粮中蛋白质水平可分别降低 2.5 个和 2.0 个百分点（Xie 等，2017；Zhang 等，2021）。因此，在水禽生产中低蛋白日粮得到了一定程度的应用，通过系列水禽低蛋白日粮方面的研究，应用低蛋白日粮可节约蛋白饲料资源和降低饲料成本，减少氮摄入量和氨氮排放量，提高蛋白质利用率，改善机体肠道健康和提高免疫能力，提高机体抗氧化能力，同时也推动氨基酸合成工业的发展。

2.2.1 节约蛋白饲料资源和降低饲料成本

低蛋白日粮是农业农村部重要的战略举措，降低豆粕用量是未来的发展方向。每年我国肉鸭饲料、肉鹅饲料产量超 4 500 万 t，约占我国肉禽饲料的一半，研发水禽低蛋白低豆粕多元化配制技术具有重要的意义。图 5-4 汇总了水禽各物种日粮中粗蛋白质水平与日粮中豆粕添加比例的线性关系，发现日粮粗蛋白质水平每降低 1 个百分点，日粮中豆粕用量将降低 3~4 个百分点。按照目前的可应用的水禽低蛋白配制技术，将所有水禽日粮中蛋白水平均降低 2 个百分点，可减少豆粕用量约 300 万 t，将减少大豆进口量约 400 万 t。因此，研发水禽低蛋白料配制技术对节约蛋白质饲料资源，缓解我国饲料资源短缺和大豆进口依赖程度具有重要的意义。

水禽传统日粮主要以玉米-豆粕型为主，在配制低蛋白日粮时蛋白原料（豆粕）用量降低的同时，能量饲料（玉米）的使用比例相应的增加。由图 5-4 和图 5-5 可以看出，在肉鸭育肥期日粮中，粗蛋白质水平每降低 1 个百分点，豆粕降低 3~4 个百分点，同时玉米用量增加 3~4 个百分点。一般情况下，配合饲料成本 85% 来自蛋白和能量饲料原料成本（Gunawardana 等，2008），我国玉米的价格是豆粕的 1/3~1/2，由于饲料占比最大的就是玉米和豆粕（占九成以上），也主要由占比最大的玉米和豆粕的价格决定。因此，配制低蛋白日粮在一定程度上会降低水禽配合饲料的价格，节约饲料成本。

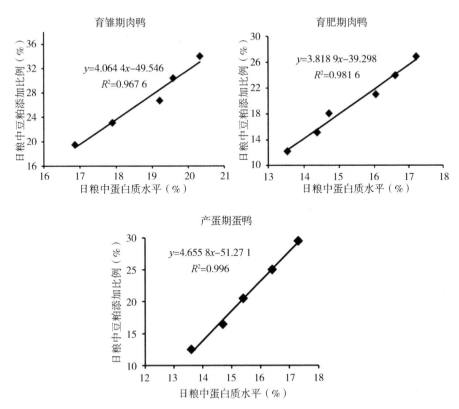

图 5-4　水禽日粮粗蛋白质水平与日粮中豆粕添加比例的线性关系

（资料引自：Xie 等，Livest Sci，2017；Xie 等，Poult Sci，2017；Zhang 等，Poult Sci，2021）

2.2.2　减少氮摄入量和氨氮排放量，提高蛋白质利用率

随着水禽产业的不断扩大，粪污处理给环境带来了很大的压力，为了节能减排，低蛋白日粮在水禽产业中得到了广泛的重视和应用。排泄物中的氮主要源于日粮中未被消化利用的粗蛋白质及氨基酸的降解，受日粮中粗蛋白质水平的影响较大。饲喂水禽低蛋白日粮从源头上减少了总蛋白和氮的摄入量，且摄入的蛋白质氨基酸比例更加平衡，因而减少了排泄物中氨氮的含量，提高了蛋白质利用率。国内外研究均表明，饲喂肉鸭、蛋鸭或肉鹅低蛋白日粮可显著提高蛋白质利用率，减少排泄物中氮含量。李忠荣等（2013）研究发现，在满足氨基酸需要的前提下，日粮中蛋白水平 20%（1~14 日龄）和 18%（15~42 日龄）分别降低 1 个、2 个百分点，14 日龄和 42 日龄北京鸭血清中尿素氮和尿酸含量显著降低，粪氮含量分别显著下降了 4.60%、15.71% 和 10.77%、

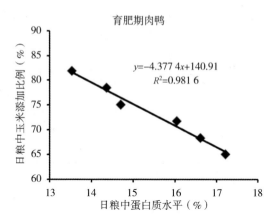

图5-5　水禽日粮粗蛋白质水平与日粮中玉米添加比例的线性关系
(资料引自：Xie 等，Poult Sci 2017)

15.82%。许云英等（2024）研究表明，在保证氨基酸平衡的条件下，产蛋高峰期福建龙岩蛋鸭日粮粗蛋白质水平由 17.31%降低至 16.20%时，粗蛋白质表观代谢率提高了 3.58%（由 71.70%提高到 74.27%），排泄物中氮含量降低了 13.84%（由 5.49%降低到 4.73%），日粮中蛋白质水平每降低 1 个百分点，可降低约 12%的排泄物氮含量；日粮中再降低至 15.30%时，粗蛋白质表观代谢率提高了 3.15%（由 74.27%提高到 76.61%），排泄物中氮含量降低了 4.44%（由 4.73%降低到 4.52%），随着日粮中蛋白质水平的降低，蛋鸭粗蛋白质表观代谢率呈线性提高，而排泄物中氮含量呈线性降低。饲喂水禽低蛋白日粮显著降低蛋白摄入量。Xie 等（2017）研究表明饲喂 14~35 日龄北京鸭不同蛋白水平日粮时，随着日粮粗蛋白质水平的降低，北京鸭日采食量无显著影响，而粗蛋白质摄入量显著降低。最新研究发现，在多层立体笼养条件下，随着蛋白质水平的降低，蛋白质摄入量、氮摄入量和氮排放量显著降低，与 17.61%蛋白水平组相比，14.55%蛋白水平组肉鸭氮排放量降低了 23.33%，13.38%蛋白水平组肉鸭氮排放量降低了 31.33%，12.64%蛋白水平组肉鸭氮排放量降低了 42.67%；相反，随着日粮蛋白质水平的降低，能量、蛋白质和干物质表观消化率显著升高（图5-6）。

2.2.3　改善机体肠道健康和提高免疫能力

肠道是动物消化吸收的主要场所，水禽日粮中大部分蛋白质在小肠内被降解吸收，小肠的形态结构在一定程度可代表机体对营养物质消化吸收的能力。例如，肠黏膜绒毛高度、隐窝深度和绒毛高度/隐窝深度等指标，是反映肠道

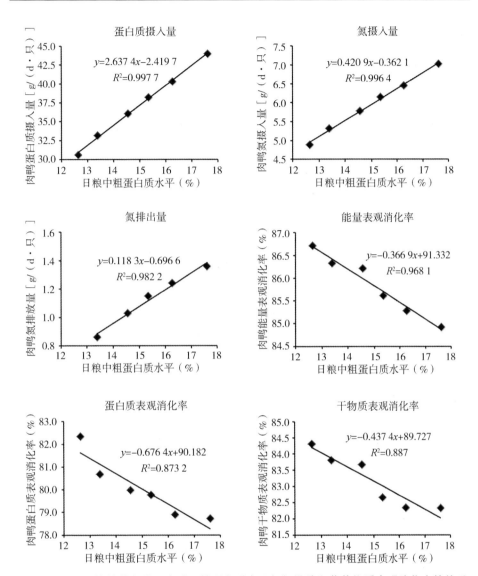

图5-6　多层立体笼养条件下肉鸭日粮蛋白质水平与氮排放和营养物质表观消化率的关系

形态、功能和健康的重要指标。隐窝越深和绒毛高度越低以及绒毛高度/隐窝比值越小代表组织更新越快，说明肠道反应机制正试图补偿绒毛正常脱落或萎缩（Qaisrani 等，2018）。Xi 等（2022）研究表明，雏鹅日粮中粗蛋白质水平由22%降低至18%时，雏鹅盲肠的隐窝深度无显著影响（Xi 等，2022）。王秋丹（2021）研究表明，肉鸭日粮中粗蛋白质水平从17.5%降低至15.5%时，肉鸭回肠隐窝深度显著增加，绒毛高度/隐窝深度比例显著降低。另一方面，紧密连接是上皮细胞间的主要连接方式，具有封闭细胞间隙的作用，不仅可以有效阻止病原微生物的入侵，且可以调节肠黏膜对离子和分子的通透性，通过调节紧密连接蛋白的表达能够增强肠黏膜物理屏障功能。王秋丹（2021）研究发现，育肥期肉鸭日粮中蛋白质水平降低不影响肉鸭回肠黏膜 *MCU2*、*ZO*-1 和 *Claudin*-1 mRNA 表达量，而显著降低回肠黏膜 *Occludin* mRNA 表达量（王秋丹，2021）。

2.2.4 提高机体抗氧化能力

血清抗氧化指标在一定程度代表机体营养代谢、应激、健康状态。氧化应激是一种细胞活性自由基含量与细胞消除或修复其有害影响的能力间的不平衡状态（Abdelrahman 等，2022）。抗氧化酶能够抵御自由基的产生，清除已生成自由基，其活性可间接反映机体清除自由基的能力。许云英等（2024）研究表明，在日粮氨基酸平衡条件下，降低日粮粗蛋白质水平（1.0%~2.5%），蛋鸭血清超氧化物歧化酶活性显著上调，谷胱甘肽过氧化物酶活性有所提高。同样，在鹅上研究显示，降低日粮粗蛋白质水平并补充适宜水平晶体氨基酸后，28~70 日龄狮头鹅的血清超氧化物歧化酶和谷胱甘肽过氧化物酶活性有所提高，表明补充氨基酸后的低蛋白质水平日粮有助于增强机体抗氧化能力（林祯平等，2012）。

3 水禽低蛋白日粮的研究与应用

3.1 肉鸭

日粮营养水平是影响肉鸭生长性能的重要因素之一，日粮营养不平衡、缺少或过多都会使生长性能降低，其中日粮粗蛋白质水平是影响肉鸭生长发育的重要因素。肉鸭生长速度快，对蛋白质的需要量高，当降低肉鸭日粮中蛋白质含量时，肉鸭的生长性能会受到各种负面影响。韩国学者 Cho 等（2020）研究表明，以日增重和饲料转化效率为评价指标，1~21 日龄北京鸭日粮最适宜的粗蛋白质水平分别为 20.63% 和 23.25%（Cho 等，2020）。Zeng 等（2015）通过 3×3 试验设计，研究了日粮能量和蛋白质水平对生长后期北京鸭适宜能量和粗蛋白质需要量，结果显示饲喂北京鸭高代谢能（13.75 MJ/kg）和高粗蛋白质（19%、1.21% SID Lys）的北京鸭日增重和饲料转化效率表现最佳（Zeng 等，2015）。Wang 等（2020）在饲喂北京鸭杂粕日粮条件下，采用 2×5 两因素试验设计，研究了日粮中粗蛋白质水平和添加蛋白酶对育肥期北京鸭生长性能、屠宰性能、肉品质和标准回肠氨基酸利用率的影响，并评估了在不添加和添加蛋白酶条件下北京鸭粗蛋白质需要量，结果显示不添加蛋白酶和添加蛋白酶时，北京鸭粗蛋白质需要量分别为 17.02% 和 16.53%，表明在杂粕日粮中添加蛋白酶可降低北京鸭粗蛋白质需要量（Wang 等，2020）。余婕等（2023）采用 4 因素×3 水平 L9（3^4）正交试验设计，分别研究了日粮不同营养水平对 1~4 周龄和 5~9 周龄"武禽 10"肉鸭生长性能、体尺指标、屠宰性能、血液生化指标和养分表观利用率的影响，并评估了 1~4 周龄和 5~8 周龄"武禽 10"肉鸭饲粮适宜代谢能、粗蛋白质、钙和有效磷水平，结果显示，1~4 周龄和 5~8 周龄"武禽 10"肉鸭饲粮适宜代谢能、粗蛋白质、钙和有效磷水平分别为 12.10 MJ/kg、20%、0.8%、0.5% 和 12.5 MJ/kg、18.5%、0.8% 和 0.4%（余婕等，2023；余婕等，2023）。韩云燕等（2023）采用 3×2 因子设计研究了日粮代谢能和粗蛋白质水平对京典型肉鸭生产性能和胴体品质的影响，并评估了 21~37 日龄京典型肉鸭能量和蛋白质需要量，结果显示日粮代谢能约为 12.8 MJ/kg，粗蛋白质为 17.5% 时可获得理想的生产性能（韩燕云等，2023）。早在 2012 年，行业标准《肉鸭饲养标准》（NY/T 2122—2012）中推荐了北京鸭、番鸭和肉蛋兼用型肉鸭（包括商品代和种鸭）各种肉鸭各阶段的代谢能、粗蛋白质和各种氨基酸、维生素等营养物质的需要量，团体标准《鸭饲养标准》（T/CAAA 053—2020）对各种营养参数进行了更新和发展，规定了北京鸭、番鸭、半番鸭、肉蛋兼用型鸭和蛋鸭各生长阶段的能量、蛋白质、氨基酸、维生素、矿物元素等主要营养素需要量数据。

　　低蛋白质饲粮的营养策略已经成为集约化养殖生产中节粮减排的必然趋势，合理地降低日粮中蛋白质水平，反而能提高肉鸭的生长，提高肉鸭饲粮蛋白在机体内的利用与沉积效率是提高饲料转化效率的主要途径，这就要求饲粮氨基酸比例平衡而含量足够。在低蛋白质日粮中添加比例适中的合成氨基酸，并保证适宜的总氮和能量水平，对肉鸭的生长性能和屠宰性能无负面影响。Xie 等（2017）分别饲喂育雏期和育肥期北京鸭低蛋白日粮，研究表明在添加合成氨基酸条件下，适当地降低日粮中粗蛋白质水平对北京鸭生长性能和屠宰性能均无显著性影响，另外还表明育雏期饲喂低蛋白日粮不影响育肥期的生长，育雏期和育肥期北京鸭日粮中粗蛋白质水平可分别降低至 19.68% 和 14.94%（Xie 等，2017；Xie 等，2017）。李忠荣等（2013）研究发现在满足氨基酸需要的前提下，降低饲粮粗蛋白质 1~2 个百分点对北京鸭生长性能、血清生化指标无显著影响，并可显著降低粪氮含量（李忠荣等，2013）。在多层立体笼养条件下，适当降低北京鸭日粮中蛋白质水平，对北京鸭生长性能和屠宰性能无显著影响；且随着蛋白质水平的降低，蛋白摄入量、氮摄入量和氮排放量显著降低，但随着日粮蛋白质水平的降低，能量、蛋白质和干物质表观消化率显著升高；在日粮添加合成氨基酸保持氨基酸平衡条件下，北京鸭日粮中粗蛋白质水平可降低至约15%（Wu等，未发表数据）。蛋白质的营养在一定程度上主要体现为氨基酸的营养，在低蛋白日粮中添加晶体氨基酸可显著改善肉鸭生长发育和屠宰性能。江勇等（2020）研究表明，在低蛋白质日粮中添加苏氨酸可提高北京鸭体重、日增重、采食量和胸肌率，降低料重比；当日粮蛋白质水平为17.65%时，1~21日龄北京鸭苏氨酸需要量为0.607%，虽然低蛋白日粮不能满足北京鸭最大生长性能需要，但是可以减少氮排放，进而降低环境污染（江勇等，2020）。同样，在低蛋白日粮中添加晶体蛋氨酸也可显著提高北京鸭生长性能和屠宰性能（吴永保等，未发表数据）。张辉华等（2010，2009）在"仙湖"肉鸭上的研究表明，在低蛋白日粮中添加合成蛋氨酸对生长前期和生长后期"仙湖"肉鸭的生长性能均无显著影响（张辉华等，2009；张辉华等，2010）。肠道是营养物质消化吸收的重要场所，适宜地降低日粮中粗蛋白质水平有利于肉鸭肠道健康。王秋丹（2021）研究表明，肉鸭日粮中粗蛋白质水平从17.5%降低至15.5%时，肉鸭回肠隐窝深度显著增加，绒毛高度/隐窝深度比例显著降低，对肉鸭回肠黏膜 *MCU2*、*ZO-1* 和 *Claudin-1* mRNA 表达量无显著影响，且回肠黏膜 *Occludin* mRNA 表达量显著降低。另一方面，与17.5%粗蛋白质水平组相比，13.5%粗蛋白质组肉鸭盲肠乙酸、丙酸和丁酸含量以及盲肠 *Fusobacteria* 丰度显著降低，添加蛋白酶可改变肠道微生物组成，改善低蛋白饲粮组肉鸭机体的氮代谢。综上数据表明，日粮蛋白水平的改变会对肠道微生物的组成产生一定的影响，通过日粮营养调控肠道微生物群可能对宿主的健康和生产性能起到重要作用，在低蛋白日粮条件下，氨基酸平衡对肉鸭维持良好肠道健康有重要作用。

3.2 蛋（种）鸭

日粮粗蛋白质缺少或过多都会使蛋（种）鸭产蛋性能降低，蛋鸭对蛋白质的需要主要包括对体成熟前生长的需要、产蛋的需要和羽毛生长与更替的需要等。蛋（种）鸭在开始产蛋后，其对蛋白质、维生素和矿物质的需要量增加，若日粮中粗蛋白质缺乏或氨基酸不能满足其基本需要，将造成产蛋量下降、蛋重减轻、孵化率下降（杨凤，2001）。夏伟光等（2014）采用3×3两因子试验设计，分别饲喂蛋鸭 3 个能量水平（10.88 MJ/kg、10.46 MJ/kg、10.04 MJ/kg）和 3 个蛋白质水平（18.26%、17.07%和16.42%）的日粮，结果表明日粮中能量和蛋白质水平对开产期蛋鸭（16～18 周龄）的产蛋性能无显著影响；但在高峰期（19～39 周龄），能量水平的降低会显著降低平均蛋重；在产蛋后期（40～47 周龄），蛋白质和能量水平降低，产蛋率和日产蛋重均降低，料蛋比升高。综合考虑产蛋性能指标，龙岩山麻鸭产蛋初期、高峰期和后期龙岩麻鸭饲粮适宜的代谢能和粗蛋白质水平分别为 10.88 MJ/kg、10.46 MJ/kg、10.46 MJ/kg 和 17.07%、17.07%、18.26%，即代谢能和粗蛋白质需要量分别为 1.47 MJ、1.60 MJ、1.48 MJ 和 22.96 g、26.16 g、25.81 g，日粮的蛋能比分别为 15.62 g/MJ、16.35 g/MJ、17.44 g/MJ（夏伟光等，2014）。Xia 等（2019）采用 3×3 双因子试验设计，分别饲喂蛋种鸭 3 种能量水平（2 600 kcal/kg、2 500 kcal/kg、2 400 kcal/kg）和 3 种粗蛋白质水平（19%、18%、17%）的日粮，结果表明饲喂 2 451 kcal/kg 和19%的日粮，即日需要量 402 kcal 能量和 28.4 g 蛋白质，能使蛋种鸭的繁殖性能最大化。在《蛋鸭营养需要量》（GB/T 41189—2021）国家标准中，详细规定了不同体格的蛋（种）鸭的粗蛋白质和各种氨基酸的需要量，并表明与中大体型蛋鸭相比，小体型蛋鸭能量、蛋白质需求降低；与蛋鸭相比，蛋种鸭的能量需求低于小体型鸭，但蛋白质需求高于中大体型鸭。中大体型蛋鸭能量需要量为 2 700 kcal/kg，蛋白质需要量为 18%；小体型蛋鸭开产前期饲粮能量需要量为 2 500 kcal/kg，高峰期和后期能量需要量为 2 600 kcal/kg，开产前期和高峰期饲粮蛋白质需要量为 17%，后期蛋白质需要量为 18%；蛋种鸭饲粮能量需要量为 2 451 kcal/kg，蛋白质需要量为 19%（张亚男等，2020）。准确评估各种体型蛋鸭能量、粗蛋白质及各氨基酸需要量后，根据蛋鸭理想氨基酸平衡原理，可科学配制蛋鸭低蛋白日粮并研究其应用效果。许云英等（2024）研究了低蛋白氨基酸平衡饲粮对产蛋高峰期龙岩蛋鸭生产性能、蛋品质、血清指标及粪氮含量的影响，结果表明，日粮降低粗蛋白质 1 个百分点显著提高蛋鸭蛋黄重和蛋重；降低粗蛋白质 2 个百分点显著提高血清超氧化物歧化酶（SOD）活性和尿素氮（BUN）含量；随着粗蛋白水平的降低，显著升高蛋鸭粗蛋白表观消化率，降低粪氮含量。综上所述，产蛋高峰期蛋鸭饲粮粗蛋白水平为 17.31%时降低 1.0%～2.5%的粗蛋白质水平，并平衡必需氨基酸，对其生产性能、蛋品质以及血清生化和抗氧化指标无负面影响，并且可以降低粪氮含量（许云英等，2024）。Zhang 等（2021）通过评价低蛋白日粮对荆江蛋鸭的生产性能、蛋品质、血清生化指标以及卵泡发育状况等指标，研究表明在添加额外氨基酸的情况下，日粮粗蛋白质水平在 12 周内可降至 14.5%，且对产蛋性能和蛋品质无负面影响；如果饲养时间超过 12 周，则可能需要 14.5%以上粗蛋白质水平的日粮（Zhang 等，2021）。

3.3 鹅

日粮粗蛋白质水平过低或过高均会影响肉鹅的生长状况，过低的日粮蛋白质水平会抑制肉鹅生长，降低饲料效率（Abou-Kassem 等，2019；李蕾蕾等，2023；杨征烽等，2022），但适度降低日粮蛋白质水平并补充合成氨基酸可不影响肉鹅生长性能（Liang 等，2023；刘书锋等，2022；闵育娜等，2005）。李蕾蕾等（2023）研究了不同日粮蛋白质（15.3%和 16.3%）和能量水平（11.75 MJ/kg 和 12.3 MJ/kg）对皖西白鹅肉品质的影响，发现选择能量水平为 11.75 MJ/kg、蛋白质水平为 16.3%的饲粮，能够提升皖西白鹅的生产性能，且鹅肉中的营养水平更高（李蕾蕾，2023）。Abou-Kassem 等（2019）采用 3 种不同类型的饲料和 3 种日粮粗蛋白质水平（前期为 22%、20%和 18%，后期为 20%、18%和 16%），综合生长性能和胴体指标，1~7 周龄和 8~12 周龄生长鹅饲粮粗蛋白质适宜需要量分别为 18%和 16%（Abou-Kassem 等，2019）。Liang 等（2023）根据鹅的理想氨基酸模型及营养需求配制不同蛋白水平的日粮，研究表明，与对照组（蛋白水平为 18.55%）相比，蛋白水平为 15.55%的低蛋白日粮中添加主要的必需氨基酸对雏鹅的生长性能无不良影响，考虑到饲粮成本，建议在饲粮蛋白水平较低的情况下补充主要氨基酸（Liang 等，2023）。刘书锋等（2022）研究了低蛋白质补充氨基酸日粮对 36~70 日龄马冈鹅生长性能、屠宰性能及血清生化和免疫指标的影响，结果表明在补充适量氨基酸的前提下，降低大麦-碎米-豆粕型日粮的蛋白质水平对 36~70 日龄马冈鹅的生长性能无不良影响，并可改善饲料转化效率和氮素的利用效率，但会降低其与体液免疫相关的血清免疫球蛋白含量，以马冈鹅生长性能为主要评价指标，补充适量氨基酸的大麦-碎米-豆粕型日粮的蛋白质水平可降低至 12.10%（刘书锋等，2022）。同样，闵育娜等（2005）研究发现，降低日粮粗蛋白质水平（15%粗蛋白）对肉仔鹅的血清总蛋白含量无显著影响，血清尿酸含量随饲粮蛋白质水平的下降而降低（闵育娜等，2005）。以上研究结果均表明，低蛋白日粮补充氨基酸对肉鹅的生长发育无显著影响，并且能够降低粪氮含量，起到保护环境的作用。

日粮中粗蛋白质水平还可以影响鹅的繁殖性能，日粮中粗蛋白质水平过高或过低会对种鹅产生不利的影响。赵晓钰等（2019）研究了饲粮粗蛋白质水平（11.20%、13.86%、15.20%、16.48%）对伊犁鹅生产性能、孵化性能及血清生化指标的影响，并探索伊犁鹅产蛋期饲粮粗蛋白质需要量，结果表明产蛋期伊犁鹅的平均日采食量、平均蛋重及合格蛋率在各组之间无显著差异，随着日粮中粗蛋白质水平的升高显著改善了伊犁鹅的产蛋率、日产蛋量及料蛋比；15.20%及16.48%粗蛋白质组显著提高了伊犁鹅种蛋的受精率及受精蛋孵化率，对健雏率无显著性影响。综上所述，当饲粮粗蛋白质水平为15.20%时，产蛋期伊犁鹅可获得最佳的生产性能、孵化性能及血清生化指标（赵晓钰等，2019）。和希顺等（2007）研究表明，日粮中粗蛋白质水平显著影响溆浦种鹅的产蛋性能，随着日粮粗蛋白质水平升高其产蛋率显著增加；在糙米型日粮中，当代谢能为 11.00 MJ/kg，粗蛋白质水平为16%（适宜蛋能比为14.5 g/MJ）时，溆浦种鹅产蛋率最高，当粗蛋白质水平继续提高时并不能提高溆浦鹅的产蛋率（和希顺等，2007）。

4 水禽低蛋白日粮配制技术的展望

低蛋白日粮是农业农村部重要的战略举措，降低豆粕用量是未来的发展方向。每年我国肉鸭、肉鹅饲料产量超 4 500 万 t，约占我国肉禽饲料的一半，如果水禽日粮能降低1%粗蛋白质，就会减少3%~4%豆粕添加量，为了加快建立水禽饲料营养价值评定技术体系，指导水禽低蛋白低豆粕多元化配制技术，我国制定了首个水禽低蛋白饲料配制技术方面的标准《肉鸭低蛋白低豆粕多元化日粮生产技术规范》，对节约蛋白质饲料资源，高效利用非常饲料资源，减少肉鸭养殖氮排放污染和保障肉鸭类产品质量安全和稳产保供具有重要的现实指导意义。虽然低蛋白日粮配制技术在水禽产业初步成效已证明，但我国大豆供应量还远远不够。今后还需要从以下几个方面进行加强和推进。①持续推行不同生长阶段水禽低蛋白质日粮技术的研发和应用，利用理想蛋白质模式，合理配制氨基酸水平。②低蛋白日粮配制技术与非常规饲料资源开发技术相结合，共同实现水禽产业豆粕减量替代。开展水禽非常规饲料原料营养价值测定，运用非常规饲料资源动态饲料数据库，根据当地饲料资源特点，多种饲料合理搭配，优化饲粮结构，充分利用工业合成氨基酸，在保证营养平衡的前提下提高饲料资源利用率。③在配制水禽非常规低蛋白日粮时，针对饲料配方中非常规饲料原料的营养特性与抗营养因子种类，合理选用纤维素酶、蛋白酶等酶制剂添加剂；采取生物发酵等脱毒技术，可改善饲料原料品质，降低各种杂粕等非常规饲料资源的抗营养因子水平，提高基于非常规饲料原料的低蛋白日粮中各类营养物质的利用效率。

5　水禽低蛋白日粮饲喂技术案例

　　低蛋白质日粮不仅仅是降低日粮中蛋白质水平，还需要额外添加晶体氨基酸，考虑日粮中氨基酸平衡、能量与氨基酸比例等问题。笔者汇总了近年来在水禽低蛋白质领域的试验研究与饲喂技术应用案例。

5.1　低蛋白日粮在生长前期肉鸭饲养中的应用案例

案例1　低蛋白日粮在生长前期北京鸭中应用及对生长后期的影响

　　（1）试验示范地点与时间

　　试验在北京市昌平区马池口镇中国农业科学院北京畜牧兽医研究所国家北京鸭保种场进行，试验鸭舍采用网上平养，舍内两端安装通风机和湿帘，舍内温度可控制20~35℃范围内。试验时间处于3—4月开春季节。

　　（2）试验设计与日粮

　　试验采用单因素完全随机设计，选取480只1日龄健康雄性北京鸭，随机分成6组，每组8个重复，每重复10只鸭，每圈（200 cm×75 cm×40 cm）为1个重复。肉鸭分别饲喂6个粗蛋白质水平的日粮（16.86%、17.89%、18.42%、19.20%、19.58%、20.33%，分析值），试验期28 d，分为1~19日龄和20~35日龄两个阶段。采用玉米-豆粕型基础饲粮，饲喂颗粒料，最高蛋白质（21.00% CP）和最低蛋白质水平（16.00% CP）日粮的标准回肠氨基酸（蛋氨酸、赖氨酸、苏氨酸、色氨酸、精氨酸、缬氨酸和甘氨酸）含量相同。假设额外添加的晶体氨基酸标准回肠氨基酸消化率为100%，且两种日粮能量水平保持一致。为保持相近的标准回肠氨基酸含量，按稀释工艺将最高蛋白质和最低蛋白质水平试验饲料按照不同比例（5∶0、4∶1、3∶2、2∶3、1∶4和0∶5）混合配制成6种粗蛋白质水平的试验日粮（表5-1）。除日粮粗蛋白质水平外，其他营养水平参照我国《肉鸭饲养标准》（NY/T 2122—2012）和NRC（1994）配制中推荐的肉鸭营养需要量，日粮中苏氨酸含量均满足Xie等（2014）和Jiang等（2016）文献中的推荐值，由于鸭营养需要量数据的缺乏，甘氨酸+丝氨酸含量参照NRC（1994）中0~3周龄肉仔鸡推荐值。北京鸭生长后期（20~35日龄）日粮营养水平参照我国《肉鸭饲养标准》（NY/T 2122—2012）和NRC（1994）配制中推荐的育肥期肉鸭营养需要量（能量水平3 000 kcal/kg，蛋白质水平18.4%，表5-2）。

表 5-1　1~19 日龄北京鸭最高和最低粗蛋白质水平日粮配方组成和营养水平

项目	最低蛋白质	最高蛋白质	项目	最低蛋白质	最高蛋白质
原料（%）			计算营养水平（%）		
玉米	74.47	57.70	代谢能（MJ/kg）[b]	12.05	12.05
豆粕	19.50	34.00	粗蛋白质	16.00	21.00
食盐	0.30	0.30	钙	0.83	0.83
磷酸氢钙	1.55	1.5	磷	0.39	0.39
石粉	1.10	1.00	营养水平分析值[c]（%）		
大豆油		2.42	粗蛋白质	16.86	20.33
预混料[a]	1.00	1.00	蛋氨酸	0.48（0.45）	0.47（0.45）
DL-蛋氨酸	0.22	0.17	半胱氨酸	0.27（0.25）	0.33（0.30）
L-赖氨酸盐酸	0.63	0.27	赖氨酸	1.30（1.10）	1.32（1.10）
L-色氨酸	0.06		色氨酸	0.23（0.22）	0.25（0.22）
L-精氨酸	0.37		精氨酸	1.33（1.25）	1.35（1.25）
L-异亮氨酸	0.23	0.04	异亮氨酸	0.88（0.72）	0.92（0.72）
L-苏氨酸	0.20		苏氨酸	0.79（0.75）	0.77（0.75）
L-缬氨酸	0.19		缬氨酸	0.93（0.82）	0.96（0.82）
甘氨酸	0.18		甘氨酸	0.83（0.72）	0.85（0.72）
玉米淀粉	—	1.60	丝氨酸	0.78（0.72）	1.01（0.96）
共计	100.00	100.00			

注：[a] 每千克日粮提供：Cu（$CuSO_4 \cdot 5H_2O$）8 mg；Fe（$FeSO_4 \cdot 7H_2O$）60 mg；Zn（ZnO）60 mg；Mn（$MnSO_4 \cdot H_2O$）100 mg；Se（$NaSeO_3$）0.3 mg；I（KI）0.4 mg；氯化胆碱 1 000 mg；维生素 A 1 376 μg；维生素 D_3 50 μg；维生素 E 20 mg；维生素 K_3 2 mg；硫胺素 2 mg；核黄素 10 mg；盐酸吡哆醇 4 mg；钴胺素 0.02 mg；D-泛酸钙 20 mg；叶酸 1 mg；生物素 0.15mg。

[b] 根据肉鸡表观代谢能计算（中国农业部，2004）。[《鸡饲养标准》（NY/T 33—2004）]

[c] 括号内的数值为标准化回肠可消化氨基酸。

表 5-2　20~35 日龄北京鸭日粮组成与营养水平　　　　　　　　　　　（%）

原料	比例	计算营养水平	含量	营养水平分析值	含量
玉米	65.70	代谢能（MJ/kg）	12.56	粗蛋白质	18.40
豆粕	28.00	粗蛋白质	18.00	蛋氨酸	0.41
食盐	0.30	钙	0.80	半胱氨酸	0.30
磷酸氢钙	1.60	磷	0.40	赖氨酸	1.00
石粉	0.90			色氨酸	0.22
大豆油	2.40			精氨酸	1.19

（续表）

原料	比例	计算营养水平	含量	营养水平分析值	含量
预混料[a]	1.00			异亮氨酸	0.79
DL-蛋氨酸	0.10			苏氨酸	0.71
共计	100.00			缬氨酸	0.89
				甘氨酸	0.77
				丝氨酸	0.92

注：[a] 预混料中营养成分同生长前期预混料。

（3）饲养管理

试验鸭采用网上平养，自由采食和饮水。雏鸭 1~3 日龄保持鸭舍温度为 33℃，按照每隔 2 d 降低 1~2℃，直到试验期第三周舍内保持 22~26℃，后续第 4~5 周保持此温度，每日 24 h 光照，光照强度保持 10~15 lx；相对湿度保持为 60%~70%，其他参考常规饲养管理进行。

（4）测定指标与方法

日粮中粗蛋白质含量的测定参照国家标准《饲料中粗蛋白的测定　凯氏定氮法》（GB/T 6432—2018）中推荐的方法。6 种试验日粮、玉米和豆粕原料中氨基酸含量测定方法具体步骤如下：①试验日粮粉碎后在 110℃下于 6.0 mol/L 盐酸中水解 24 h 后，用氨基酸自动分析仪（日立 L-800，东京，日本）测定 15 种氨基酸含量；②粉碎后的样品在 0℃下过甲酸氧化 16 h 后，用氨基酸自动分析仪（日立 L-800，东京，日本）测定含硫氨基酸含量；③粉碎后的饲料样品用 4.0 mol/L 氢氧化钠溶液于 110℃下水解 22 h 后，用反相高效液相色谱仪（Waters, Inc., Milford, US）测定色氨酸含量。6 种试验日粮粗蛋白质和氨基酸含量分析值见表 5-3。根据玉米和豆粕氨基酸分析结果以及已报道的北京鸭玉米和豆粕中标准回肠氨基酸消化率（SID）（Kong 和 Adeola，2013），分别用分析的氨基酸含量乘以相应饲料的 SID，计算出玉米和豆粕中的标准回肠氨基酸含量（表 5-3）。

表 5-3　6 种试验日粮粗蛋白质和氨基酸含量分析值

项目	粗蛋白质水平（%）					
	16.0	17.0	18.0	19.0	20.0	21.0
粗蛋白质	16.86	17.89	18.42	19.2	19.58	20.33
蛋氨酸	0.48	0.46	0.47	0.48	0.48	0.47

（续表）

项目	粗蛋白质水平（%）					
	16.0	17.0	18.0	19.0	20.0	21.0
赖氨酸	1.30	1.24	1.29	1.31	1.33	1.32
苏氨酸	0.79	0.76	0.78	0.78	0.78	0.77
色氨酸	0.23	0.22	0.23	0.23	0.24	0.25
精氨酸	1.33	1.27	1.32	1.34	1.36	1.35
异亮氨酸	0.88	0.85	0.89	0.90	0.92	0.92
亮氨酸	1.45	1.46	1.56	1.61	1.69	1.75
缬氨酸	0.93	0.91	0.94	0.94	0.97	0.96
组氨酸	0.42	0.44	0.49	0.51	0.54	0.56
苯丙氨酸	0.79	0.79	0.89	0.94	1.00	1.04
丙氨酸	0.86	0.87	0.92	0.95	0.99	1.03
天冬氨酸	1.51	1.56	1.75	1.86	2.00	2.10
半胱氨酸	0.27	0.31	0.30	0.32	0.31	0.33
谷氨酸	2.84	2.90	3.16	3.32	3.53	3.68
甘氨酸	0.83	0.81	0.83	0.84	0.85	0.85
丝氨酸	0.78	0.79	0.87	0.91	0.97	1.01
脯氨酸	1.02	1.02	1.06	1.12	1.17	1.22

　　于试验鸭第 19 日龄和第 35 日龄，空腹 12 h，以重复为单位，称量试验鸭和剩余饲粮，计算各处理组 19 日龄和 35 日龄试验鸭的平均体重（BW）以及 1~19 日龄和 20~35 日龄的平均日增重（ADG）、平均日采食量（ADFI）和料重比（F/G）。

　　于试验鸭第 19 日龄和第 35 日龄，空腹 12 h，以重复为单位，每重复随机选取体重接近平均体重的试验鸭 2 只，分别取胸肌、腿肌、腹脂并称重，计算胸肌率、腿肌率和腹脂率（分别为该指标的绝对重与活重的比值，用% 表示）。

　　（5）数据统计分析

　　试验数据初步整理后，采用数据统计软件（SAS 9.4 GLM 程序）进行单因素方差分析（one-way ANOVA），利用正交多项式分析日粮粗蛋白质水平对各指标的线性或二次曲线趋势分析。集合标准误来表示数据的变异性，所有数据的判断标准均以 $P < 0.05$ 作为差异显著，以 $0.05 \leq P \leq 0.10$ 作为有差异显著趋势。利用折线模型评估北京鸭生长前期日粮蛋白质需要量（Robbins et al.,

2006）。折线模型如下：

$$y=l+u\ (r-x) \qquad x<r$$

$$y=l \qquad\qquad x>r$$

式中：y 为各指标，x 为日粮中对应的粗蛋白质水平（%），r 为北京鸭粗蛋白质的需要量，l 为北京鸭对饲粮的最大或最小反应（当 $x=r$ 时，有最大值或最小值），u＝曲线的陡度。

（6）结果分析与讨论

低蛋白质日粮对 1~19 日龄北京鸭生长性能的影响见表 5-4。日粮粗蛋白质水平从 20.33% 降低至 16.86%，对鸭的体重、增重和采食量均无线性或二次负影响（$P>0.05$），但料重比呈线性增加（$P=0.017$）。我们的研究结果与 Chen 等（2016）和 Wilson（1975）的结果不同，在他们的研究中，饲喂日粮中粗蛋白质水平为 22% 或 24% 的北京鸭第 14 日龄体重明显高于饲喂粗蛋白质水平为 18% 或 20% 的北京鸭。在两者的研究中，氨基酸浓度随着日粮粗蛋白质水平的降低而降低，氨基酸缺乏可能导致饲喂低蛋白质日粮的鸭生长迟缓。而在本研究中，不同粗蛋白质日粮的氨基酸均满足北京鸭的生长需要的，且标准回肠氨基酸含量均一致，可能是本结果与其他研究结果不同的原因。此外，Siregar 等（1982）的研究结果与本研究的研究结果一致，即饲喂 18.0%、20.0% 和 22.0% 粗蛋白质日粮的澳大利亚北京鸭在 1~14 日龄的生长性能没有显著差异。在本研究中，饲粮粗蛋白质为 18.0%、20.0% 和 22.0% 的日粮中，赖氨酸、蛋氨酸、苏氨酸、谷氨酸、亮氨酸和赖氨酸含量是一致的，表明配制的低蛋白质日粮的氨基酸平衡较为合理。在 8~12 周龄的育肥番鸭（Baeza 和 Leclercq，1998）和 14~35 日龄的北京育成鸭（Xie 等，2017）中也得到了一致的结果，在他们的研究中，通过补充晶体氨基酸来平衡日粮中氨基酸时，降低日粮中 3% 蛋白质水平对北京鸭最终体重、日增重和日采食量无明显的负面影响。

表 5-4 日粮中不同粗蛋白质水平对生长前期北京鸭
生长性能及其生长后期生长性能的影响[a]

项目	日粮蛋白质分析值[b]（%）						SEM	P 值	
	16.86	17.89	18.42	19.20	19.58	20.33		一次	二次
生 长 前 期 （1~19 日龄）									
初始重（g）	48.2	47.9	48.0	48.6	48.2	47.7	0.2	0.763	0.787

（续表）

项目	日粮蛋白质分析值[b]（%）						SEM	P 值	
	16.86	17.89	18.42	19.20	19.58	20.33		一次	二次
D19 体重（g）	958.3	958.8	949.2	944.8	987.6	976.2	16.1	0.325	0.457
日增重 [g/（只·d）]	47.9	47.9	47.4	47.2	49.4	48.9	0.9	0.306	0.413
蛋白质摄入量（g/只）	12.2	12.5	12.8	13.7	13.7	14.2	0.3	0.010	0.001
日采食量（g/只）	72.2	70.1	69.2	71.4	70.1	69.7	1.3	0.382	0.519
料重比[c]（g/g）	1.507	1.462	1.461	1.455	1.419	1.426	0.017	0.017	0.065
死亡率（%）	3.13	3.13	0.00	3.13	3.13	1.56	2.25	0.707	0.909
生长后期（20~35 日龄）									
D35 体重（g）	2 636.9	2 622.3	2 616.2	2 636.9	2 634.4	2 642.9	39.0	0.427	0.168
日增重 [g/（只·d）]	103.5	103	104.7	106.4	102.3	103.8	2.2	0.848	0.851
日采食量 [g/（只·d）]	221.4	224.2	228.2	230.7	228.3	231.7	4.6	0.007	0.033
料重比[c]（g/g）	2.14	2.18	2.18	2.18	2.23	2.24	0.04	0.008	0.051

注：[a]第 1~19 天分别饲喂不同粗蛋白质的试验饲粮，随后第 20~35 日龄分别饲喂相同的标准生长饲粮。

[b]所有饲粮的标准回肠可消化氨基酸为：蛋氨酸、赖氨酸、苏氨酸、色氨酸、精氨酸、赖氨酸、缬氨酸和甘氨酸。

[c]料重比根据死亡率进行调整。

在本研究中，虽然降低日粮蛋白质水平对生长前期北京鸭胸肌产量没有显著影响（表 5-5），但腿肉产量线性降低（$P=0.024$），腹脂产量线性增加（$P=0.018$）。对于生长前期肉鸭而言，腿部肌肉比胸部肌肉发育得更早、更快，且腿部肌肉比胸部肌肉的比例要高得多（表 5-5），本研究的数据也证明了此观点。腿部肌肉对日粮蛋白质水平的降低更为敏感，当日粮蛋白质降低至 16.86% 时，肉鸭的腿肉产量最低（表 5-5）。低蛋白质日粮条件下，肉产量的降低可能与氮沉积减少有关。在 17~19 日龄北京鸭中，当日粮蛋白质从 19.0% 降至 15.0% 时，肌肉中氮沉积降低约 3%（Zeng 等，2015）。另外，Siregar 等（1982）研究发现随着日粮蛋白质水平从 22.0% 降低到 18.0%，2 周龄北京鸭腹脂率增加，与本研究的结果一致，可能是与低蛋白质日粮导致日粮氨基酸失衡有关，氨基酸失衡可能导致氨基酸分解代谢增加，氨基酸中的碳骨架会转化为碳水化合物和脂质生物合成的中间体，这可能是低蛋白质水平下脂肪沉积增加的原因。

表 5-5　日粮中不同粗蛋白质水平对生长前期北京鸭屠宰性能及其生长后期屠宰性能的影响

项目	日粮蛋白质分析值（%）						SEM	P 值	
	16.86	17.89	18.42	19.2	19.58	20.33		一次	二次
D19									
胸肌率（%）	2.63	2.61	2.6	2.73	2.79	2.62	0.12	0.427	0.707
腿肌率（%）	11.2	11.4	11.8	11.6	11.7	11.9	0.25	0.024	0.100
腹脂率（%）	0.43	0.43	0.34	0.34	0.32	0.32	0.03	0.018	0.085
D35									
屠宰率（%）	73.9	73.3	73.5	73.3	73.5	73.3	0.5	0.135	0.206
胸肌率（%）	10.9	10.9	10.4	10.5	10.6	10.7	0.3	0.325	0.302
腿肌率（%）	10.1	10	10.4	10.1	9.9	10.1	0.2	0.746	0.892
腹脂率（%）	0.61	0.63	0.6	0.58	0.54	0.59	0.04	0.177	0.458

　　低蛋白日粮是一种有用的营养策略，可减少禽舍的氮排泄和氨排放（Hernández 等，2012；Namroud 等，2008；Ospina-Rojas 等，2012）。在本研究中，当日粮中蛋白质降至 16.86% 时，蛋白质摄入量呈线性（$P=0.010$）或二次（$P=0.001$）下降（表 5-4），这表明采用低蛋白质日粮可能会减少氨排放和氮排泄。在本研究中，使用折线回归来预测生长前期北京鸭蛋白质需要量。根据这些回归 $[y=1.426+0.0027\times(19.68-x)，P=0.035，R^2=0.893]$，估计蛋白质需要量是 19.68%。生长前期北京鸭估测的蛋白质需求量低于 NRC（1994）的 0~2 周龄北京鸭的推荐量（22.0%），这表明当日粮中氨基酸平衡较好时，可适当降低日粮中蛋白质水平。

　　生长前期北京鸭饲喂低蛋白饲粮对 20~35 日龄北京鸭生长性能和屠宰性能的影响见表 5-4 和表 5-5。虽然低蛋白质日粮提高了生长前期北京鸭的料重比和腹脂产量，但生长前期饲喂低蛋白质日粮对生长后期北京鸭的体重和日增重无线性或二次的负面影响，对屠宰率、胸肌、腿肌和腹脂产量也没有线性或二次负影响。此外，随着日粮蛋白质水平降低，生长后期北京鸭的采食量呈线性降低（$P=0.007$），料重比呈线性降低（$P=0.008$），表明饲料转化效率提高，本试验中的结果与 Moran（1979）和 Plavnik 等（1990）在肉鸡试验中的结果一致，研究表明，当饲喂低蛋白饲粮来限制肉鸡的早期生长时，肉鸡在限制期表现出较差的体重和饲料转化效率，随后的生长期取消蛋白质限制后，体重损失和饲料效率得到恢复，35 日龄腿部肌肉、胸部肌肉和胴体产量不受早期蛋白质限制的影响。因此，后期生长可以弥补早期低蛋白日粮造成的较差的生长性能和胴体产量。

（7）结论

折线回归结果表明，在生长前期北京鸭获得最佳料重比所需的最低日粮蛋白质需要量为 19.68%，降低日粮蛋白质对生长前期生产性能有负面影响，但生长前期限制蛋白质对育肥期北京鸭生产性能无不利影响。

（本案例选自《Livestock Science》Xie 等，2017，203：92-96.）

案例 2　低蛋白质日粮中添加苏氨酸在生长前期北京鸭中应用

（1）试验设计与处理

采用 3×5 双因子完全随机试验设计。试验设置 3 个饲粮蛋白质水平（16.0%、19.0% 和 22.0%）和 5 个苏氨酸添加水平（0、0.07%、0.14%、0.21% 和 0.28%），共 15 个处理组，每个处理组 6 个重复，每个重复 8 只健康雄性北京鸭。

（2）试验动物与饲料

在 1 日龄时，从 850 只雄性健康瘦肉型北京鸭中按平均体重挑选 720 只，并根据平均体重分别分配到 90 个重复圈，每个重复圈 8 只北京鸭。试验鸭于不锈钢镀塑鸭圈（100 cm×200 cm×40 cm）中饲养 21 d（1~21 日龄）。24 h 持续光照，试验鸭自由采食和饮用自来水。试验期为 1~21 日龄。饲养管理按《北京鸭饲养管理手册》进行。1~3 日龄室温控制在 30℃，然后逐渐降低到室温。参照美国 NRC（1994）家禽营养需要量中鸭营养建议量和相关试验报道，分别配制蛋白质含量为 16.0%、19.0% 和 22.0% 的 3 种基础饲粮（表 5-6），然后分别等分成 5 份，按上述处理配制试验饲粮。三种基础饲粮的蛋白质含量实测含量分别为 16.13%、19.18% 和 22.29%，苏氨酸实测含量分别为 0.36%、0.46% 和 0.59%（饲喂基础）。

表 5-6　1~21 日龄北京鸭基础饲粮的组成和营养水平

项目	日粮蛋白质水平（%）		
	22.0	19.0	16.0
原料（%）			
玉米	19.16	28.46	38.46
玉米蛋白粉	7.00	0.00	0.00

（续表）

项目	日粮蛋白质水平（%）		
	22.0	19.0	16.0
大豆油	1.00	1.05	0.40
小麦	50.00	50.00	50.00
花生粕	17.50	14.40	4.00
磷酸氢钙	1.80	1.93	2.09
石粉	1.16	1.13	1.12
食盐	0.30	0.30	0.30
蛋氨酸	0.19	0.26	0.28
色氨酸	0.06	0.07	0.11
赖氨酸	0.94	1.05	1.23
精氨酸	0.00	0.20	0.66
缬氨酸	0.06	0.19	0.29
异亮氨酸	0.03	0.16	0.26
预混料[1]	0.30	0.30	0.30
玉米淀粉+苏氨酸[2]	0.50	0.50	0.50
合计	100.00	100.00	100.00
营养水平（%）			
代谢能（kcal/kg）[3]	2 900	2 902	2 904
蛋白[4]	22.29	19.18	16.13
赖氨酸[4]	1.26	1.29	1.32
色氨酸[4]	0.27	0.24	0.23
蛋氨酸[4]	0.49	0.47	0.46
蛋氨酸+胱氨酸[3]	0.85	0.73	0.71
精氨酸[4]	1.45	1.50	1.37
苏氨酸[4]	0.59	0.46	0.36
缬氨酸[4]	0.94	0.88	0.81
异亮氨酸[4]	0.67	0.70	0.65
钙[3]	0.90	0.90	0.90
总磷[3]	0.69	0.68	0.67
非植酸磷[3]	0.45	0.45	0.45

注：[1]每千克饲粮中添加：Cu（CuSO$_4$·5H$_2$O）8 mg；Fe（FeSO$_4$·7H$_2$O）60 mg；Zn（ZnO）60 mg；Mn（MnSO$_4$·H$_2$O）100 mg；Se（NaSeO$_3$）0.3 mg；I（KI）0.4 mg；氯化胆碱1 000 mg；维生素A 3 mg；维生素D$_3$ 0.075 mg；维生素E 20 mg；维生素K$_3$ 2 mg；维生素B$_1$ 2 mg；核黄素10 mg；维生素B$_6$ 4 mg；维生素B$_{12}$ 0.02 mg；D-泛酸钙20 mg；烟酸50 mg；叶酸1 mg；生物素0.15 mg。

[2] 通过调整玉米淀粉和晶体苏氨酸的量来配制试验饲粮。

[3] 测定值。

[4] 分析值。

（3）样品采集与制备

每周记录每个重复圈北京鸭的体重和采食量，以便计算 1~21 日龄北京鸭平均日增重（ADG）、平均日采食量（ADFI）和耗料增重比（F/G）。在试验结束时，根据平均体重从每个重复笼中挑选 2 只北京鸭，并记录体重。用 5 mL 肝素钠真空采血管从颈静脉采集 5 mL 血液，然后在 4℃ 下 3 500 r/min 离心 15 min，分离血浆保存于-20℃，以备测定血浆生化指标和血浆氨基酸。然后将试验鸭屠宰，分离胸肌、腿肌和腹脂，并记录重量。将分离的右叶肝脏保存于-20℃，以备测定总脂质、甘油三酯（TG）和胆固醇（CHO）含量。

（4）样品分析

饲粮样品粉碎过 0.5 mm 的筛子，混合均匀后用于测定蛋白质和氨基酸含量。基础饲粮中蛋白质含量用凯氏定氮法测定（Thiex 等，2002）。用 6M 盐酸在 110℃ 消化饲粮 24 h，然后用氨基酸分析仪（日立 L-800，东京，日本）测定饲粮总氨基酸组成。用 5% 的磺基水杨酸沉淀血浆样品中的蛋白质，在 10 000 r/min 4℃ 离心 30min，上清液中的氨基酸含量用氨基酸分析仪测定（日立 L-800，东京，日本）。

血浆中的总胆固醇、甘油三酯、高密度脂蛋白胆固醇（HDLC）和低密度脂蛋白胆固醇（LDLC）浓度用全自动生化分析仪测定（日立 7080，东京，日本）。所用试剂盒购买自四川迈克生物技术有限公司。

根据 Folch 等（1957）描述的方法测定肝脏中总脂质。用 1.5mL 氯仿-甲醇（v/v，2/1）溶解氮气吹干的肝脏总脂质，保存于-20℃，以备测定甘油三酯和总胆固醇含量。用酶标仪测定甘油三酯和总胆固醇含量，试剂购买自中生北控生物技术有限公司。

（5）数据统计与分析

本试验中所有数据采用 SAS 9.0（2003）统计软件中的一般线性模型的两因素方法进行方差分析，每个重复圈为一个试验单元，主效应包括饲粮蛋白质水平、饲粮苏氨酸水平以及它们之间的交互作用。当方差分析显著时，用 Tukey 法进行多重比较，以 $P<0.05$ 为本研究中各项数据差异显著性检验水平。

（6）结果与分析

饲粮蛋白质和苏氨酸对 1~21 日龄北京鸭生长性能的影响见图 5-7。饲粮蛋白质和苏氨酸水平提高 ADG（$P<0.000\ 1$）和 ADFI（$P<0.000\ 1$），降低 F/G（$P<0.000\ 1$），并且饲粮蛋白质和苏氨酸水平对生长性能具有交互作用

（$P<0.000\,1$）。在低蛋白质饲粮（16%和19%）中，随着饲粮苏氨酸水平的增加，ADG 和 ADFI 增加的幅度比其在高蛋白质饲粮（22%）中快。在饲粮蛋白质水平为19%和22%时，随着饲粮苏氨酸水平的增加，ADG 和 ADFI 先增加，然后趋于稳定。

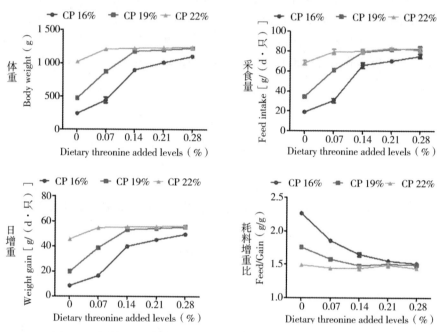

图 5-7　饲粮蛋白质和苏氨酸对 1~21 日龄北京鸭生长性能的影响

饲粮蛋白质和苏氨酸对 21 日龄北京鸭屠宰性能的影响见图 5-8。饲粮蛋白质和苏氨酸水平影响 21 日龄北京鸭胸肌率（$P<0.000\,1$）和腹脂率（$P<0.000\,1$），并且对胸肌率和腹脂率的影响存在交互作用（$P<0.000\,1$）。在各个饲粮蛋白质水平下添加苏氨酸都会增加 21 日龄北京鸭胸肌率（$P<0.05$）。随着饲粮苏氨酸水平的增加，21 日龄北京鸭的胸肌率在低蛋白质饲粮（16%和19%）中增加的幅度比其在高蛋白质饲粮（22%）中增加得快。在低蛋白质饲粮（16%和19%）中，苏氨酸缺乏或过量都会降低腹脂率（$P<0.05$）。在高蛋白质饲粮（19%和22%）中添加苏氨酸对腿肌率没有影响（$P>0.05$），但在低蛋白质饲粮（16%）中添加苏氨酸可以提高腿肌率（$P<0.05$）。在饲粮蛋白质水平为19%和22%时，随着饲粮苏氨酸水平的增加，胸肌率先增加，然后趋于稳定。

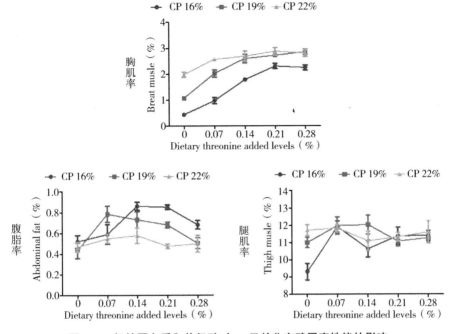

图 5-8　饲粮蛋白质和苏氨酸对 21 日龄北京鸭屠宰性能的影响

饲粮蛋白质和苏氨酸对 21 日龄北京鸭肝脏脂质含量的影响见图 5-9。饲粮蛋白质和苏氨酸对 21 日龄北京鸭肝脏总脂质（$P<0.000\ 1$）、TG（$P=0.000\ 2$）和 CHO（$P<0.003$）含量具有交互作用。在蛋白质为 16% 和 19% 的饲粮中添加苏氨酸可以降低北京鸭肝脏总脂质、TG 和 CHO 含量（$P<0.05$），但是在蛋白质为 22% 的饲粮中添加苏氨酸对北京鸭肝脏总脂质、TG 和 CHO 含量没有影响（$P>0.05$）。

饲粮蛋白质和苏氨酸对 21 日龄北京鸭血浆生化指标的影响见图 5-10。21 日龄北京鸭血浆 TG（$P<0.004$）、CHO（$P<0.000\ 1$）和 HDLC（$P<0.000\ 1$）浓度随着饲粮蛋白质水平增加而降低。但是，饲粮蛋白质水平对血浆 LDLC 浓度没有影响（$P>0.05$）。饲粮中添加苏氨酸增加 21 日龄北京鸭血浆 LDLC 浓度（$P<0.000\ 1$），然而降低血浆 TG 浓度（$P<0.000\ 1$）。但是饲粮中添加苏氨酸对血浆 CHO 和 HDLC 浓度没有影响（$P>0.05$）。饲粮蛋白质和苏氨酸水平对血浆 TG（$P<0.000\ 1$）和 LDLC（$P<0.05$）浓度的影响具有交互作用。

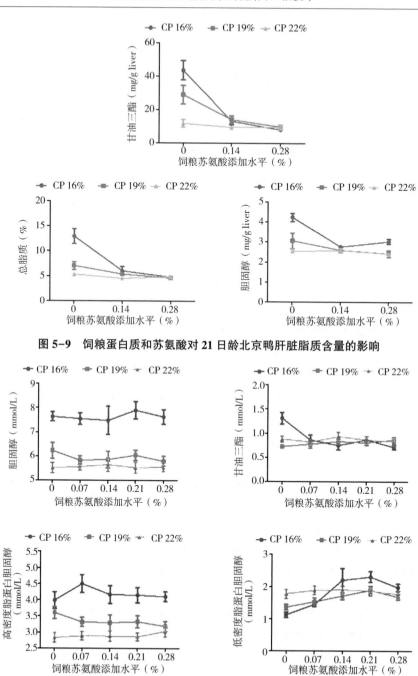

图 5-9 饲粮蛋白质和苏氨酸对 21 日龄北京鸭肝脏脂质含量的影响

图 5-10 饲粮蛋白质和苏氨酸对 21 日龄北京鸭血浆生化指标的影响

（7）讨论和结论

本试验中，饲粮蛋白质和苏氨酸水平对1~21日龄北京鸭生长性能具有交互作用，这与先前的北京鸭（Jiang等，2016）和肉仔鸡（Ciftci和Ceylan，2004）试验结果相似。随着饲粮蛋白质水平降低，北京鸭ADG和ADFI也降低，而F/G增加。Zeng等（2015）也报道了类似的结果。在玉米-小麦-花生粕型饲粮中添加苏氨酸可提高1~21日龄北京鸭生长性能，这与前人的研究结果相似（Jiang等，2016；Xie等，2014；Zhang等，2014；Zhang等，2016b）。本试验中，在蛋白质含量为19%的饲粮中添加苏氨酸北京鸭的生长性能与饲喂蛋白质含量为22%饲粮的北京鸭的生长性能相似。这提示在平衡饲粮氨基酸的情况下，1~21日龄北京鸭的饲粮蛋白质水平可以降低到19%。

（本案例选自江勇，2018，中国农业大学博士学位论文，p15-27）

5.2　低蛋白日粮在生长后期肉鸭饲养中的应用案例

案例3　多层立体笼养结构下肉鸭低蛋白日粮配制技术研究与应用

（1）试验示范地点与时间

试验在中国农业科学院南口中试基地进行，试验鸭舍采用三层立体笼养，舍内两端安装通风机和湿帘，舍内温度可控制20~35℃范围内，试验时间处于8—9月。

（2）试验设计

将1 200只1日龄北京鸭随机分到60个环境温度可控制的圈中，每个圈饲养20只鸭，每个圈的规格大小：200 cm×120 cm×40 cm，饲养期为21 d，饲喂生长前期北京鸭常规日粮。在21日龄时，挑选体重大小一致、健康的北京鸭1 080只饲养于三层立体笼中，饲养笼大小一致，离地面高度分别为：0.6 m、1.2 m和1.8 m。试验采取3×6双因子完全随机试验设计，分为3个饲养笼高度（0.6 m、1.2 m和1.8 m）和6个日粮蛋白水平（12%、13%、14%、15%、16%和17%），将挑选的1 080只21日龄北京鸭随机分为18个处理组，每个处理组6个重复，每个重复10只鸭，饲养期为21日龄到42日龄。

（3）试验日粮

本试验采用玉米-豆粕-菜籽粕基础日粮，参照《肉鸭饲养标准》（2012）中生长后期肉鸭营养需要量参数，配制不同蛋白水平（12%、13%、14%、15%、16%和17%）日粮。以日粮标准回肠可消化氨基酸含量为基础，按照理想氨基酸模型补充适量蛋氨酸、赖氨酸、苏氨酸、色氨酸、精氨酸、异亮氨酸、缬氨酸、甘氨酸和丝氨酸，使各处理满足肉鸭氨基酸营养需要；日粮中添加 0.5%的三氧化二铬作为外源指示剂测定肉鸭饲料营养物质表观消化率；试验日粮采用凯氏定氮法测得试验日粮的实际蛋白含量分别为：12.64%、13.38%、14.55%、15.34%、16.25%和17.61%；日粮能量、钙和总磷保持一致，配方和营养水平见表5-7。

表5-7　试验日粮组成及营养水平（风干基础）

项目（%）	日粮蛋白水平（%）					
	12	13	14	15	16	17
原料						
豆粕	100.0	118.6	137.2	155.8	174.4	193
玉米	814.0	783.4	752.8	722.2	691.6	661
菜籽粕	20.0	32.0	44.0	56.0	68.0	80.0
豆油		4.0	8.0	12.0	16.0	20.0
磷酸氢钙	17.5	16.6	15.7	14.8	13.9	13.0
石粉	11.0	11.2	11.4	11.6	11.8	12.0
预混料[1]	10.0	10.0	10.0	10.0	10.0	10.0
食盐	3.0	3.0	3.0	3.0	3.0	3.0
DL-蛋氨酸	2.0	1.9	1.8	1.7	1.6	1.5
L-赖氨酸	4.2	3.66	3.12	2.58	2.04	1.5
L-苏氨酸	1.7	1.36	1.02	0.68	0.34	—
L-异亮氨酸	1.6	1.28	0.96	0.64	0.32	—
L-精氨酸	3.0	2.4	1.8	1.2	0.6	—
L-色氨酸	0.5	0.4	0.3	0.2	0.1	—
L-缬氨酸	2.0	1.6	1.2	0.8	0.4	—
甘氨酸	2.1	1.68	1.26	0.84	0.42	—
丝氨酸	2.4	1.92	1.44	0.96	0.48	—
三氧化二铬（指示剂）	5.0	5.0	5.0	5.0	5.0	5.0
合计	1 000	1 000	1 000	1 000	1 000	1 000
营养水平						
代谢能（MJ/kg）	2 906	2 906	2 907	2 907	2 907	2 907
粗蛋白质	12.64	13.38	14.55	15.34	16.25	17.61
钙	0.86	0.86	0.86	0.86	0.86	0.86
总磷	0.62	0.62	0.62	0.62	0.62	0.62
非植酸磷	0.43	0.41	0.40	0.38	0.36	0.35
精氨酸	0.97	0.98	0.99	1.00	1.01	1.02
异亮氨酸	0.57	0.58	0.59	0.60	0.61	0.62
赖氨酸	0.91	0.92	0.92	0.93	0.94	0.94

（续表）

项目（%）	日粮蛋白水平（%）					
	12	13	14	15	16	17
蛋氨酸	0.42	0.43	0.43	0.44	0.44	0.44
蛋氨酸+半胱氨酸	0.70	0.71	0.71	0.73	0.76	0.78
苏氨酸	0.64	0.65	0.66	0.67	0.68	0.69
色氨酸	0.18	0.18	0.19	0.19	0.20	0.20
缬氨酸	0.74	0.75	0.76	0.76	0.77	0.77
丝氨酸	0.82	0.82	0.83	0.83	0.84	0.84
甘氨酸	0.72	0.72	0.73	0.73	0.74	0.74

注：[1] 预混料为每千克日粮提供：维生素 A 10 000 IU，维生素 B_1 2 mg，维生素 B_2 5.0 mg，维生素 B_5 40 mg，维生素 B_6 4 mg，维生素 B_{12} 2 mg，维生素 D_3 4 000 IU，维生素 E 200 IU，维生素 K_3 2.5 mg，生物素 0.5 mg，叶酸 3 mg，D-泛酸 20 mg，烟酸 20 mg，Fe 100 mg，Mn 60 mg，Zn 100 mg，I 1.00 mg，Se 0.40 mg，氯化胆碱 500 mg。

（4）饲养管理

北京鸭采用三层立体笼养，自由采食和饮水。1~21 日龄时，鸭舍温度起初为 32℃，以后逐步稳定下降，每 2 d 降低 1~2℃，直至 25℃。湿度由最初的 20%逐渐升高到 60%。采取人工补光制度，光照时数由前期 24 h/d 减至采食补光和自然光照结合。21~42 日龄时，鸭舍温度保持室温，湿度为 65%左右，其他按种鸭场常规饲养管理方式进行。

（5）测定指标及方法

试验开始和结束时，以重复为单位记录北京鸭空腹体重和采食量，计算 21~42 日龄时各处理组平均日增重（ADG）、平均日采食量（ADFI）和料重比（F/G）。

试验结束时，全部试验鸭禁食（自由饮水）12 h 后，每个重复圈挑选接近平均体重的肉鸭 2 只进行屠宰，然后取其腹脂（腹脂+肌胃外脂肪）、胸肌和腿肌，然后参照杨宁（2002）中方法进行屠宰率计算：腿肌率（%）= 腿肌重/体重×100、胸肌率（%）= 胸肌重/体重×100、腹脂率（%）= 腹脂重/体重×100。

营养物质表观消化率的测定是通过日粮中添加 0.5%的 Cr_2O_3 外源指示剂来完成，主要测定试验完成阶段（41 d 和 42 d）不同蛋白水平下的营养物质表观消化率。第 41 天、第 42 天以重复为单位收集排泄物，每 8 h 收集一次。每次收集完成后立即加入 10%的盐酸（防止氨的挥发），充分混匀后取 15%的鲜粪尿样，4℃冷藏，而后将最后一天各重复收集的粪样与前一天收集粪便混合均匀，于65℃烘箱中烘至恒重，在室温下回潮24 h，粉碎过40目筛，保存待测。同时采集试验料样100 g，粉碎过40目筛，保存待测。

Cr$_2$O$_3$标准曲线的制作：Cr$_2$O$_3$标准曲线的制作：准确称取Cr$_2$O$_3$（分析纯）0.050 0 g于100 mL干净的凯氏烧瓶内，加氧化剂5 mL，置通风橱内电炉上消化，直至瓶中溶液呈橙色透明为止。然后将此液无损地移入100 mL容量瓶，稀释至刻度。此为Cr$_2$O$_3$母液，每毫升含Cr$_2$O$_3$ 5 μg。另取100 mL容量瓶7个，编号。分别准确移取母液0 mL、2 mL、5 mL、10 mL、15 mL、20 mL、25 mL于各个容量瓶中，用蒸馏水定容至刻度。采用光谱法在460 nm波长下以0 mL为对照测出其余各溶液的光密度。根据溶液浓度及光密度读数绘出Cr$_2$O$_3$的标准曲线（图5-11），备测定饲料和粪中Cr$_2$O$_3$含量时应用。

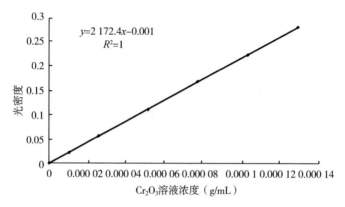

图5-11 三氧化二铬标准曲线

饲料和排泄物中Cr$_2$O$_3$含量的测定：用强氧化剂（钼酸钠、浓硫酸和高氯酸按一定比例混合配制）将Cr$_2$O$_3$消化后，采用光谱法测定，波长为460 nm。计算公式如下：

$$样品中 Cr_2O_3（\%）= \frac{x}{W} \times \frac{V}{10\ 000} \times 100$$

式中：x是根据样品液光密度在标准曲线上查出的Cr$_2$O$_3$含量（μg/mL）；W是样品重（g）；V是样品消化液稀释后体积（mL）；

饲料营养物质表观消化率的测定：采用常规方法测定饲料和排泄物中干物质（Dry matter, DM）含量（水分测定GB/T 6435）和粗蛋白质含量（GB/T 6432）。饲料和排泄物总能量（Gross energy, GE）采用氧弹式测热计（Parr 6100 calorimeter, USA）测定。计算公式如下：

营养物质表观消化率（%）= $100-\left[100\times\left(\dfrac{\text{饲料中 }Cr_2O_3\text{ 含量（%）}}{\text{粪便中 }Cr_2O_3\text{ 含量（%）}}\times\dfrac{\text{粪便中营养物质含量（%）}}{\text{饲料中营养物质含量（%）}}\right)\right]$

（6）数据统计

试验数据采用 SAS 8.0 中 two way ANOVA 进行统计分析，各处理间平均值比较采用 Duncan 氏多重比较进行差异显著性检验，以 $P<0.05$ 作为差异显著性判断标准。采用直线折线模型对低蛋白日粮中蛋白需要量进行估算，直线-折线模型（Robbins 等，2006）如下：

$$\begin{cases} Y=L+U\,(R-X) & X<R \\ Y=L & X\geq R \end{cases}$$

式中：Y=生产性能（日增重或日采食量）；X=处理日粮中对应的蛋白水平（%）；R=最佳需要量；L=当达到最佳需要量时对动物的生长效应；U=模型的斜率。

（7）结果与分析

如表 5-8 所示，从主效应来看，日粮蛋白水平显著影响肉鸭 42 日龄体重、日增重、日采食量和料重比（$P<0.05$），日粮蛋白水平从 17.61% 降到 12.64% 时，日增重也逐渐降低，而料重比呈现相反的趋势（$P<0.05$），而日增重在 17.61% 降到 14.55% 时无显著差异，再进一步降低时，日增重显著降低，采食量在 17.61% 到 13.38% 时无显著差异（$P>0.05$）；同时，三层立体笼养结构下，笼子高度也显著影响肉鸭日增重和日采食量（$P<0.05$），最底层的肉鸭表现出较差的体重和采食量，随着饲养高度的提高，采食量和体增重也显著升高（$P<0.05$），但对料重比无显著影响（$P>0.05$）；此外，日粮蛋白水平和笼子高度无显著互作效应。

表 5-8　多层立体笼养下低蛋白日粮对 21~42 日龄肉鸭生长性能的影响

笼子高度（m）	蛋白水平（%）	21 日龄体重（g/只）	42 日龄体重（g/只）	日增重 [g/（只·d）]	日采食量 [g/（只·d）]	料重比（g∶g）
1.8	12.64	1 060.00±48.42	2 747.00±60.70	80.33±1.72	246.68±6.50	3.07±0.13
	13.38	1 094.25±46.39	2 890.25±53.76	85.52±1.85	255.76±5.41	2.99±0.03
	14.55	1 085.75±66.87	2 924.00±66.84	87.53±1.11	253.81±4.45	2.90±0.05
	15.34	1 091.25±68.10	2 963.25±67.12	89.14±1.16	254.45±4.98	2.85±0.03
	16.25	1 074.00±55.45	2 931.75±103.48	88.46±2..60	253.20±3.71	2.86±0.04
	17.61	1 113.50±24.99	2 989.50±47.79	89.33±1.97	254.40±4.65	2.85±0.01

（续表）

笼子高度 （m）	蛋白 水平 （%）	21日龄体重 （g/只）	42日龄体重 （g/只）	日增重 [g/（只·d）]	日采食量 [g/（只·d）]	料重比 （g：g）
1.2	12.64	1 039.75±36.11	2 751.50±58.76	81.51±2.40	243.86±0.94	2.99±0.12
	13.38	1 065.75±42.94	2 877.50±20.73	86.27±2.34	253.01±3.17	2.93±0.11
	14.55	1 065.75±36.15	2 890.50±47.39	86.89±1.17	250.45±4.52	2.88±0.02
	15.34	1 097.25±25.05	2 959.75±60.87	88.69±2.34	251.80±5.11	2.84±0.12
	16.25	1 098.50±8.10	2 966.75±43.96	88.96±2.04	252.14±3.76	2.83±0.04
	17.61	1 084.00±69.96	2 954.75±89.06	89.08±2.23	252.01±3.88	2.83±0.05
0.6	12.64	1 080.00±13.29	2 709.00±81.56	77.57±3.92	237.42±3.95	3.07±0.21
	13.38	1 057.75±31.67	2 732.25±65.91	79.74±4.31	239.48±3.23	3.01±0.15
	14.55	1 088.75±50.77	2 840.50±46.55	83.42±2.28	241.20±1.80	2.89±0.10
	15.34	1 052.25±37.08	2 819.75±48.96	84.17±1.63	242.94±2.67	2.88±0.04
	16.25	1 088.50±30.95	2 876.25±51.33	85.13±2.40	241.19±3.37	2.84±0.10
	17.61	1 092.75±54.45	2 893.00±66.25	85.73±3.06	242.72±2.54	2.83±0.12
集合标准误		5.12	12.07	0.49	0.82	0.03
主效应						
笼子高度	0.6	1 076.67±38.00	2 811.79±88.92[b]	82.63±4.07[b]	240.83±3.29[c]	2.92±0.15
	1.2	1 075.17±41.86	2 900.13±91.79[a]	86.90±3.34[a]	250.55±4.61[b]	2.89±0.10
	1.8	1 086.46±50.48	2 907.63±100.57[a]	86.72±3.57[a]	253.05±5.37[a]	2.92±0.10
蛋白水平	12.64	1 059.92±36.58	2 735.83±64.48[d]	79.81±3.21[c]	242.65±5.69[b]	3.05±0.15[a]
	13.38	1 072.58±40.39	2 833.33±87.71[c]	83.85±4.10[b]	249.41±8.30[a]	2.98±0.10[a]
	14.55	1 080.08±48.92	2 885.00±60.88[b]	85.95±2.39[a]	248.49±6.55[a]	2.89±0.06[b]
	15.34	1 080.25±47.38	2 914.25±88.13[ab]	87.33±2.85[a]	249.73±6.50[a]	2.86±0.07[b]
	16.25	1 087.00±35.04	2 924.92±75.37[ab]	87.52±2.78[a]	248.85±6.55[a]	2.84±0.06[b]
	17.61	1 096.75±49.81	2 945.75±75.63[a]	88.05±2.81[a]	249.71±6.28[a]	2.84±0.07[b]
P值						
笼子高度		0.642 4	<0.000 1	<0.000 1	<0.000 1	0.356 8
蛋白水平		0.467 2	<0.000 1	<0.000 1	0.000 4	<0.000 1
笼子高度× 蛋白水平		0.750 9	0.590 5	0.959 5	0.902 2	0.997 9

注：同列肩标小写字母不同者表示差异显著（$P<0.05$）。下表同。

多层立体笼养下低蛋白日粮对 21～42 日龄北京鸭屠宰性能的影响见表 5-9。三层立体笼养结构下日粮蛋白水平对胸肌重、胸肌率、腿肌重、腿肌率和腹脂重无显著影响，差异不显著（$P>0.05$）；然后，腹脂率随日粮蛋白水平的提高呈现逐渐降低趋势（$P<0.05$）。原因可能是，日粮能量保持一致时，随着蛋白水平的提高，肉鸭采食量并没有进一步提高，低蛋白水平时，能量和蛋白消化率进一步提高，导致肉鸭能量净摄入显著提高。

表 5-9　多层立体笼养下低蛋白日粮对 21～42 日龄肉鸭屠宰性能的影响

笼子高度（m）	蛋白水平（%）	腹脂重（g）	腹脂率（%）	胸肌重（g）	胸肌率（%）	腿肌重（g）	腿肌率（%）
	12.64	47.25±1.71	1.72±0.08	269.25±46.20	9.83±1.90	237.50±32.55	8.66±1.31
	13.38	48.75±2.22	1.69±0.09	292.75±22.25	10.13±0.81	239.50±5.51	8.29±0.26
1.8	14.55	48.25±1.89	1.65±0.10	307.75±29.69	10.54±1.16	256.50±9.57	8.78±0.47
	15.34	47.50±5.07	1.60±0.17	294.75±18.06	9.95±0.55	245.50±16.03	8.29±0.56
	16.25	46.25±9.81	1.58±0.34	287.75±28.05	9.80±0.72	243.50±15.18	8.31±0.49
	17.61	46.75±2.36	1.56±0.10	309.00±6.48	10.34±0.17	264.00±12.44	8.83±0.43
	12.64	49.00±2.16	1.78±0.04	280.50±31.97	10.21±1.29	243.50±10.63	8.86±0.54
	13.38	49.50±2.38	1.72±0.08	287.50±15.29	9.99±0.55	252.00±61.38	8.75±2.09
1.2	14.55	48.00±2.58	1.66±0.07	296.50±14.48	10.26±0.47	246.00±4.00	8.51±0.25
	15.34	47.00±3.37	1.59±0.11	294.00±10.49	9.93±0.40	263.50±9.00	8.91±0.40
	16.25	46.75±5.56	1.58±0.21	307.75±11.09	10.38±0.49	257.00±28.68	8.67±1.08
	17.61	45.75±3.59	1.54±0.13	290.25±41.73	9.83±1.46	247.50±28.49	8.38±0.99
	12.64	46.50±3.87	1.77±0.14	274.50±23.85	10.15±1.07	228.50±39.93	8.41±1.19
	13.38	46.25±3.95	1.70±0.12	276.25±7.89	10.12±0.54	239.00±19.15	8.75±0.63
0.6	14.55	45.00±2.16	1.63±0.13	284.25±29.57	10.00±0.90	242.00±34.99	8.52±1.24
	15.34	44.75±5.25	1.60±0.08	271.00±29.54	9.60±0.88	239.00±17.78	8.47±0.51
	16.25	44.75±5.05	1.55±0.20	293.00±16.91	10.18±0.43	250.00±9.09	8.69±0.36
	17.61	46.75±4.11	1.55±0.15	290.50±28.52	10.03±0.77	247.00±7.39	8.54±0.39
集合标准误		0.45	0.02	2.95	0.10	2.76	0.09
				主效应			
	0.6	45.67±3.55	1.63±0.14	281.58±22.90	10.01±0.73	240.92±22.66	8.56±0.72
笼子高度	1.2	47.67±3.34	1.65±0.14	292.75±22.86	10.10±0.81	251.58±27.96	8.68±0.98
	1.8	47.46±4.34	1.63±0.16	293.54±28.18	10.10±0.96	247.75±18.20	8.53±0.65

（续表）

笼子高度 （m）	蛋白水平 （%）	腹脂重 （g）	腹脂率 （%）	胸肌重 （g）	胸肌率 （%）	腿肌重 （g）	腿肌率 （%）
	12.64	47.58±2.71	1.76±0.09[a]	274.75±32.24	10.06±1.33	236.50±27.83	8.64±0.98
	13.38	48.17±3.04	1.70±0.09[ab]	285.50±16.35	10.08±0.59	243.50±34.28	8.59±1.17
蛋白水平	14.55	47.08±2.53	1.65±0.09[abc]	296.17±25.23	10.26±0.83	248.17±20.10	8.60±0.72
	15.34	46.42±4.38	1.60±0.12[bc]	286.58±22.13	9.83±0.60	249.33±17.19	8.56±0.67
	16.25	45.92±6.20	1.57±0.23[c]	296.17±20.10	10.21±0.57	250.17±18.52	8.56±0.67
	17.61	46.42±3.15	1.55±0.12[c]	296.58±28.15	10.06±0.90	252.83±18.61	8.59±0.63
			P 值				
笼子高度		0.186 8	0.146 4	0.198 2	0.531 7	0.325 2	0.816 5
蛋白水平		0.770 5	0.006 6	0.231 8	0.618 5	0.640 8	0.783 9
笼子高度× 蛋白水平		0.495 8	0.832 4	0.802 2	0.482 2	0.248 8	0.761 8

多层立体笼养下低蛋白日粮对肉鸭营养物质表观消化率和氮排放的影响。

由表 5-10 可知，从主效应来看，日粮蛋白水平显著影响肉鸭蛋白摄入量、N 摄入量、N 排放量和营养物质（能量、蛋白质和干物质）表观消化率（$P<0.05$），随着蛋白水平的降低，蛋白摄入量、N 摄入量和 N 排放量逐渐降低，而营养物质表观消化率逐渐升高，与 17.61% 蛋白组相比，14.55% 蛋白组肉鸭 N 排放量降低 23.33%，13.38% 蛋白组肉鸭 N 排放量降低 31.33%，12.64% 蛋白组肉鸭 N 排放量降低 42.67%。该研究结果与在肉鸡上的研究结果一致，认为能量利用率提高的原因可能在于日粮淀粉含量对蛋白水平的降低而升高。

表 5-10　多层立体笼养下低蛋白日粮对 21~42 日龄肉鸭营养物质表观消化率和氮排放的影响

笼子高度 （m）	蛋白 水平 （%）	营养物质表观消化率（%）			蛋白摄入量 [g/ （d·只）]	N 摄入量 [g/ （d·只）]	N 排出量 [g/ （d·只）]
		能量	粗蛋白质	干物质			
	12.64	86.55±0.07	81.16±0.44	84.62±0.45	31.08±0.82	4.97±0.14	0.94±0.05
	13.38	86.11±0.51	80.90±0.12	83.81±0.03	34.02±0.72	5.44±0.02	1.04±0.01
1.8	14.55	86.39±0.03	80.32±0.65	83.78±0.47	36.80±0.65	5.89±0.12	1.16±0.06
	15.34	85.68±0.44	79.53±0.29	82.79±0.36	38.93±0.76	6.23±0.08	1.27±0.01
	16.25	84.94±0.03	79.65±0.10	82.32±0.05	41.02±0.60	6.56±0.12	1.34±0.03
	17.61	84.78±0.22	79.61±0.11	82.40±0.13	44.78±0.82	7.16±0.12	1.46±0.02

（续表）

笼子高度（m）	蛋白水平（%）	营养物质表观消化率（%）			蛋白摄入量 [g/(d·只)]	N摄入量 [g/(d·只)]	N排出量 [g/(d·只)]
		能量	粗蛋白质	干物质			
1.2	12.64	86.88±0.14	82.99±0.06	84.18±0.17	30.73±0.12	4.92±0.02	0.84±0.01
	13.38	86.53±0.07	80.17±0.18	83.81±0.15	33.65±0.42	5.38±0.07	1.07±0.02
	14.55	86.04±0.32	79.64±0.94	83.25±0.72	36.32±0.66	5.81±0.11	1.18±0.07
	15.34	85.62±0.14	79.61±0.43	82.64±0.20	38.53±0.78	6.16±0.03	1.26±0.02
	16.25	85.52±0.79	78.84±0.74	83.12±0.59	40.85±0.61	6.54±0.05	1.38±0.06
	17.61	85.14±0.07	78.73±0.12	82.53±0.15	44.35±0.68	7.10±0.11	1.51±0.01
0.6	12.64	86.69±0.25	82.88±0.10	84.15±0.30	29.91±0.50	4.78±0.07	0.82±0.02
	13.38	86.33±0.35	80.98±0.49	83.81±0.15	31.85±0.43	5.09±0.04	0.97±0.03
	14.55	86.20±0.40	79.94±0.25	83.96±0.18	34.97±0.26	5.60±0.03	1.12±0.02
	15.34	85.53±0.05	80.17±0.57	82.51±0.29	37.17±0.41	5.95±0.02	1.18±0.04
	16.25	85.37±0.79	78.22±1.03	81.59±0.82	39.07±0.55	6.25±0.05	1.36±0.05
	17.61	84.85±0.22	77.79±0.29	82.03±0.24	42.72±0.45	6.84±0.04	1.52±0.01
Pooled SEM		0.12	0.23	0.15	0.54	0.12	0.04
Main effects							
笼子高度	0.6	85.83±0.72	79.99±1.82	83.01±1.09	35.95±4.2[c]	5.75±0.72[b]	1.16±0.24[b]
	1.2	85.96±0.68	80.00±1.54	83.26±0.68	37.40±4.62[b]	5.98±0.75[a]	1.21±0.23[a]
	1.8	85.74±0.74	80.20±0.73	83.29±0.91	37.77±4.63[a]	6.04±0.75[a]	1.20±0.19[a]
蛋白水平	12.64	86.71±0.20[a]	82.34±0.94[a]	84.31±0.35[a]	30.57±0.72[f]	4.89±0.12[f]	0.86±0.06[f]
	13.38	86.33±0.34[ab]	80.68±0.47[b]	83.81±0.09[b]	33.17±1.10[e]	5.32±0.16[e]	1.03±0.05[e]
	14.55	86.21±0.28[b]	79.97±0.60[c]	83.67±0.51[b]	36.03±0.95[d]	5.78±0.16[d]	1.15±0.05[d]
	15.34	85.61±0.22[c]	79.77±0.48[c]	82.65±0.26[c]	38.21±0.99[c]	6.14±0.13[c]	1.24±0.05[c]
	16.25	85.28±0.57[cd]	78.90±0.86[d]	82.34±0.82[c]	40.31±1.06[b]	6.45±0.18[b]	1.36±0.04[b]
	17.61	84.92±0.22[d]	78.71±0.83[d]	82.32±0.27[c]	43.95±1.11[a]	7.03±0.17[a]	1.50±0.03[a]
P值							
笼子高度		<0.0001	0.5231	0.1632	<0.0001	<0.0001	0.0147
蛋白水平		<0.0001	<0.0001	<0.0001	<0.0001	<0.0001	<0.0001
笼子高度×蛋白水平		0.8762	0.0023	0.0832	0.9072	0.9072	0.0454

低蛋白日粮下 21~42 日龄肉鸭蛋白需要量的估算。

日粮蛋白水平显著影响北京鸭日增重、料重比和蛋白质消化率（$P<0.05$）。如表 5-11 所示，为了知道日粮蛋白水平到底降到多少合适，我们以对日粮蛋白剂量反应效应敏感的日增重、料重比和蛋白质消化率为评定指标，并采用直线折线模型估算 21~42 日龄北京鸭的蛋白需要量。在高层（1.8m）时，蛋白需要量分别为：14.78%、15.04% 和 15.41%；在中层（1.2m）时，蛋白需要量分别为：15.06%、15.30% 和 15.60%；在低层（0.6m）时，蛋白需要量分别为：15.08%、15.67% 和 16.84%；通过上述结果发现，以日增重、料重比和蛋白消化率为评定指标时，随着笼子高度的降低，肉鸭蛋白需要量显著升高，原因可能是底层笼肉鸭采食量降低，与正常生长需要蛋白相比，北京鸭需要更多的蛋白缓减因采食量降低导致的生长发育受限的状况。

表 5-11　多层立体笼养结果下采用直线折线模型评价蛋白需要量

笼子高度（m）	评定指标	直线折线方程	R^2	P 值	蛋白需要量（%）
0.6	日增重	$Y=85.013-3.0703\times(15.08-x)$	0.976	0.0036	15.08
	料重比	$Y=2.8350+0.07753\times(15.67-x)$	0.971	0.0049	15.67
	蛋白质消化率	$Y=77.79+1.0968\times(16.84-x)$	0.924	0.0209	16.84
1.2	日增重	$Y=88.91-2.61\times(15.06-x)$	0.885	0.0388	15.06
	料重比	$Y=2.8333+0.0562\times(15.30-x)$	0.987	0.0014	15.30
	蛋白质消化率	$Y=78.785+1.1173\times(15.60-x)$	0.804	0.0654	15.60
1.8	日增重	$Y=88.9767-3.5841\times(14.78-x)$	0.928	0.0191	14.78
	料重比	$Y=2.8533+0.0879\times(15.04-x)$	0.995	0.0003	15.04
	蛋白质消化率	$Y=79.6300+0.5881\times(15.41-x)$	0.972	0.0046	15.41

如表 5-12 所示，为了评价多层立体笼养结构下北京鸭的蛋白营养需要，我们不考虑笼子高度的情况下，以日增重、料重比和蛋白质消化率为评定指标，并采用直线折线模型估算 21~42 日龄北京鸭的蛋白需要量分别为：14.96%、15.05% 和 16.09%；在本试验条件下，推荐三层立体笼养结构下 21~42 日龄北京鸭低蛋白需要量为 15%。

表 5-12　多层立体笼养下直线折线模型评价蛋白需要量

评定指标	直线折线方程	R^2	P 值	蛋白需要量（%）
日增重	$Y=87.633\ 3-3.086\ 3\times(14.96-x)$	0.976	0.008 7	14.96
料重比	$Y=2.846\ 7+0.083\ 2\times(15.05-x)$	0.992	0.000 8	15.05
蛋白质消化率	$Y=78.805\ 0+0.893\ 0\times(16.09-x)$	0.926	0.020 3	16.09

（8）结论

日粮蛋白水平显著影响肉鸭日增重、日采食量、料重比和腹脂率；三层立体笼养结构下，笼子高度也显著影响肉鸭日增重和日采食量，最底层的肉鸭表现出较差的日增重和采食量。

日粮蛋白水平显著影响肉鸭蛋白摄入量、N 摄入量、N 排放量和营养物质（能量、蛋白质和干物质）表观消化率，随着蛋白质水平的降低，蛋白质摄入量、N 摄入量和 N 排放量逐渐降低，而营养物质表观消化率逐渐升高；与17.61%蛋白组相比，14.55%、13.38%和12.64%蛋白组肉鸭 N 排放量分别降低23.33%、31.33%和42.67%。

在本试验条件下，底层笼养显著提高肉鸭蛋白需要量，推荐三层立体笼养结构下 21~42 日龄北京鸭低蛋白需要量为 15%。

5.3　低蛋白日粮在蛋鸭饲养中的应用案例

案例 4　蛋鸭低蛋白质日粮配制技术研究与应用

（1）试验设计与日粮

试验选用荆江鸭 720 只（50 周龄）随机分为 5 组，分别饲喂 5 种粗蛋白质水平的日粮（17.5%、16.5%、15.5%、14.5%和 13.5%），饲喂周期 12周。在每种日粮中添加额外的氨基酸（表 5-13）。每个处理 6 个重复，每组24 只鸭（每 2 只饲喂在 45 cm×30 cm×50 cm 的饲养笼），自由采食和饮水，每天 7：00、15：00 向每笼投喂颗粒饲料 2 次。

表 5-13　饲粮组成及营养水平　　　　　　　　　　（kg）

日粮蛋白质水平	17.50%	16.50%	15.50%	14.50%	13.50%
成分（g）					
玉米（CP，7.8%）[2]	555	580	570	610	630
豆粕（CP，43%）[2]	295	250	205	165	125
石粉	86	87	87	87	

（续表）

日粮蛋白质水平	17.50%	16.50%	15.50%	14.50%	13.50%
磷酸氢钙	11	11	10	11	11
小麦	25	32	32	34	38
大豆油	20	20	20	20	20
米糠（CP，12.5%）[2]	0	5	55	45	55
L-赖氨酸盐酸盐（70%）	0	2	3.5	5.4	7
DL-蛋氨酸（99%）	1.6	2.1	2.5	2.9	3.3
植酸酶	0.2	0.2	0.2	0.2	0.2
维生素预混料[1]	0.15	0.15	0.15	0.15	0.15
矿物质预混料[1]	1	1	1	1	1
食盐	4	4	4	4	
稻壳	0.55	0.95	0.25	0.55	0.45
L-苏氨酸（98%）	0	0.8	1.4	2.1	2.7
L-色氨酸（99%）	0	0.3	0.6	0.8	1.1
L-精氨酸（99%）	0	1.3	2.2	3.4	4.4
L-缬氨酸（99%）	0.5	1.3	1.8	2.5	3.1
L-异亮氨酸（99%）	0	0.7	1.2	1.8	2.4
L-亮氨酸（99%）	0	1.2	2.2	3.2	4.2
共计	1 000	1 000	1 000	1 000	1 000
营养成分（%）[2]					
代谢能（MJ/kg）	11.12	11.08	11.08	11.11	11.11
粗蛋白质	17.5（17.3）	16.5（16.4）	15.5（15.4）	14.5（14.7）	13.5（13.6）
钙	3.62	3.6	3.61	3.62	3.61
总磷	0.50	0.50	0.50	0.50	0.50
有效磷	0.29	0.29	0.28	0.28	0.28
赖氨酸	0.82（0.83）	0.82（0.80）	0.82（0.81）	0.82（0.84）	0.82（0.85）
蛋氨酸+半胱氨酸	0.76（0.76）	0.76（0.74）	0.76（0.75）	0.76（0.78）	0.76（0.78）
苏氨酸	0.63（0.63）	0.63（0.63）	0.63（0.62）	0.63（0.63）	0.63（0.63）
色氨酸	0.25（0.24）	0.25（0.25）	0.25（0.25）	0.25（0.26）	0.25（0.26）
异亮氨酸	0.66（0.67）	0.66（0.63）	0.66（0.65）	0.66（0.68）	0.66（0.68）
亮氨酸	1.22（1.28）	1.22（1.23）	1.22（1.27）	1.22（1.22）	1.22（1.20）
精氨酸	1.00（1.02）	1.00（0.96）	1.00（1.01）	1.00（1.03）	1.00（1.01）
缬氨酸	0.75（0.77）	0.75（0.74）	0.75（0.77）	0.75（0.77）	0.75（0.76）

注：[1] 预混料为每千克日粮提供：维生素 A 12 500 IU，维生素 D_3 4 125 IU，维生素 E 15 IU，维生素 K 2mg，硫胺素 1 mg，核黄素 8.5 mg，泛酸钙 50 mg，烟酸 32.5 mg，吡哆醇 8 mg，生物素 2 mg，叶酸 5 mg，维生素 B_{12} 5mg，锰 100mg，碘 0.5 mg，铁 60mg，铜 8mg，硒 0.2mg，钴 0.26 mg。

[2] 括号内的数字为分析值。

（2）样品采集

在试验期内第3、第6、第9、第12周末，随机取5枚蛋，每个重复平均蛋重，采集当天进行测定蛋品质。试验结束时，每个重复随机选取2只健康鸭，禁食12 h取样。血液翅静脉采集于真空采集管，然后在37℃水浴中3 h，然后在3 000×g 条件下离心10 min，收集血清。血清样品保存在-20℃。

测定各组鸭的初、末体重；测量输卵管的重量和长度，收集肝脏和卵巢并称重、排卵前卵泡（POF，直径>10 mm）、小黄色卵泡（SYF，直径6～10 mm），大白色卵泡（LWF；直径2～5 mm），解剖、计数、称重、记录。以卵巢重量的百分比计算POF、SYF和LWF的重量比例（Zhang等，2020）。

（3）饲料粗蛋白质和氨基酸测定

日粮中粗蛋白质采用Kjeltec 8400分析仪（FOSS Analytical AB，Hoganas，Sweden）进行分析；利用氨基酸分析仪（日立L-8900，东京，日本）水解后分析日粮中氨基酸组成及含量。

（4）产蛋性能和蛋品质

每天记录产蛋量、蛋重和饲料消耗量。蛋壳厚度和蛋壳强度分别用蛋壳厚度计（Israel Orka Food Technology Ltd，Ramat Hasharon，Israel）和蛋壳强度测定仪（Israel Orka Food Technology Ltd）测定。分别记录每个处理重复5枚蛋的蛋重和壳重，计算蛋壳比例。利用鸡蛋分析仪测定鸡蛋蛋白高度、蛋黄颜色和哈氏单位。

（5）血清激素测定

在4℃下过夜解冻后，使用鸭用酶联免疫吸附试验试剂盒（上海酶联生物技术有限公司）测定血清中雌二醇（E2）、催乳素（PRL）、促卵泡激素（LH）、黄体生成素（P4）含量。

（6）血清生化指标

血清中总蛋白（TP）、白蛋白（ALB）、肌酐（Crea）、尿酸（UA）、谷丙转氨酶（ALT）、天冬氨酸转氨酶（AST）、总胆红素（TBiL）、葡萄糖（Glu）、总胆固醇（TC）、甘油三酯（TG）、钙（Ca）、磷（P）含量利用全自动生化分析仪测定，采用所有试剂盒购自北京百世诺生物技术有限公司。

（7）数据分析

以重复（每个重复12个笼，每个笼2只鸭）作为试验单位，分析生产性能和蛋品质数据；其他指标以每只鸭为试验单位。采用单因素方差分析分析饲粮粗蛋白质水平的影响，采用多极差检验比较均数。采用SPSS 16.0 for Windows软件（SPSS Inc.）进行回归分析，检验线性（L）和二次（Q）效应。数据以平均值和集合标准误（SEM）表示。

（8）结果与分析

不同日粮粗蛋白质水平对蛋鸭产蛋性能的影响见表 5-14。饲粮粗蛋白质水平对 1~3 周和 4~6 周产蛋量、产蛋重量和平均日采食量无显著影响（$P>0.05$），但显著影响 7~12 周和 1~12 周上述产蛋性能均有影响（$P<0.05$）。日粮中粗蛋白质水平对蛋鸭料重比和饲料转化效率无显著性影响（$P<0.05$），但随着日粮中粗蛋白质水平的降低，蛋重显著降低（L，$P<0.05$；4~6 周，7~12 周，1~12 周），料重比显著升高（L，$P<0.01$；Q，$P<0.05$；1~12 周）。在试验期 7~12 周，与对照组相比（17.5%），饲粮中添加 13.5% 粗蛋白质对蛋鸭产蛋量、蛋总重和采食量均显著降低（$P<0.05$）。在整个试验期，与对照组相比（17.5%），饲粮中添加 13.5% 粗蛋白质显著降低蛋鸭产蛋率（72.3% vs 79.4%；$P<0.05$）、蛋重（48.8 g vs 55.2 g；$P<0.05$）和采食量（136 g vs 144 g；$P<0.05$），显著增加蛋鸭料重比（2.77 vs 2.62；$P<0.05$）。

表 5-14　饲粮不同粗蛋白质水平对蛋鸭生产性能的影响（50~61 周龄）

| 指标 | 日粮蛋白质水平（%） | | | | | SEM | P 值 | | |
	17.5	16.5	15.5	14.5	13.5		ANOVA	线性	二次
产蛋率（%）									
1~3 周	77.8	83.7	83.1	78.4	80	1.27	0.56	0.905	0.059
4~6 周	78.8	82.1	83.2	81.3	78.9	1.09	0.648	0.923	0.218
7~12 周	77.8[a]	74.6[a]	74.2[a]	75.8[a]	65.5[b]	1.28	0.017	0.006	0.198
1~12 周	79.4[a]	80.0[a]	78.9[a,b]	78.0[a,b]	72.3[b]	0.94	0.044	0.013	0.01
平均蛋重（g）									
1~3 周	69.3	68.8	68.1	68.7	68.2	0.242	0.53	0.18	0.336
4~6 周	69.7	69.3	69.7	68.4	68.1	0.263	0.155	0.028	0.067
7~12 周	71.8	71.5	70.3	69.4	69.4	0.389	0.135	0.013	0.738
1~12 周	69.8	69.1	69	68.6	68.3	0.243	0.428	0.049	0.145
蛋重量（g）									
1~3 周	53.7	57.2	58.1	53.7	53.1	0.861	0.218	0.434	0.124
4~6 周	54.7	56.3	57.7	55.4	53.5	0.678	0.381	0.500	0.136
7~12 周	54.2[a]	51.3[a,b]	49.0[a,b]	52.0[a]	44.4[b]	0.998	0.013	0.004	0.559
1~12 周	55.2[a]	54.9[a]	54.0[a]	53.4[a,b]	48.8[b]	0.699	0.018	0.003	0.003
平均日采食量（g/只）									
1~3 周	151	152	154	153	149	0.61	0.254	0.503	0.119
4~6 周	145	145	143	144	141	0.76	0.457	0.082	0.204

（续表）

指标	日粮蛋白质水平（%）					SEM	P 值		
	17.5	16.5	15.5	14.5	13.5		ANOVA	线性	二次
7~12 周	139[a]	135[a]	131[a,b]	135[a]	124[b]	1.13	<0.001	<0.001	0.431
1~12 周	144[a]	141[a]	140[a,b]	142[a]	136[b]	0.75	0.024	0.006	0.022
料蛋比（g：g）									
1~3 周	2.81	2.66	2.66	2.83	2.81	0.041	0.540	0.813	0.248
4~6 周	2.67	2.59	2.49	2.59	2.64	0.027	0.358	0.632	0.114
7~12 周	2.58	2.63	2.65	2.59	2.80	0.035	0.150	0.078	0.274
1~12 周	2.62	2.58	2.6	2.65	2.77	0.026	0.070	0.039	0.036

注：[a,b] 同一行内不同上标的平均值差异显著（$P<0.05$）。每处理平均 6 个重复（每个重复 24 只鸭）。

不同日粮粗蛋白质水平对蛋鸭蛋品质的影响见表 5-15。日粮中不同粗蛋白质水平对鸭蛋蛋壳强度、蛋壳厚度、蛋白高度、哈氏单位、蛋壳比例、蛋白比例和蛋黄比例等指标均无显著差异（$P>0.05$）。

表 5-15　饲粮不同粗蛋白质水平对蛋鸭蛋品质的影响（50~61 周龄）

指标	日粮蛋白质水平（%）					SEM	P 值		
	17.5	16.5	15.5	14.5	13.5		ANOVA	线性	二次
蛋壳强度（N）									
3 周龄	44.1	44.8	44.3	43.7	41.8	0.628	0.628	0.19	0.265
6 周龄	45.3	45.3	43.6	45.6	42.6	0.46	0.169	0.123	0.263
9 周龄	39.7	41.9	40.1	41.7	41.1	0.68	0.827	0.621	0.817
12 周龄	42.8	40.5	41.4	43	41.5	0.59	0.672	0.989	0.896
蛋壳厚度（mm）									
3 周龄	0.339	0.34	0.335	0.329	0.326	0.003	0.393	0.05	0.136
6 周龄	0.345	0.346	0.343	0.347	0.332	0.002	0.071	0.07	0.063
9 周龄	0.344	0.336	0.345	0.337	0.344	0.002	0.564	0.909	0.762
12 周龄	0.323	0.312	0.31	0.301	0.328	0.005	0.475	0.979	0.261
蛋白高度（mm）									
3 周龄	6.52	6.83	6.43	6.56	6.78	0.1	0.695	0.737	0.879
6 周龄	6.82	6.67	6.71	6.69	6.37	0.085	0.556	0.144	0.295
9 周龄	6.79	6.86	6.78	6.73	6.88	0.101	0.992	0.946	0.971

（续表）

指标	日粮蛋白质水平（%）					SEM	P 值		
	17.5	16.5	15.5	14.5	13.5		ANOVA	线性	二次
12周龄	7	7.43	7.13	7.29	7.41	0.08	0.364	0.225	0.472
哈氏单位									
3周龄	78.2	80.2	77.4	78.1	79.6	0.757	0.785	0.899	0.914
6周龄	79.4	78.6	78.2	77.9	76	0.59	0.484	0.074	0.189
9周龄	80.2	80.6	80.2	80	80.6	0.724	0.999	0.975	0.992
12周龄	81.5	85.1	82.7	83.4	83.9	0.526	0.269	0.401	0.55
蛋壳比例（%）									
3周龄	9.64	9.57	9.58	9.35	9.31	0.067	0.435	0.065	0.177
6周龄	9.27	9.37	9.26	9.42	9.12	0.054	0.467	0.514	0.422
9周龄	9.16	9.12	9.12	9.1	9.23	0.053	0.958	0.778	0.773
12周龄	9.24	9.27	9.35	9.26	9.24	0.048	0.969	0.996	0.843
蛋白比例（%）									
3周龄	56.6	57.2	56.8	57.5	57.5	0.214	0.621	0.163	0.385
6周龄	58.7	59.2	58.4	59	58.4	0.155	0.462	0.519	0.761
9周龄	58.7	59.6	59	59.5	59.3	0.193	0.606	0.408	0.569
12周龄	59.6	60.7	59.9	59.4	59.2	0.2	0.125	0.125	0.115
蛋黄比例（%）									
3周龄	34.2	33.3	33.2	33.2	33.2	0.218	0.503	0.138	0.27
6周龄	32	31.4	32.4	31.6	32.4	0.18	0.343	0.452	0.608
9周龄	32.1	31.3	31.9	31.4	31.5	0.178	0.581	0.353	0.581
12周龄	31.2	30.1	30.7	31.6	31.6	0.212	0.122	0.135	0.114

注：[a,b] 同一行内不同上标的平均值差异显著（$P<0.05$）。每处理平均6个重复（每个重复5枚蛋）。

不同日粮粗蛋白质水平对蛋鸭生殖器官和卵巢卵泡发育状况的影响见表 5-16。日粮粗蛋白质水平对输卵管重量无显著影响，但随着日粮粗蛋白质水平的降低，输卵管重量呈线性下降（$P<0.05$）。随着日粮粗蛋白质水平降低，蛋鸭卵巢重、POF平均重和总重、SYF总重呈现一次或二次降低（$P<0.05$）。与对照组（17.5%粗蛋白质）相比，14.5%粗蛋白质组卵巢重、平均POF重和SYL总重显著降低（$P<0.05$）；日粮添加13.5%粗蛋白质显著降低蛋鸭的

总 POF 和平均 POF（$P<0.05$）。

表 5-16　饲粮不同粗蛋白质水平对蛋鸭生殖器官和卵泡发育的影响

指标	日粮蛋白质水平（%）					SEM	P 值		
	17.5	16.5	15.5	14.5	13.5		ANOVA	线性	二次
初始重量（kg）	1.48	1.47	1.49	1.48	1.49	0.005	0.801	0.601	0.763
末重量（kg）	1.48	1.47	1.48	1.46	1.51	0.007	0.128	0.24	0.123
肝脏重量（g）	49.7	50.5	49.8	52.3	45.8	0.954	0.308	0.393	0.26
输卵管长度（cm）	53.2	58.2	57.1	53.2	58.3	0.849	0.103	0.4	0.668
输卵管重量（g）	57.5	54.1	54.6	52.8	53.3	0.672	0.212	0.041	0.076
卵巢重量（g）	51.7[a]	52.3[a]	42.9[a,b]	39.7[b]	41.8[a,b]	1.561	0.012	0.002	0.006
POF 数量	4.83	5.08	5.25	4.83	4.67	0.122	0.604	0.507	0.312
总 POF 重量（g）	42.0[a,b]	43.5[a]	36.2[a,b]	33.1[a,b]	31.4[b]	1.665	0.048	0.005	0.021
平均 POF 重量（g）	8.63[a]	8.76[a]	6.92[a]	6.83[b]	6.72[b]	0.283	0.019	0.002	0.009
SYF 数量	11.6	10.4	9.58	6.67	7.92	0.643	0.104	0.012	0.039
总 SYF 重量（g）	2.05[a,b]	2.44[a]	1.83[a,b]	1.30[b]	1.40[a,b]	0.137	0.036	0.009	0.031
平均 SYF 重量（g）	0.19	0.213	0.199	0.177	0.19	0.009	0.826	0.584	0.807
LWF 数量	14.5	12.9	11.6	13.8	13.3	0.81	0.854	0.788	0.7
总 LWF 重量（g）	0.768	0.818	0.723	0.848	0.748	0.046	0.927	0.97	0.979
平均 LWF 重量（g）	0.051	0.067	0.065	0.059	0.059	0.002	0.063	0.588	0.068

注：[a,b]同一行内不同上标的平均值差异显著（$P<0.05$）。每处理平均 6 个重复（每个重复 2 只鸭）。LWF，大的白色卵泡；POF，排卵前卵泡；SYF，小的黄色卵泡。

不同日粮粗蛋白质水平对蛋鸭血清激素指标的影响见表 5-17。日粮粗蛋白质水平不影响血清 E2 含量，但趋势分析表明随着粗蛋白质水平的降低，血清 E2 含量明显降低（$P<0.05$）。随着日粮中粗蛋白质水平降低，蛋鸭血清中 LH、PRL 和 P4 含量呈线性（$P<0.01$）和二次（$P<0.01$）降低；日粮粗蛋白质水平不影响血清促卵泡激素含量。与对照组相比，饲喂 13.5%粗蛋白质日粮蛋鸭血清中 E2（41.6 vs 54.5）、LH（1.92 vs 3.63；$P<0.05$），PRL（95.2 vs 158；$P<0.05$），P4（11.2 vs 17.1）含量显著降低。

表 5-17　饲粮不同粗蛋白质水平对蛋鸭血清激素的影响（61 周龄）

指标	日粮蛋白质水平（%）					SEM	P 值		
	17.5	16.5	15.5	14.5	13.5		ANOVA	线性	二次
雌激素（ng/L）	54.5	48.6	50.5	47.9	41.6	1.84	0.272	0.039	0.116
卵泡刺激素（IU/L）	1.52	1.58	1.5	1.59	1.35	0.039	0.299	0.205	0.192
黄体化激素（U/L）	3.63[a]	2.76[a,b]	2.69[a,b]	2.46[a,b]	1.92[b]	0.16	0.008	<0.001	0.002
催乳素（mIU/L）	158[a]	119[b]	103[b]	91.1[b]	95.2[b]	5.2	<0.001	<0.001	<0.001
孕酮（ng/mL）	17.1[a]	15.6[a,b]	12.3[b]	13.9[a,b]	11.2[b]	0.61	0.005	0.001	0.003

注：[a,b] 同一行内不同上标的平均值差异显著（$P<0.05$）。每处理平均 6 个重复（每个重复 2 只鸭）。

　　不同日粮粗蛋白质水平对蛋鸭血清生化指标的影响见表 5-18。日粮粗蛋白质水平对蛋鸭血清 TP 和 ALB 含量无显著影响，但趋势分析表明随着蛋白质水平的降低，血清中 TP（L，$P<0.05$）和 ALB（L，$P<0.05$；Q，$P<0.05$）一次或二次提高；随着粗蛋白质水平的提高，血清中 Crea 含量降低（L，Q，$P<0.01$），TG（L，Q，$P<0.01$）、TC（Q，$P<0.05$）和 ALT 活性（L，Q，$P<0.05$）。血清其他生化指标不受饲粮粗蛋白质水平的影响。

表 5-18　饲粮不同粗蛋白质水平对蛋鸭血清生化指标的影响（61 周龄）

指标	日粮蛋白质水平（%）					SEM	P 值		
	17.5	16.5	15.5	14.5	13.5		ANOVA	线性	二次
总蛋白（g/L）	53.4	55	55.9	59.5	57.8	0.94	0.286	0.044	0.12
白蛋白（g/L）	16.8	17.3	17.4	19.3	19.3	0.38	0.09	0.007	0.028
尿素（mmol/L）	259	268	246	249	279	5.6	0.329	0.614	0.329
肌酐（mmol/L）	39.1[a,b]	37.9[a,b,c]	40.0[a]	34.5[c]	34.9[b,c]	0.6	0.002	0.003	0.008
谷草转氨酶（U/L）	25	29.2	35.6	34.1	33.8	1.35	0.068	0.016	0.015
谷丙转氨酶（U/L）	29.5[b]	35.9[a]	34.2[a,b]	35.5[a,b]	36.5[a]	0.78	0.02	0.011	0.017
总胆红素（mmol/L）	5.22	5.77	4.85	7.04	5.35	0.314	0.214	0.5	0.702
葡萄糖（mmol/L）	10	9.99	10.2	10.3	9.9	0.14	0.943	0.988	0.856
甘油三酯（mmol/L）	5.91[b]	7.28[b]	6.72[b]	9.77[a]	7.50[b]	0.312	<0.001	0.008	0.009
总胆固醇（mmol/L）	2.59[b]	3.36[a,b]	3.16[a,b]	3.54[a]	2.83[a,b]	0.111	0.029	0.406	0.019
钙（mmol/mL）	7.62	7.83	7.69	7.78	7.61	0.152	0.99	0.943	0.922
磷（mmol/mL）	2.33	2.42	2.24	2.68	3.07	0.107	0.086	0.019	0.022

注：[a,b] 同一行内不同上标的平均值差异显著（$P<0.05$）。每处理平均 6 个重复（每个重复 2 只鸭）。

（9）结论与讨论

在肉鸡（Corzo 等，2005；Ospina-Rojas 等，2012）和蛋鸡（Poosuwan 等，2010；Torki 等，2015）日粮中添加晶体氨基酸可使饲粮粗蛋白质水平降低 3%~4%。饲喂 12 周后，饲喂粗蛋白质水平 14.5%（添加晶体氨基酸）的蛋鸭的产蛋性能与 17.5% 正常组蛋鸭产蛋性能无显著性差异。与正常组（17.5% 粗蛋白质）相比，16.5% 粗蛋白质日粮对蛋鸭生殖器官和卵泡发育无显著影响，但其他 3 种粗蛋白质水平（13.5%、14.5%、15.5%）均显著降低。综上所述，在添加额外晶体氨基酸的条件下，饲粮粗蛋白质在 12 周内可降至 14.5%，且对产蛋性能和蛋品质无负面影响；如果饲喂时间超过 12 周，则日粮粗蛋白质水平需要超过 14.5%。

（本案例选自《Poultry Science》Zhang 等，2021，100：100983）

参考文献

段素云，2009. 理想蛋白质氨基酸模式建立的意义. 饲料广角（23）：27-29.

国家标准化管理委员会，2021. 蛋鸭营养需要量：GB/T 41189—2021. 北京：中国标准出版社.

韩燕云，陈瑶，陈艳琴，等，2023. 21~37 日龄京典型肉鸭能量和蛋白质需要量研究. 中国饲料.

和希顺，李翔，何瑞国，等，2007. 糙米型日粮不同蛋白水平对溆浦鹅种鹅产蛋性能的影响. 中国粮油学报（5）：113-118.

侯水生，2017. 2016 年水禽产业现状、技术研究进展及展望. 中国畜牧杂志，53（6）：143-147.

侯水生，2018. 2017 年水禽产业发展现状、未来发展趋势与建议. 中国畜牧杂志，54（3）：144-148.

侯水生，2019. 2018 年水禽产业发展现状、未来发展趋势与建议. 中国畜牧杂志，55（3）：124-128.

侯水生，刘灵芝，2020. 2019 年水禽产业现状、未来发展趋势与建议. 中国畜牧杂志，56（3）：130-135.

侯水生，刘灵芝，2021. 2020 年水禽产业现状、未来发展趋势与建议. 中国畜牧杂志，57（3）：235-239.

侯水生，刘灵芝，2022. 2021 年水禽产业现状、未来发展趋势与建议. 中国畜牧杂志，58（3）：227-238.

侯水生，刘灵芝，2023. 2022 年水禽产业现状、未来发展趋势与建议. 中国畜牧杂志，59（3）：274-280.

江勇，杨婷铄，唐静，等，2020. 低蛋白质日粮中添加苏氨酸对北京鸭生长性能和血浆生化指标的影响. 中国畜牧兽医，47（10）：3176-3182.

江勇，2018. 苏氨酸对北京鸭脂质代谢的影响及其调控机制. 北京：中国农业大学.

姜夏雨，彭馨，刘金徽，等，2023. 水禽非常规饲料原料的应用现状. 动物营养学报，35（7）：4159-4171.

康萍，2005. 3~6周龄北京鸭理想氨基酸模式的研究. 咸阳：西北农林科技大学.

李蕾蕾，朱正娇，丁元翠，等，2023. 不同能量和蛋白质水平饲粮对皖西白鹅肉品质的影响. 内蒙古农业大学学报（自然科学版），44（1）：66-72.

李忠荣，陈婉如，叶鼎承，等，2013. 低蛋白质补充氨基酸饲粮对北京鸭生长性能、血清生化指标及粪氮含量的影响. 动物营养学报，25（2）：319-325.

林祯平，冯凯玲，叶慧，等，2012. 饲粮蛋氨酸水平对28~70日龄狮头鹅血清生化指标及抗氧化功能的影响. 动物营养学报，24（11）：2126-2132.

刘书锋，汪珩，叶慧，等，2022. 低蛋白质补充氨基酸饲粮对36~70日龄马冈鹅生长性能、屠宰性能及血清生化和免疫指标的影响. 动物营养学报，34（7）：4406-4415.

闵育娜，侯水生，高玉鹏，等，2005. 日粮能量蛋白水平对肉仔鹅胴体性能和血液生化指标的影响. 西北农林科技大学学报（自然科学版），33（6）：40-44.

谯仕彦，2019. 猪低蛋白质日粮研究与应用. 北京：中国农业出版社.

王秋丹，2021. 无豆粕型饲粮蛋白水平及蛋白酶添加对肉鸭生产性能、养分利用率和肠道健康的影响.

王旭，2012. 骡鸭（四川番鸭♂×花边鸭♀）赖氨酸需要量及理想氨基酸模式的研究. 武汉：华中农业大学.

夏伟光，张罕星，林映才，等，2014. 饲粮代谢能和粗蛋白质水平对蛋鸭产蛋性能的影响. 动物营养学报，26（12）：3599-3607.

许云英，丁梓钊，肖长峰，等，2024. 低蛋白氨基酸平衡饲粮对福建龙岩蛋鸭生产性能、蛋品质、血清指标和氮排放的影响. 饲料研究（3）：47-52.

杨凤，2001. 动物营养学. 2版，北京：中国农业出版社.

杨征烽，陈媛婧，杨海明，等，2022. 饲粮不同来源及水平蛋白质对仔鹅生长性能、血清生化指标和氮代谢的影响. 动物营养学报，34（5）：2991-2999.

余婕，敖英男，龚萍，等，2023. 5~9周龄"武禽10"肉鸭饲粮适宜代谢能、粗蛋白质、钙和有效磷水平研究. 中国粮油学报.

余婕，杨宇，王丽霞，等，2023. 1~4周龄"武禽10"肉鸭饲粮适宜代谢能、粗蛋白质、钙和有效磷水平研究. 中国粮油学报.

张辉华，黄俊文，杨承忠，等，2010. 低蛋白日粮中不同来源与水平的蛋氨酸对肉鸭后期（15~44 d）生长性能的影响. 广东饲料，19（5）：18-20.

张辉华，杨承忠，严霞，等，2009. 低蛋白日粮中添加不同来源与水平的蛋氨酸对肉仔鸭生长性能的影响. 广东饲料，18（6）：21-23.

张亚男，陈伟，阮栋，等，2020. 蛋鸭营养研究进展. 动物营养学报，32（10）：4637-4645.

赵晓钰，吴盈萍，彭箫，等，2019. 饲粮粗蛋白质水平对伊犁鹅生产性能、孵化性能及血清生化指标的影响. 动物营养学报，31（4）：1630-1636.

中国畜牧业协会，2020. 鸭饲养标准. T/CAAA 053—2020. 北京：中国农业出版社.

中华人民共和国农业部，2012. 肉鸭饲养标准 NY/T 2122—2012. 北京，中国农业出版社.

ABDELRAHMAN R E, KHALAF A A A, ELHADY M A, et al., 2022. Antioxidant and antiapoptotic effects of quercetin against ochratoxin A-induced nephrotoxicity in broiler chickens. Environmental Toxicology and Pharmacology, 96: 103982.

ABOU-KASSEM D E, ASHOUR E A, ALAGAWANY M, et al., 2019. Effect of feed form and dietary protein level on growth performance and carcass characteristics of growing geese. Poultry Science, 98（2）: 761-770.

BAEZA E, LECLERCQ B, 1998. Use of industrial amino acids to allow low protein concentrations in finishing diets for growing Muscovy ducks. Br. Poult. Sci. 39, 90-96.

BAKER D H, 2009. Advances in protein-amino acid nutrition of poultry. Amino Acids, 37（1）: 29-41.

CHEN X, MURDOCH R, ZHANG Q, et al., 2016. Effects of dietary protein concentration on performance and nutrient digestibility in Pekin ducks during aflatoxicosis. Poult. Sci. 95, 834-841.

CHO H M, WICKRAMASURIYA S S, MACELLINE S P, et al., 2020. Evaluation of crude protein levels in White Pekin duck diet for 21 days after hatching. Journal of Animal Science and Technology, 62（5）: 628-637.

CIFTCI I, CEYLAN N, 2004. Effects of dietary threonine and crude protein on growth performance, carcase and meat composition of broiler chickens. Br. Poult. Sci., 45: 280-289.

CORZO A, FRITTS C A, KIDD M T, et al., 2005. Response of broiler chicks to essential and non-essential amino acid supplementation of low crude protein diets. Anim. Feed Sci. Tech. 118: 319-327.

FOLCH J, LEES M, AND SLOANE-STANLEY G, 1957. A simple method for the isolation and purification of total lipids from animal tissues. J. Biol. Chem., 226: 497-509.

HERNÁNDEZ F, LÓPEZ M, MARTÍNEZ S, et al., 2012. Effect of low-protein diets and single sex on production performance, plasma metabolites, digestibility, and nitrogen excretion in 1-to 48-day-old broilers. Poult. Sci. 91, 683-692.

JIANG Y, UZMA M, TANG J, WEN Z G, et al., 2016. Effects of dietary protein on threonine requirements of Pekin ducks from hatch to 21 days of age. Anim Feed Sci Technol 217:

95-99.

JIANG Y, TANG J, XIE M, et al., 2017. Threonine supplementation reduces dietary protein and improves lipid metabolism in Pekin ducks. British Poultry Science, 58 (6): 687-693.

JIANG Y, ZHU Y W, XIE M, et al., 2018. Interactions of dietary protein and threonine on growth performance in Pekin ducklings from 1 to 14 days of age. Poultry Science, 97: 262-266.

KONG C, ADEOLA O, 2013. Additivity of amino acid digestibility in corn and soybean meal for broiler chickens and White Pekin ducks. Poultry Science 92: 2381-2388.

LIANG Y Q, ZHENG X C, WANG J, et al., 2023. Different amino acid supplementation patterns in low-protein diets on growth performance and nitrogen metabolism of goslings from 1 to 28 days of age. Poultry Science, 102 (2): 102395.

MORAN JR., E. T., 1979. Carcass quality changes with broiler chickens after dietary protein restriction during the growing phase and finishing period compensatory growth. Poult. Sci. 58, 1257-1270.

NAMROUD N F, SHIVAZAD M, ZAGHARI M, 2008. Effects of fortifying low crude protein diet with crystalline amino acids on performance, blood ammonia level, and excreta characteristics of broiler chicks. Poult. Sci. 87, 2250-2258.

NRC, 1994. Nutrient Requirements of Poultry. Washington, DC, Natl. Acad. Press.

OSPINA-ROJAS I C, MURAKAMI A E, EYNG C, et al., 2012. Commercially available amino acid supplementation of low-protein diets for broiler chickens with different ratios of digestible glycine+serine: lysine. Poult. Sci. 91, 3148-3155.

PLAVNIK I, HURWITZ S, 1990. Performance of broiler chickens and turkey poults subjected to feed restriction or to feeding of low-protein or low-sodium diets at an early age. Poult. Sci. 69, 945-952.

POOSUWAN K, BUNCHASAK C, KAEWTAPEE C, 2010. Long-term feeding effects of dietary protein levels on egg production, immunocompetenceand plasma amino acids of laying hens in subtropical condition. J. Anim. Physiolo. N. 94: 186-195.

QAISRANI S N, AHMED I, AZAM F, et al., 2018. Threonine in broiler diets: an updated review. Annals of animal science, 18 (3): 659-674.

QIN S, TIAN G, ZHANG K, et al., 2017. Influence of dietary rapeseed meal levels on growth performance, organ health and standardized ileal amino acid digestibility in meat ducks from 15 to 35 days of age. J Anim Physiol Anim Nutr (Berl), 101 (6): 1297-1306.

ROBBINS K R, SAXTON A M, SOUTHERN L L, 2006. Estimation of nutrient requirements using broken-line regression analysis. J. Anim. Sci 84: (E. Suppl.): E155-E165.

SIREGAR A P, CUMMING R B, FARRELL D J, 1982. The nutrition of meat-type ducks. The effects of dietary protein in isoenergetic diets on biological performance. Aust. J. Agric. Res. 33, 857–864.

STEIN H H, TROTTIER N L, BELLAVER C, et al., 1999. The Effect of Feeding Level and Physiological Status on Total Flow and Amino Acid Composition of Endogenous Protein at the Distal Ileum in Swine, 77: 1180–1187.

THIEX N J, MANSON H, ANDERSON S, et al., 2002. Determination of crude protein in animal feed, forage, grain, and oilseeds by using block digestion with a copper catalyst and steam distillation into boric acid: collaborative study. J. AOAC Int., 85: 309–317.

TORKI M, MOHEBBIFAR A, GHASEMI H A, et al., 2015. Response of laying hens to feeding low–protein amino acidsupplemented diets under high ambient temperature: performance, egg quality, leukocyte profile, blood lipids, and excreta pH. Int. J. Biometeorol. 59: 575–584.

WANG Q D, ZHANG K Y, ZHANG Y, et al., 2020. Effects of dietary protein levels and protease supplementation on growth performance, carcass traits, meat quality, and standardized ileal digestibility of amino acid in Pekin ducks fed a complex diet. Poultry Science, 99 (7): 3557–3566.

WILSON B J, 1975. The performance of male ducklings given starter diets with different concentrations of energy and protein. Br. Poult. Sci. 16, 617–625.

XIE M, ZHANG L, WEN Z G, et al., 2014. Threonine requirement of White Pekin ducks from hatch to 21 d of age. Br Poult Sci 55 (4): 553–557.

XIE M, JIANG Y, TANG J, et al., 2017. Starter and subsequent grower response of Pekin ducks to low–protein diets in starter phase. Livest Sci 203: 92–96.

XIE M, JIANG Y, TANG J, et al., 2017. Effects of low – protein diets on growth performance and carcass yield of growing White Pekin ducks. Poultry Science 96: 1370–1375.

XIE M, JIANG Y, TANG J, et al., 2017. Starter and subsequent grower response of Pekin ducks to low–protein diets in starter phase. Livestock Science, 203: 92–96.

XI Y, HUANG Y, LI Y, et al., 2022. The effects of dietary protein and fiber levels on growth performance, gout occurrence, intestinal microbial communities, and immunoregulation in the gut–kidney axis of goslings. Poultry Science, 101 (5): 101780.

YU J, WANG Z Y, YANG H M, et al., 2019. Effects of cottonseed meal on growth performance, small intestinal morphology, digestive enzyme activities, and serum biochemical parameters of geese. Poultry science, 98 (5): 2066–2071.

ZENG Q F, CHERRY P, DOSTER A, et al., 2015. Effect of dietary energy and protein content on growth and carcass traits of Pekin ducks. Poultry Science, 94 (3): 384–394.

ZHANG Q, XU L, DOSTER A, et al., 2014. Dietary threonine requirement of Pekin ducks from 15 to 35 days of age based on performance, yield, serum natural antibodies, and intestinal mucin secretion. Poult. Sci., 93: 1972-1980.

ZHANG Q, ZENG Q F, COTTER P, et al., 2016. Dietary threonine response of Pekin ducks from hatch to 14 d of age based on performance, serology, and intestinal mucin secretion. Poult. Sci., 95: 1348-1355.

ZHANG Y N, WANG S, HUANG X B, et al., 2020. Estimation of dietary manganese requirement for laying duck breeders: effects on productive and reproductive performance, egg quality, tibial characteristics, serum biochemical and antioxidant indices. Poult. Sci. 99: 5752-5762.

ZHANG Y N, WANG S, DENG Y Z, et al., 2021. The application of reduced dietary crude protein levels supplemented with additional amino acids in laying ducks. Poultry Science 100: 100983.

第六章 奶牛低蛋白日粮配制的研究进展

1 奶牛低蛋白日粮的理论基础

1.1 奶牛蛋白质与氨基酸营养发展历程

2017 年 *Journal of Dairy Science* 期刊发表了建刊 100 周年系列综述，其中的奶牛蛋白质和氨基酸营养专题总结综述了 1917 年前和 1917—2017 年该领域的里程碑研究和主要的研究进展（表 6-1；Schwab 等，2017）。奶牛的蛋白质和氨基酸营养方面已经取得了相当大的进展。在全球范围内，大多数生产者和动物营养学家在评估蛋白饲料和动物需求时仍然只考虑饲料粗蛋白质（CP）。然而，针对降低饲料成本、提高生产和饲粮氮的利用效率、增加产奶量以及氮减排环境问题等的现实因素考虑，这种情况正在发生变化，越来越多的研究集中在蛋白质和氨基酸营养研究上，乳业界对低蛋白日粮的兴趣也持续增加。随着蛋白质和氨基酸需求模型的改进，瘤胃微生物蛋白质合成效率、回收再循环氮比例的提高以及更可靠的蛋白质和氨基酸等添加剂方面的研究，低蛋白日粮饲养管理策略将继续得到支持和应用。

表 6-1　奶牛蛋白质和氨基酸营养的关键研究进展（1917—2017 年）

时间	研究	文献
1920 年	提出了生产 1 磅牛奶所需的可消化 CP 量	McCandlish, 1920
1921 年	回顾了 40 年来对饲料中蛋白质和 NPN 的研究	Nevens, 1921a, b
1940 年	证实尿素在瘤胃中降解为氨，氨可用于细菌蛋白质合成	Wegner et al., 1940
1943 年	不同饲料蛋白质在瘤胃降解中表现出差异	Rupel et al., 1943
1952 年	EAA 和 NEAA 的分类与非反刍动物的分类相似	Black et al., 1952
1954 年	加热可减少饲料蛋白质的瘤胃降解	Chalmers et al., 1954
1956 年	表明禾本科和豆科植物中的大部分 CP 是可溶性的，并且溶解度随青贮而增加	Kemble, 1956

（续表）

时间	研究	文献
1959 年	研究证实血液尿素可以转移到瘤胃并再次用于微生物蛋白质合成	Houpt，1959
1966 年	研究证实瘤胃细菌提供所有氨基酸，但组氨酸含量较低	Virtanen，1966
1970 年	首次给泌乳奶牛饲喂瘤胃保护蛋氨酸添加剂	Broderick et al.，1970
1974 年	提出可代谢蛋白质（MP）系统	Burroughs et al.，1975
1974 年	确定了瘤胃细菌的氨需求量	Satter & Slyter，1974
1975 年	开发并评估了用于预测尿素添加剂利用率的模型	Roffler and Satter，1975a，b
1976 年	蛋氨酸和赖氨酸被确认为饲喂玉米日粮奶牛的第一限制性氨基酸	Schwab et al.，1976
1979 年	建立了原位方法来测量蛋白质降解的速率和程度	Ørskov & McDonald，1979
1981 年	对饲喂不同蛋白质添加剂日粮的奶牛十二指肠氨基酸流量进行测定	Arambel and Coon，1981
1982 年	青贮前晾晒饲草可降低蛋白质分解率	McKersie & Buchanan-Smith，1982
1992 年	研究证实肽和游离氨基酸可促进瘤胃微生物蛋白质合成	Russell et al.，1992
1995 年	描述了测量饲料蛋白肠道消化率的三步法	Calsamiglia & Stern，1995
1999 年	当奶牛饲喂非玉米日粮且不添加蛋白质补充剂时，组氨酸被确定为第一限制性氨基酸	Vanhatalo et al.，1999
2001 年	NRC 新模型可以平衡日粮中的 RDP、RUP 和 MP 中 EAA 的目标浓度	NRC，2001
2013 年	平衡氨基酸对早期新产奶牛的生产和健康益处最大	Osorio et al.，2013
2014 年	文献综述表明，未来的蛋白质模型必须考虑单个氨基酸的代谢和利用差异	Arriola Apelo et al.，2014
2017 年	文献综述表明，瘤胃细菌和原生动物的氨基酸组成差异很大	Sok et al.，2017

注：Schwab 等，2017。

1.2 乳业的关键问题：奶牛氮利用率为什么低及如何提高产奶氮效率

尽管奶牛体内的氮代谢很复杂，但饲料中摄入的氮要么用作支持生产功能（维护、生长、怀孕、产奶）的养分来源，要么通过尿液和粪便排出体外。与能量相比，奶牛对氮的贮存能力有限。奶牛产奶氮效率（乳中氮/食入氮；Milk nitrogen efficiency，MNE）是可用于评估奶牛氮利用效率的一个指标

（Jonker 等，1998）。奶牛产奶氮效率的观测值一般在 15%～40%（Calsamiglia 等，2010；Huhtanen 等，2009；Kohn 等，2005）。Dijkstra 等（2013）计算的理论 MNE 上限在 43% 左右。Calsamiglia 等（2010）统计，美国商业奶牛群中观察到的 MNE 值在 22%～33%（$n=167$），欧洲商业奶牛群 MNE 观测值在 21%～32%（$n=287$）。Huhtanen 等（2009）用更大的样本量计算的 MNE 平均值是（24.7±4.1）%。这意味着奶牛平均食入氮的 75% 将通过尿液和粪便排放到环境当中。

Olmos Colmenero 等（2006）比较了粗蛋白质含量在 13.5%～19.4% 的日粮对泌乳奶牛产奶量和氮利用的影响（表 6-2）。结果表明，不同日粮氮水平下，产奶量和牛奶氮含量变化不显著。随着日粮氮摄入量的增加，每天排泄的总氮量（粪氮+尿氮）显著增加，且尿液是排泄多余氮的主要途径。这些结果导致随着日粮粗蛋白质含量的增加，产奶氮效率降低。类似地，在 Kalscheur 等（2006）的研究中，日粮蛋白从 17.1% 降至 12.3%，氮效率显著提高了约 8.3%。当日粮中蛋白从 18.7% 降至 14.8% 时，氮效率提高了约 8%（Ipharraguerre 等，2005）。

表 6-2　不同日粮粗蛋白质水平对泌乳奶牛产奶量和氮利用效率的影响

项目	日粮 CP（%）				
	13.5	15	16.5	17.9	19.4
食入氮（g/d）	483	531	605	641	711
乳氮（g/d）	173	180	185	177	180
乳产量（kg/d）	36.3	37.2	38.3	36.6	37.0
3.5%乳脂矫正乳（kg/d）	34.2	35.6	36.7	35.7	36.1
粪氮（g/d）	196	176	186	197	210
尿氮（g/d）	113	140	180	213	257
粪尿氮（g/d）	309	316	376	410	467
尿氮/粪尿氮（%）	36.5	44.3	47.8	52	55
产奶氮效率，乳氮/食入氮（%）	36.5	34	30.8	27.5	25.4

注：Olmos Colmenero 等，2006。

奶牛日粮蛋白质过高（从而导致氮效率低）的现实原因是瘤胃微生物对氮代谢的作用以及奶牛对每种必需氨基酸需求数据的缺乏。这也是奶牛氮的饲喂一直以可代谢蛋白质为基础的原因（NRC，2001 年）。采用这种方法，奶牛可能会过量摄入几种必需氨基酸以及一些非必需氨基酸，以确保满足各种日粮的必需氨基酸需求。为满足必需氨基酸的需求而提供高蛋白日粮是奶牛氮效率低下的根源，从而导致饲料成本过高，粪尿中氮排泄过多，造成环境污染（Seleem 等，2023）。

综上，奶牛的最佳产奶量和最佳氮利用效率往往不能同时获得（Huhtanen 等，2011）。虽然产奶量在高蛋白日粮时可能会增加，但与低蛋白日粮相比，应当考虑经济效益和对环境的影响。一般来说，氮利用的最大效率只能以一定程度的生产性能损失为代价实现。然而，通过了解控制氮代谢的关键机制，可以实现最佳生产和氮利用。这些关键机制包括尿素氮回收再利用机制、代谢蛋白质和氨基酸平衡以及能氮平衡等。

1.3 尿素氮回收再利用理论

1.3.1 尿素氮回收再利用的演化背景

氮素对生命体至关重要。与植物固氮不同，动物需要从食物中获取氮素。然而，无论食肉、食素还是杂食，动物和其肠道微生物经常或持续处于不同程度氮"胁迫"的环境状态（Reese 等，2018）。在这一生存压力下，动物演化出最大程度地利用和保存氮素的生理机制就不足为奇了——哺乳动物尿素氮回收再利用（Urea nitrogen salvage, UNS; Stewart 等，2005；Zhong 等，2022）就是其中之一。传统认为，尿素 $[CO(NH_2)_2]$ 作为蛋白质代谢的终产物，不能被机体进一步分解，经由肾脏随尿液排出体外。然而，同位素示踪试验显示，相当一部分尿素可以在肾脏被重吸收并进入瘤胃（反刍动物）和大肠（单胃动物）等微生物密集的消化道部位，并被尿素分解菌分解、释放氮素作为微生物生长繁殖的氮源（Lapierre 等，2001）。更重要的是，因此产生的微生物源氨基酸、小肽和维生素等"氮"产物可以被宿主动物吸收和利用。在整个过程中，尿素"氮"被循环回收再利用，氮素得到了最大程度的保存，宿主动物氮平衡亦得以维持。

对于泌乳奶牛，15%~40% 的食入氮通过尿素回收再利用路径（也就是食入氮—氨氮—尿素氮—氨氮—微生物氮）转化成微生物氮（Lapierre 等，2004；Ouellet 等，2004；Valkeners 等，2007），而不是从食入氮直接转化（食入氮—氨氮—微生物氮）。

1.3.2 瘤胃上皮尿素的转运

（1）尿素进入瘤胃的途径

尿素进入瘤胃的途径主要有两个：随唾液进入和经瘤胃壁上皮直接由血液扩散进入。瘤胃上皮的尿素通透性早有记载（Ritzhaupt 等，1997）。由于细胞膜对尿素的低通透性，有效的尿素捕获需要由转运蛋白介导。瘤胃上皮附着叶片状突起，其表面成角质化鳞片状。上皮突起显著增加了瘤胃上皮表面积，有利于更多的微生物（比如尿素分解菌）附着并与宿主动物进行物质交换。发育完全的乳突由多层细胞组成，从浆膜层至黏膜层依次为基底层、棘层、颗粒层和角质层。由于紧密连接蛋白 Claudin-1 和 Zonula occludens-1 主要存在于颗粒层并且向基底层逐渐递减，瘤胃上皮的分子运输屏障（电化学屏障）一般认为主要在颗粒层、棘层和基底层，而角质层（无紧密连接蛋白）一般认为仅为物理屏障。尿素跨瘤胃壁转运的调控是涉及生理和分子层面的系统性机制。目前的共识包括：①尿素进入瘤胃的比例随着日粮氮水平的降低而增加，与此呼应，由肾脏排出的尿素比例随着日粮氮水平的升高而升高；②在低氮日粮下，被微生物捕获的尿素显著增加；③尿素的跨瘤胃壁转运是调控尿素氮循环的关键点；④在细胞层面，瘤胃上皮尿素通透性是由转运蛋白 UT-B 和部分水通道蛋白（Aquaporins，包括 AQP3、AQP7、AQP9 和 AQP10）通过协助扩散方式介导的，其调节方式有两种即转运蛋白的表达量和转运蛋白对尿素的通透性。

（2）瘤胃上皮尿素载体

传统认为，尿素作为极性小分子，无须载体协助，自由通过细胞膜脂质双层。然而，自由扩散不能解释特定细胞的极高尿素通透性，比如红细胞和肾小管上皮细胞的尿素通透性是脂质双层的 100 倍以上（Sands，2003）。因此，很多生理学家早有推测，必定存在尿素转运载体。You 等（1993）。目前，在多种哺乳动物中已经分离和鉴定了多种尿素转运载体，统称为尿素转运蛋白（UT）。其基因名称为 SLC14（Solute carrier-14），分为两个亚家族 SLC14A1 编码 UT-B 蛋白和 SLC14A2 编码 UT-A 蛋白。SLC14A2 不同的转录和翻译过程产生了 6 种不同的 UT-A 蛋白亚型（Smith 等，2006），而 SLC14A1 编码了 UT-B1 和 UT-B2 两种蛋白亚型。UT-A1、UT-A2、UT-A3 和 UT-A4 主要分布于肾脏肾小管和集合管，UT-A5 分布在睾丸，UT-A6 分布在结肠。抗利尿激素（Vasopressin）可以显著调控 UT-A 的表达量，而对 UT-B 无影响。

鉴定瘤胃上皮尿素载体的尝试最早可追溯至 1990 年代。Ritzhaupt 等（1998）首先尝试用兔 UT2（现命名为 UT-A2）的全长 cDNA 序列作为探针进行瘤胃 Northern blot 检测，没有检测到尿素转运蛋白 mRNA；当采用人红细胞 UT（现命名为 UT-B1）引物进行 RT-PCR 扩增，则检测到了与鼠肾脏 UT-B 相似性最高的 cDNA 片段。基于这些初步结果，Stewart 等（2005）进行了进一步研究，再次确认了瘤胃中无 UT-A 表达，且存在两个 UT-B 转录本 bUT-B1（3.5 kb）和 bUT-B2（3.7 kb）。UT-B2 主要分布于瘤胃，而 UT-B1 主要在肾脏。糖基化的 UT-B2 蛋白分子量介于 43~54 kDa，分布在除角质层以外的上皮细胞细胞膜（Stewart 等，2005）。UT-B 介导的瘤胃上皮尿素转运是通过体外生理试验证明的，即瘤胃上皮的尿素通透性可以被根皮素（Phloretin；Ritzhaupt 等，1997；Stewart 等，2005）、硫脲（Thiourea；Ritzhaupt 等，1997）和乙酰胺（Acetamide；Thorlacius 等，1971；Yang 等，2002；Zhao 等，2007）等 UT 抑制剂机制。另外，牛属 UT-B 的尿素转运功能也通过异源表达试验得到了证明：与对照组相比，异源表达牛属 UT-B1 和 UT-B2 于非洲爪蟾卵母细胞分别增加了 4 倍和 2 倍的尿素通透性（Stewart 等，2005）。Tickle 等（2009）随后将牛属 UT-B2 转染于 MDCK（Madi-Darby canine kidney）细胞系，并研究其急性调控机制：与 UT-A 不同，UT-B 的转运功能和蛋白表达量都不受短期抗利尿激素、cAMP、钙离子和蛋白激酶的影响。这些结果与最初的 UT-B 基因描述一致，即在启动子区域缺乏 cAMP 响应序列（Lucien 等，1998）。另外，细胞质中也缺乏 UT-B，从而排除了通过动员细胞质 UT-B 向细胞膜分布的调节机制。因此，UT-B 较高的尿素通透性和缺乏急性调节机制可能表明 UT-B 是持续性被激活的（Tickle 等，2009）。另外，由于对尿素氮循环的依赖性，反刍动物可能存在调控 UT-B 蛋白水平的长期调节机制。

1.3.3 尿素在瘤胃中的降解

尿素在瘤胃的分解依赖于微生物分泌的脲酶。当尿素进入瘤胃后，被脲酶快速分解为氨和二氧化碳。脲酶（又称尿素酶）的系统命名为尿素酰胺水解酶，分子量为 120 000~130 000 Da，适宜 pH 值为 6.0~8.0。在有水的情况下，尿素酶能将尿素分解为氨和二氧化碳，最大水解速度为每小时 2.0~4.0 mmol 尿素/mg 酶蛋白。脲酶还可水解少数几种尿素衍生物，但反应很专一。其水解过程如下：

$$H_2N-CO-NH_2+H_2O \rightarrow NH_3+H_2N-CO-OH$$
$$H_2N-CO-OH+H_2O \rightarrow NH_3+H_2CO_3$$

在正常的生理 pH 下，碳酸发生解离产生 H^+ 和碳酸氢根离子，而氨气也在水中解离，导致瘤胃 pH 的上升。

$$H_2CO_3 \rightarrow H^++HCO_3$$
$$NH_3+H_2O \rightarrow NH_4^++OH^-$$

大量研究表明，瘤胃脲酶活性主要与瘤胃细菌密切相关，属于胞内酶，而与瘤胃原虫无关（Akkada 等，1962；Cook，1976；Jones 等，1964；Wallace 等，1979）。但对瘤胃中水解尿素的主要细菌尚不完全清楚，目前认为能产生脲酶的厌氧菌属有乳酸杆菌（*Lactobacillus*）、消化链球菌（*Peptostreptococcus*）、丙酸菌（*Propionibacterium*）、拟杆菌（*Bacteroides*）、瘤胃球菌（*Ruminococcus*）、丁酸弧菌（*Butyrivibrio*）、密螺旋体（*Tre-ponema*）、单胞菌（*Selenomonas*）、双歧杆菌（*Bifidobacteria*）、琥珀酸弧菌（*Succinivi-brio*）；兼性厌氧分解尿素的有链球菌（*Streptococcus*）、微球菌（*Micrococcus*）、棒杆菌（*Corynebacterium*）等（John 等，1974；Wozny 等，1977）。这些细菌脲酶在瘤胃中主要存在于两个部分，一部分位于瘤胃壁；另一部分位于瘤胃液。Wallace 等（1979）认为，附着在瘤胃上皮的细菌，随着瘤胃上皮的脱落而进入瘤胃内容物中，从而使瘤胃内容物也具有较强的脲酶活性；Cheng 等（1979）在纯培养条件下，从瘤胃内容物中分离细菌，发现能分泌脲酶的细菌的活性明显低于瘤胃液脲酶活性，这一结果也证明了瘤胃中脲酶活性以瘤胃上皮处最高，而瘤胃液脲酶活性主要来自附着在瘤胃上皮微生物的脱落。

1.3.4　瘤胃中氨气的转运和吸收

瘤胃黏膜上皮细胞可以将氨气与 α-戊酮二酸转化为谷氨酸（Hoshino 等，1966）。瘤胃黏膜中存在有谷草转氨酶，但这个过程的实质是还原脱氨基的过程而不是转氨基。瘤胃黏膜上皮细胞中大多数利用氨气合成谷氨酸的酶系中都有 NADH-谷氨酸脱氢酶。有报道揭示，在夏天的试验中，绵羊瘤胃黏膜从黏膜溶液中吸收的氨气有 54% 不是来自浆液，但冬天屠宰的羊其黏膜中氨气消失的速度和浆液中氨气的出现速度相等。Abdoun 等（2003）报道与从饲喂精饲料绵羊得到的瘤胃上皮相比，仅仅饲喂干草绵羊的瘤胃上皮细胞体外培养时其黏膜中氨气的消失速度较高而浆液中氨气出现速度较低。这种氨气消失率和出现率的差别源于瘤胃上皮细胞对氨气的脱毒作用，而这种作用随日粮的不同而不同。正是由于这个机制的存在使得动物可以对不同氮素的摄入量产生适应，即根据不同氨气浓度产生不同的吸收速率。

1.3.5　影响尿素氮循环和流动的因素

Abdoun 等（2010）和 Lu 等（2014）应用体外方法研究了 pH、SCFA、CO_2 和铵对瘤胃上皮尿素转运的影响。结果显示，在 SCFA 或者 CO_2/HCO_3^- 存在下，pH 值为（7.4~5.4）与瘤胃上皮尿素转运速率呈现"钟形"曲线关系，即随着酸度的增加，尿素转运速率先增加后降低，峰值因动物而异：Abdoun 等（2010）研究中，尿素转运速率的峰值出现在 pH 值为 6.2，而在 Lu 等（2014）此值 5.8。有趣的是，当日粮由干草为主转向以精料为主时，此峰值可以从 pH 值为 5.8 转向 pH 值为 6.2（Lu 等，2014）。另外，在无 SCFA 和 CO_2/HCO_3^- 条件下，pH 和尿素转运并无上述关系。SCFA 和 CO_2/HCO_3^- 的影响依赖于 pH：在酸性条件下，SCFA 和 CO_2/HCO_3^- 对尿素转运有促进作用且随着其浓度增加而增加；在中性条件下，则无此影响（Abdoun 等，2010；Lu 等，2014）。进一步的研究证明，pH 和 SCFA 对尿素转运的影响及其相互依存关系可能是由瘤胃上皮微环境和上皮细胞内质子浓度改变所致，其证据有：①SCFA 增加了瘤胃 pH 对上皮细胞内 pH 的酸性速率；②在 pH 值为 7.4，抑制 Na^+/H^+ 交换蛋白（NHE）对尿素转运有促进作用，而在 pH 值为 6.4 时则有抑制作用。

铵对瘤胃上皮尿素转运的影响也取决于 pH 及其浓度。在低浓度下（以 NH_4Cl，<1 mM），铵对尿素转运有促进作用，而在高浓度（>1 mM）下则有抑制作用。在高浓度铵和 SCFA 同时存在下，pH 和尿素转运速率呈现与 SCFA 单独存在时相似的"钟形"曲线关系，但其"幅度"有所降低（Lu 等，2014）。进一步的研究表明，铵对尿素转运的影响与其进入细胞引起细胞质质子浓度改变有关（Lu 等，2014）。综上，体外和体内的试验结果表明，pH、SCFA、CO_2 和铵对尿素转运的短期调控可能与质子涌入细胞内有关。然而，上述生理生化因素是如何调节尿素转运蛋白通透性或表达量的仍有待进一步研究。

另外，早期的研究报道，添加甘露醇引起的渗透压的升高可以刺激尿素的转运（Houpt，1959）。但 Rémond 等（1993）通过注射氯化钠提高瘤胃内渗透压并未刺激尿素的转运。也有人研究了尿素转运的激素调节：Houpt 等（1968）提出加压素（Vasopressin）可以调节瘤胃壁对尿素通透性，Potter 等（2006）证明加压素可增加犬肾上皮细胞（MDCK）对尿素的转运。但 Thorlacius 等（1971）并没有观察到注射加压素对尿素清除的影响。另外，Rémond 等（1993）的研究表明胃泌素在尿素通过瘤胃壁的转运过程中有一定作用。总体而言激素或是第二信使对尿素通过瘤胃壁的转运研究很少（Schweigel 等，2005），目前对其过程和机制尚不甚明确。

1.4　代谢蛋白质平衡和氨基酸平衡理论

1.4.1　瘤胃可降解蛋白平衡

奶牛的蛋白质和氨基酸营养比单胃动物复杂，因为饲喂奶牛实际上是同时饲喂 2 个系统：瘤胃微生物系统和哺乳动物本身（Patton 等，2014）。微生物可以利用氨和非蛋白氮，而哺乳动物机体需要氨基酸。这就需要分析饲粮中供给微生物的部分和可以直接供给哺乳动物机体的部分，即瘤胃降解蛋白和瘤胃不可降解蛋白。瘤胃微生物蛋白质、瘤胃不可降解蛋白以及很少量的内源蛋白质构成了小肠中的代谢蛋白质，用于奶牛的各项生理功能。微生物蛋白成本低，且氨基酸组成与牛奶类似。瘤胃不可降解蛋白含量高的饲粮往往成本高，其氨基酸组成因饲粮本身和加工方法而变异大。因此，微生物蛋白和瘤胃不可降解蛋白的平衡对奶牛生产性能和效率有直接影响。

Santos 等（1998）比较了常用瘤胃不可降解蛋白含量高的蛋白饲料代替豆粕对瘤胃微生物蛋白产量和产奶量的影响。在 15 个代谢试验的 29 组数据中，当瘤胃可降解蛋白不能满足微生物需求时，多种瘤胃不可降解蛋白含量高的蛋白饲料部分代替豆粕减少了流向小肠的微生物蛋白和必需氨基酸产量。在 88 个泌乳试验中的 127 组比较数据中，泌乳产量提高的仅占 17%。28 个替代试验降低了乳蛋白含量，仅有 6 个处理得到了提高。Ipharraguerre 等（2005 和 2015）也得到了类似的结论。另外，瘤胃可降解蛋白质不足还会降低消化率和能量供应（LeeHristov 等，2012；Luo 等，2018）。瘤胃氮不足而引起的瘤胃发酵功能减弱可能是主要的原因。因此，日粮中瘤胃可降解蛋白和瘤胃不可降解蛋白的平衡对奶牛的生产性能有显著影响。瘤胃可降解蛋白的相对成本低，合成的微生物蛋白氨基酸组成和比例合理。未来的饲养策略应倾向于通过瘤胃可降解蛋白质和能量供应获得最优或接近于最优的微生物蛋白产量。

1.4.2　代谢蛋白质氨基酸平衡

奶牛需要的营养物质是氨基酸而不是蛋白质本身。正如 NRC（2001）所指出的，提供了足够代谢蛋白的日粮可能在某种或者多种必需氨基酸上不足；相反，表面上代谢蛋白不足的日粮可能提供了充足的必需氨基酸。由于缺乏对个体必需氨基酸需求的了解，氮饲喂一直以可代谢蛋白质为基础（NRC，2001）。采用这种方法，奶牛可能会过量饲喂几种必需氨基酸以及一些非必需氨基酸，以确保满足各种日粮的必需氨基酸需求，从而导致氮效率低下。

代谢蛋白质的平衡可以作为一般的策略，进一步降低日粮粗蛋白或者代谢蛋白的供应则应该考虑代谢蛋白质的氨基酸平衡。在瘤胃可降解蛋白满足瘤胃微生物发酵和功能的前提下，小肠吸收的氨基酸平衡对设计低蛋白日粮很重要。

奶牛的氨基酸营养的研究和应用没有单胃动物成熟和广泛，是仍在不断发展的学科。与猪和禽等单胃动物类似，小肠吸收的氨基酸对于奶牛进行维持、生长、繁殖和泌乳等生命活动极为重要。上述每一项生理功能也应存在相应的理想吸收氨基酸模式（NRC，2001）。在组成蛋白质的 20 种氨基酸中，10 种被认为是奶牛自身不能合成的或者合成速度不能满足动物需要的氨基酸，因此是必需氨基酸：包括精氨酸（Arg）、组氨酸（His）、异亮氨酸（Ile）、亮氨酸（Leu）、赖氨酸（Lys）、蛋氨酸（Met）、苯丙氨酸（Phe）、苏氨酸（Thr）、色氨酸（Trp）和缬氨酸（Val）。当必需氨基酸以动物所需的比例吸收时，动物对总必需氨基酸的需要量下降（Heger 和 Frydrych，1989）。对于泌乳动物而言，对生长和乳蛋白合成限制性最大的必需氨基酸需要量先于总必需氨基酸的需要量（NRC，2001）。即代谢蛋白质中用于机体蛋白质合成的效率将取决于代谢蛋白质中必需氨基酸的比例与动物所需比例的匹配程度以及代谢蛋白质中必需氨基酸的总量（NRC，2001）。这使得鉴别不同饲粮中的必需氨基酸限制性大小变得很重要。目前的鉴别工作表明，赖氨酸和蛋氨酸是奶牛代谢蛋白质中的第一限制性必需氨基酸。限制性顺序取决于二者在瘤胃不可降解蛋白中的相对含量。

Robinson（2010）的综述认为，过瘤胃蛋氨酸提高了牛奶能量产量和牛奶对氮的利用效率（牛奶氮/食入氮）。过瘤胃赖氨酸降低了干物质采食量，但提高了奶产量与干物质采食量的比值。过瘤胃蛋氨酸和过瘤胃赖氨酸两者的组合提高了牛奶和牛奶能量产量、牛奶蛋白质含量、氮的利用效率和产奶量/干物质比值。然而，上述效益可能因为基础日粮的不同而有所变化。Patton（2010）对两种商业过瘤胃蛋氨酸的饲喂效果进行的荟萃分析得出结论，过瘤胃蛋氨酸总体上提高了乳蛋白百分比（+0.07%）和产量（+27 g/d）。

最新的《奶牛营养需要》（NASEM，2021）提出了一个新概念，即考虑 5 种必需氨基酸，而不是更综合的代谢蛋白质以及赖氨酸和蛋氨酸之间的比例。

1.5　能氮平衡理论

能和氮是反刍动物营养中最紧密关联的饲粮因素。瘤胃内微生物蛋白质的合成主要取决于瘤胃内碳水化合物和氮的利用效率。细菌通常能捕获由氨基酸脱氨基和非蛋白氮化合物水解所释放的大部分氨。但是，由于饲粮组成不同，经常发生瘤胃内氨的生成速度超过瘤胃细菌利用速度的现象。这些情况包括瘤胃降解蛋白过量和可利用能量缺乏。这种瘤胃中氨和能量的不同步释放，可导致对可发酵底物利用效率下降和微生物蛋白合成量减少。早期有很多试验都在关注如何通过调控饲粮组分的变化来提高微生物蛋白的合成效率（Aldrich 等，1993；Herrera-Saldana 等，1990；Maeng 等，1976；Stokes 等，1991）。有许多很好的综述讨论了瘤胃蛋白质和碳水化合物利用效率及其对微生物蛋白质合成效率的影响（Clark 等，1992；Dewhurst 等，2000；Stern 等，1994；Stokes 等，1991）。

2 奶牛低蛋白日粮研究进展

2.1 奶牛瘤胃低氮平衡日粮的研究进展

如图 6-1 所示，每天都有大量的氮通过机体尿素池，其进入胃肠道和肾脏的比例变化范围变化之大，为提高奶牛氮转化率提供了诱人的目标。据统计，泌乳牛日粮氮转化为尿素氮的比例在 27%~117%，平均 50%~70%。回收进入胃肠道的尿素氮占食入氮的 25%~78%，平均为 30%~45%（Lapierre 等，2004；Ouellet 等，2004；Baker 等，2007；Valkeners 等，2007）。按照这个比例，对于采食量 600 g 氮的高产泌乳奶牛，平均 360 g 转化为尿素氮，225 g 尿素氮回收进入胃肠道（Gozho 等，2008；Valkeners 等，2007）。如果乳业生产要减少氮的浪费，最有益的改进将是在微生物种群中捕获这种回收的氮，这是瘤胃可降解蛋白质和瘤胃不可降解蛋白概念开始以来，提高氮利用效率的重要突破口。

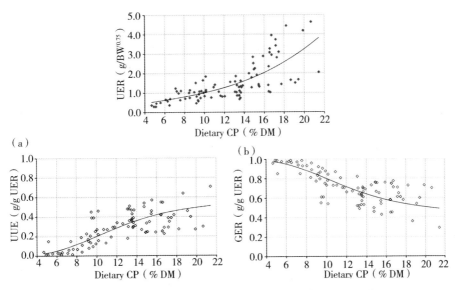

图 6-1　肝脏产生的尿素（URE）及进入尿液（UUE）和
胃肠道（GER）的比例随日粮 CP 的变化

（Batista 等，2017）

动物营养学家可以采用两种策略：①通过减少瘤胃氨的产生或氨基酸分解

代谢来减少饲料中氮转化为尿素的量；②提高尿素氮的转化，促进肝脏产生的尿素并返回消化道，转化为细菌蛋白质。在实践中，这两种策略是统一的。

瘤胃氮低/负平衡日粮 根据尿素氮回收再利用理论，创造瘤胃氮低/负平衡（Low ruminal N balance）可以减少肝脏尿素产生，促进内源尿素向瘤胃转运并被微生物捕获，从而减少氮损失。据 NRC 统计测算，当日粮粗蛋白质含量只有 5%时，瘤胃回收氮可达瘤胃总氮量的 70%；当日粮粗蛋白质升高至 20%时，再循环氮占瘤胃总氮量降至 11%（NRC，1985）。由于饲粮中氨氮供应的稀释效应，饲粮中高浓度的瘤胃氨氮会降低回收氮的捕获。例如，在饲喂高精料日粮的泌乳奶牛中，回收尿素氮贡献了十二指肠细菌氮的 37.5%，而饲喂相同氮量的高粗饲料日粮的奶牛中，这一比例仅为 12.7%（Al-Dehneh 等，1997）。在饲喂等热量日粮的荷斯坦小母牛中，将饲粮中氮摄入量从 DM 的 1.45%增加到 3.4%，可使循环尿素氮中细菌氮的比例从低氮日粮的 18.7%下降到高氮日粮的 4.3%（Marini 等，2003）。

Recktenwald 等（2009）研究了低瘤胃氮平衡日粮（14.1% CP，瘤胃氮不足）和低可代谢蛋白质日粮（14.1% CP，可代谢蛋白质不足）对泌乳奶牛机体氮利用效率和奶产量等的影响。与对照组（16.3% CP，瘤胃氮和可代谢蛋白质充足）相比，低瘤胃氮平衡和低代谢蛋白质日粮均降低了肝脏尿素的产生，且瘤胃低氮平衡促进了肝脏合成的尿素氮向胃肠道转运（75%），进入胃肠道的尿素大部分（60%）被微生物捕获用于机体合成代谢。与对照组相比，瘤胃低氮平衡组尿液尿素氮的排出量减少了 55%，使氮利用效率显著提高（牛奶氮/食入氮：31% vs 36%），而产奶量没有显著降低（45.0 kg/d vs 43.3 kg/d）。

2.2 奶牛非蛋白氮利用的研究进展

非蛋白氮在反刍动物饲粮上的使用已经有 100 多年的历史，是区别于单胃动物的重要特性。其使用原理是反刍动物可以有效利用尿素的内源机制（尿素氮回收再利用）。尿素等非蛋白氮被瘤胃微生物脲酶分解为氨，然后被微生物捕获转化为氨基酸，最终合成为菌体蛋白被反刍动物利用，以合成体组织或牛奶蛋白。张永根和辛杭书（2012）所著的《反刍动物对非蛋白氮利用的研究进展及效果评价》详细介绍了这方面的研究进展。简而言之，反刍动物饲用非蛋白氮可以分为大类：尿素及其衍生物、氨及其铵盐。适当地降低反刍动物日粮蛋白质水平同时补充尿素并不会影响动物正常生长和生产性能，且能有效提高采食量、日粮转化率和日增重，节约饲料成本。向低质粗饲料日粮中添加尿素还可以提高粗纤维消化率，有利于开发非常规饲料。

传统 NPN 添加剂的瘤胃易降解性往往造成瘤胃氨浓度过高，尿素氮回收再利用效率降低等问题。当尿素添加剂超过干物质采食量的 1% 时，采食量会下降。因此，1% 常作为日粮尿素添加的上限值，此时尿素氮最高可贡献总食入氮的 30%（European Food Safety Authority，2012）。张永根和辛杭书（2012）详细介绍了尿素缓释技术的应用进展和应用评价。包括物理缓释法、化学缓释法和抑制脲酶法等。近几年来的新进展主要在"过瘤胃"尿素的研究。目前，并没有可以逃逸瘤胃降解的尿素产品，但通过瘤胃和十二指肠灌注实验，发现"过瘤胃"尿素可以促进尿素氮被瘤胃微生物捕获，提高氮利用效率和纤维消化率等效果。

De Carvalho 等（2020）发现，与灌注瘤胃相比，将尿素（1.7% DMI）持续输注到荷斯坦-弗里斯兰小母牛（饲喂 21.7% CP 精料+6.1% CP 干草）皱胃中，瘤胃 pH 值更稳定，全天氨氮浓度更低（图 6-2），表观全消化道 NDF 消化率增加了 10%。

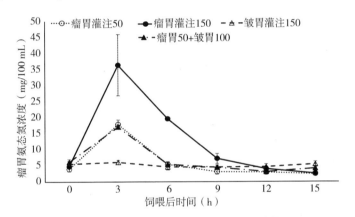

图 6-2 瘤胃氨浓度随着饲喂后时间变化

（四个处理分别是：瘤胃连续灌注 50 g/d 尿素、150 g/d 尿素，皱胃持续灌注 150 g/d 尿素，瘤胃连续灌注 50 g/d 尿素+皱胃连续灌注 100 g/d 尿素。

来源：Carvalho 等，2020）

De Oliveira 等（2020）进一步比较了饲喂 4.4% CP 低质干草的非泌乳内洛尔小母牛瘤胃和皱胃灌注尿素（1.4% DMI，使食入总 CP 提高到 10%）对机体氮平衡和尿素代谢动力学的影响效果（表 6-3）。五个处理组分别是对照组（仅干草）、皱胃持续灌注组（9 g/L×64 mL/h×23.5 h）、瘤胃持续灌注组（9 g/L×64 mL/h×23.5 h）、瘤胃 2 次投置组（6：00+18：00），以及瘤胃 2 次投置+皱胃持续灌注组。与瘤胃持续灌注或 2 次投置组相比，皱胃持续灌注组奶牛瘤胃 pH 和氨浓度更低，VFA 浓度和比例无差异。皱胃连续灌注组奶牛瘤胃呈现氮负平衡（食入氮–皱胃食糜氮，不包含灌注的尿素氮）。瘤胃负氮平衡促进血液循环的尿素进入胃肠道。通过皱胃灌注的尿素吸收进入血液循环后，使胃肠道回收的尿素氮（GER）高于其他处理组，为 46.3 g/d，占肝脏合成尿素的 73%。被微生物捕获的回收氮为 4.18 g/d，占微生物总氮的 27.5%，在各处理组中最高。瘤胃微生物氮总产量（48 g/d）、微生物生产效率（g 微生物 CP/g 消化有机质）以及机体氮存留也最高。

表6-3　不同尿素灌注方式和部位对奶牛氮利用和尿素代谢动力学的影响

项目	处理					pSD*
	对照	皱胃持续灌注	瘤胃持续灌注	瘤胃两次投置	瘤胃两次投置+皱胃持续灌注	
瘤胃 pH 值	6.53[a]	6.34[b]	6.50[a]	6.47[a]	6.55[a]	0.06
瘤胃 NH_3-N（mg/100mL）	3.8[b]	5.6[b]	14.7[a]	16.3[a]	14.3[a]	2.29
食入氮（g/d）						
饲草	29.0	29.5	25.2	30.5	28.8	3.33
瘤胃尿素	0	0	25.3	23.7	11.8	—
皱胃尿素	0	25.9	0	0	11.8	—
合计	29.0[b]	55.5[a]	50.8[a]	54.3[a]	53.4[a]	3.88
氮沉积						
g/d	-3.4[c]	8.8[a]	8.1[a]	0.2[b]	-3.3[c]	4.20
g/g 食入氮	-0.17[c]	0.16[a]	0.16[a]	0.01[b]	-0.06[b]	0.092
g/g 消化氮	-0.35[c]	0.22[a]	0.24[a]	-0.03[b]	-0.10[b]	0.377
瘤胃氮平衡（g/d）	-0.09[c]	-3.82[c]	25.6[a]	23.6[a]	11.4[b]	3.76
微生物氮产量						
g/d	28.9[b]	48.0[a]	37.8[a,b]	32.5[b]	49.8[a]	9.51
g/g 食入氮	0.91[a]	0.88[a]	0.82[a,b]	0.62[b]	0.89[a]	0.152
尿素氮动力学（g 氮/d）						
UER	37.5[b]	63.2[a]	57.1[a]	60.7[a]	66.8[a]	7.92
GER	28.6[c]	46.3[a]	38.6[a,b]	36.2[b]	41.0[a,b]	8.10
GER∶UER	0.71[a]	0.73[a]	0.68[a,b]	0.59[c]	0.61[b,c]	0.056
微生物捕获的回收尿素氮（g 氮/d）	2.79[b]	4.18[a]	2.45[b]	2.92[b]	2.70[b]	0.769
占微生物总氮（%）	17.3[b]	27.5[a]	13.9[c]	14.1[c]	17.1[b]	1.80
占 GER（%）	10.5[a]	7.9[b]	5.7[b]	6.1[b]	5.2[b]	2.20

注：Oliveria 等，2020。

通过皱胃灌注尿素的剂量是否可以超过传统认为的 1%DMI 的上限？针对

这一问题，Nichols 等（2023）比较了皱胃灌注不同剂量尿素对泌乳奶牛干物质采食量、产奶量和氮利用等的影响。试验牛饲喂的基础日粮为 10.9% CP 的低蛋白 TMR 日粮（42.5% 玉米青贮，3.5% 干草，3.5% 麦秸和 50.5% 精料），分别满足 100% 净能、82% 可代谢蛋白质和 53% 瘤胃降解氮的需要量。4 个处理组分别是皱胃持续灌注 0、163 g/d、325 g/d 和 488 g/d 尿素，分别占干物质采食量的 0、0.7%、1.4% 和 2.1%。结果显示，基础日粮干物质采食量（kg/d）、产奶量（kg/d）、能量矫正乳（kg/d）和乳蛋白含量（%）与尿素灌注剂量呈现二次曲线关系，在 163 g/d 尿素组达到最高。乳尿素氮含量（mg/100mL）、饲料效率和全肠道 CP 表观消化率随着尿素剂量增加而提高。尿氮排出量随着尿素灌注剂量线性增加。粪氮与尿素灌注剂量呈现二次曲线关系。瘤胃微生物氮产量与尿素剂量呈现二次曲线关系，在 163 g/d 尿素组达到最高。产奶氮效率（乳氮/食入氮）随着尿素灌注剂量增加而线性降低。通过回归分析，对于低蛋白的基础日粮，179 g/d 的尿素灌注量可以获得最大的干物质采食量（23.4 kg/d），此时的尿素灌注量为 0.8% DMI。

2.3　奶牛氨基酸平衡低蛋白日粮研究进展

在实际生产中，日粮中的粗蛋白往往被喂得过多，以降低氨基酸供应不充足的风险。平衡奶牛日粮中的氨基酸可以在降低蛋白质饲料成本的同时，提高乳产量和乳蛋白的产量，从而提高经济效益。适当平衡氨基酸来降低粗蛋白质摄入量，还可以减少尿素排泄，从而减少环境污染。然而，并非在所有情况下都能做到这一点。在不考虑代谢蛋白质中氨基酸组成成分和比例的情况下，盲目降低代谢蛋白质的供应量可能会大大降低产奶性能。低蛋白日粮可能在多个必需氨基酸上缺乏。

从改变单一或一组氨基酸供应量的试验来看，代谢蛋白质总供应量本身并不是预测牛奶蛋白质产量的最佳指标（NASEM，2021）。例如，从瘤胃后注入的总氨基酸混合物中删除组氨酸、赖氨酸或者蛋氨酸并没有显著改变代谢蛋白质的总供应量，但却使乳蛋白产量下降了 20%（Weekes 等，2006）。从必需氨基酸混合物中删除组氨酸或苯丙氨酸使乳蛋白产量下降了 23%（Doelman 等，2015），而从总氨基酸混合物中删除苯丙氨酸使乳蛋白产量下降了 16%（Doepel 等，2016）。

在 Lee 等（2012）的研究中，把奶牛日粮粗蛋白质水平从 15.7% 降到 13.5%，显著降低了产奶量，但在补充过瘤胃组氨酸、赖氨酸和蛋氨酸后，产奶量得到了恢复。在 Giallongo 等（2016）的研究中，添加过瘤胃组氨酸、赖氨酸和蛋氨酸可使代谢蛋白质减少 450 g/d，同时维持乳蛋白产量。Haque 等（2015）的研究中，保证必需氨基酸供应的情况下，减少 375 g/d 代谢蛋白质仍然可以维持乳蛋白产量。Sinclair 等（2014）的荟萃分析显示，在干物质采食量和其他氨基酸无限制的情况下，补充过瘤胃蛋氨酸和赖氨酸可以提高低蛋白日粮（CP≤15%）奶牛的乳蛋白产量。对比之下，输注非必需氨基酸可以使代谢蛋白质的供应量显著增加，但乳蛋白产量并没有显著变化（Doepel 等，2010）。

早期的研究表明，对于以牧草青贮饲料为基础的低蛋白日粮（13.2%～14.7% CP）中，组氨酸可能是第一限制氨基酸（Huhtanen 等，2002；Korhonen 等，2000；Vanhatalo 等，1999）。对于以玉米青贮为基础的低蛋白日粮（14% CP），添加过瘤胃蛋氨酸和赖氨酸并不能恢复奶牛在饲喂足够代谢蛋白质时的乳蛋白产量（Lee 等，2012b；Lee 等，2012c）。类似地，单独添加过瘤胃组氨酸、蛋氨酸或者赖氨酸都不能恢复乳蛋白产量，只有在 3 种氨基酸同时添加时才能保证乳蛋白产量达到与代谢蛋白充足时的水平（Giallongo 等，2016）。

对于低蛋白日粮，奶牛代谢蛋白质中来自微生物蛋白的比例增加。虽然微生物蛋白被认为具有良好的氨基酸组成，但相对于低蛋白日粮奶牛的产奶蛋白质需要，微生物蛋白中组氨酸、蛋氨酸和赖氨酸的供应量相对较低。当代谢蛋白质中微生物蛋白的比例增加时，这些氨基酸相对于其他氨基酸更容易缺乏。这可能是低蛋白日粮缺乏这些氨基酸的原因。

2.4 能氮平衡日粮研究进展

有关饲粮中能量和氮逐渐或均衡供应（与不均衡供应相比较）对瘤胃微生物生长的重要性方面的研究非常有限。实现瘤胃微生物最大生长所需的最适宜的碳水化合物和蛋白质来源及数量目前尚未确定。

早期的一些研究指出，快速降解的淀粉和蛋白质同步快速发酵可刺激瘤胃微生物蛋白质合成数量和合成效率的提高。Herrera-Saldana 等（1990）报道，当快速消化的淀粉和蛋白质（大麦和棉籽粕）同步降解时，进入奶牛十二指肠的微生物蛋白产量最大，为 3.00 kg/d。当主要的可发酵碳水化合物和蛋白质降解速度较慢时，二者同步降解（高粱和干啤酒糟，2.14 kg/d）或不同步降解（大麦和干啤酒糟或高粱和棉籽粕，分别为 2.64 kg/d 和 2.36 kg/d）时，进入十二指肠的微生物蛋白产量会下降。Aldrich 等（1993）分别利用高水分带壳玉米和干的带穗玉米粗粉以及菜粕和血粉配制出含有高和低瘤胃可利用非结构碳水化合物以及含有高和低瘤胃可利用蛋白质的饲粮进行的研究表明，十二指肠微生物蛋白流量最大的是瘤胃可利用非结构碳水化合物和瘤胃可利用蛋白质均高的饲粮（1.64 kg/d），最小的是瘤胃可利用非结构碳水化合物而瘤胃可利用蛋白质低的饲粮（1.34 kg/d），处在中间的是两种瘤胃可利用非结构碳水化合物低的饲粮（分别为1.46 kg/d和1.48 kg/d）。这与Herrera-Saldana等（1990）报道的结果相似，瘤胃微生物蛋白质合成效率最高的为瘤胃可利用非结构碳水化合物和可利用蛋白质均高的饲粮。Stokes等（1991）等报道，含有31%或39%非结构性碳水化合物和11.8%或13.7%瘤胃可降解蛋白（都以DM为基础）的饲粮，其微生物蛋白质合成效率要高于含有25%非结构性碳水化合物和9%瘤胃可降解蛋白的饲粮。在Sinclair等（1993）的研究中，饲粮含有相同的碳水化合物来源（大麦），当给予消化速度同步的蛋白质（菜籽粕）和不同步的蛋白质（尿素）时，消化速度同步的饲粮微生物蛋白合成效率要高11%~20%。

3　奶牛低蛋白日粮饲喂技术案例

3.1　添加瘤胃保护氨基酸低蛋白日粮配置与饲喂效果

案例1　补充蛋氨酸和赖氨酸的低蛋白日粮

　　Seleem等（2023）评估了降低日粮蛋白含量并补充瘤胃保护蛋氨酸和赖氨酸对泌乳荷斯坦奶牛产奶性能的影响。日粮均以玉米青贮（33.85%）和苜蓿干草（21.16%）为主（表6-4）。对照组日粮（16.4% CP）含13.58%豆粕和12.75%蒸汽压片玉米（干物质基础）。中等和低蛋白组分别将对照组豆粕含量降低了28%和62%，并用蒸汽压片玉米替代。替换后中等和低蛋白组日粮总CP含量分别为15%和13.6%。选用15头经产奶牛，采用3×3拉丁方设计，每21d为一个周期。中等和低蛋白组每头牛补充25 g/d瘤胃保护蛋氨酸和60 g/d瘤胃保护赖氨酸。

表6-4　添加瘤胃保护氨基酸低蛋白日粮配制案例1配方

项目	日粮[1]		
	对照	中等蛋白组	低蛋白组
成分（干物质基础,%）			
苜蓿干草[2]	21.16	21.16	21.16

（续表）

项目	日粮[1]		
	对照	中等蛋白组	低蛋白组
玉米青贮[3]	33.85	33.85	33.85
玉米麸粉[4]	0.85	0.85	0.85
棉籽[5]	0.76	0.76	0.76
豆粕，43% CP[6]	13.58	9.74	5.11
蒸汽压片玉米[7]	12.75	16.59	21.22
精磨玉米[8]	8.6	8.6	8.6
大豆壳[9]	4.2	4.2	4.2
糖蜜[10]	1.27	1.27	1.27
Bergafat T 300[11]	0.55	0.55	0.55
碳酸氢钠	0.55	0.55	0.55
预混料[12]	1.69	1.69	1.69
过瘤胃蛋氨酸 RPM（g/d）[13]	—	25	25
过瘤胃赖氨酸 RPL（g/d）[14]	—	60	60

注：Seleem 等，2023。

[1] 对照组=16.4% CP 基础日粮 TMR；中等蛋白日粮=15% CP 基础日粮 TMR+瘤胃保护蛋氨酸+瘤胃保护赖氨酸；低蛋白日粮=13.6% CP 基础日粮 TMR+瘤胃保护蛋氨酸+瘤胃保护赖氨酸。

[2] 苜蓿干草含 88.14% DM、20.59% CP 和 38.17% aNDF。

[3] 玉米青贮含 31.78% DM、7.50% CP 和 40.05% aNDF。

[4] 玉米麸粉含 91.58% DM、65% CP。

[5] 棉籽含 91.40% DM、23.35% CP。

[6] 豆粕含 87.34% DM 和 43% CP。

[7] 蒸汽压片玉米含 85.18% DM、7.67% CP。

[8] 精磨玉米含 85.70% DM、9.46% CP。

[9] 大豆壳含 87.04% DM、9.78% CP。

[10] 甘蔗糖蜜含 65% DM、9% CP。

[11] Bergafat T 300 过瘤胃脂肪（Berg+Schmidt Nutrition Sdn. Bhd.，马来西亚）含粗脂肪≥99.5%，水分和挥发物≤0.4%，酸值≥210.0 mgKoh/g。

[12] 奶牛泌乳期预混料生产商：保定颐和生物科技有限公司，含（维生素 A 70 000~150 000 IU/kg；维生素 D3 20 000~50 000 IU/kg；维生素 E ≥400 mg/kg；铜 100~350 mg/kg；锰 120~2 000 mg/kg；锌 400~2 000 mg/kg；钴 2~20 mg/kg；水，≤10%）。

[13] 过瘤胃蛋氨酸 Meta-smart dry（Adisseo Inc.，法国）

[14] 过瘤胃赖氨酸 Lys iPEARL（Kemin Industries Lnc.，美国）

与饲喂对照组日粮的奶牛相比，饲喂中等和低蛋白日粮并补充过瘤胃蛋氨酸和赖氨酸的奶牛干物质采食量、粗蛋白质、中性洗涤纤维以及酸性洗涤纤维摄入量均降低。干物质采食量分别减少了 1.95 kg/d 和 2.00 kg/d。CP 摄入量分别减少了 0.55 kg/d 和 0.91 kg/d。中等蛋白组淀粉摄入量无差异，低蛋白组淀粉摄入量增加（表 6-5）。各日粮组之间的体重和体况评分值没有显著差异。

表 6-5　添加瘤胃保护氨基酸低蛋白日粮配制案例 1 营养物质摄入量

项目	日粮[1]			SEM	P 值
	对照组	中等蛋白组	低蛋白组		
营养物质摄入量（kg/d）					
干物质（DM）	23.63[a]	21.68[b]	21.63[b]	0.56	0.002
有机物（OM）	22.11[a]	20.42[b]	20.34[b]	0.53	0.006
中性洗涤纤维（NDF）	6.81[a]	6.23[b]	6.16[b]	0.16	<0.001
酸性洗涤纤维（ADF）	4.75[a]	4.31[b]	4.26[b]	0.11	<0.001
淀粉（Starch）	6.30[b]	6.35[b]	7.01[a]	0.17	<0.001
粗蛋白质（CP）	3.79[a]	3.24[b]	2.88[c]	0.080	<0.001
平均体重（kg[2]）	662	661	661	2.15	0.87
体况评分（BCS）	3.44	3.49	3.48	0.05	0.59
能量平衡（Mcal/d[3]）	4.83	0.83	3.40	—	—

注：Seleem 等，2023。

[a,b]同一行内的平均值上标不同代表差异显著（P<0.05）。

[1] 对照组=16.4% CP 基础日粮 TMR；中等蛋白日粮=15% CP 基础日粮 TMR+过瘤胃蛋氨酸+过瘤胃赖氨酸；低蛋白日粮=13.6% CP 基础日粮 TMR+过瘤胃蛋氨酸+过瘤胃赖氨酸。

[2] 每个阶段最后 7d（即第 15、第 18 和第 21 天）内 3d 的平均体重。

[3] 每个时期最后 7d 中 3d 的能量平衡。

对照组、中等蛋白和低蛋白组奶牛平均产奶量分别为 37.70 kg/d、36.49 kg/d 和 36.82 kg/d（表 6-6）。中等蛋白和低蛋白组平均值上有所降低，但统计学上差异不显著。能量矫正乳和乳脂矫正乳有相似的趋势。乳蛋白含量在各日粮组间无显著差异，分别为 3.29%、3.29% 和 3.26%。乳脂肪和乳糖在 3 个日粮组间也无显著差异。因此，相对于对照组日粮，中等蛋白和低蛋白日粮在补充蛋氨酸和赖氨酸后对牛奶产量和成分没有显著影响。

以产奶量/干物质采食量或者能量矫正乳/干物质采食量计算的饲料效率值在中等和低蛋白组有所提高。相较于对照组（9.02 mg/100mL），中等蛋白和低蛋白日粮组的乳尿素氮浓度显著降低，分别为 7.19 mg/100mL 和 5.94 mg/100mL。对应地，产奶氮效率得到了提高，分别为 36.16% 和 38.75%（对照组，35.73%）。

表6-6 添加瘤胃保护氨基酸低蛋白日粮配制案例1饲喂效果评价

项目	日粮[1]			SEM[2]	P 值
	对照组	中等蛋白组	低蛋白组		
乳产量 (kg/d)	37.70	36.49	36.82	1.19	0.36
乳脂肪 (%)	3.68	3.56	3.44	0.21	0.86
乳脂肪产量 (kg/d)	1.39	1.32	1.28	0.07	0.63
乳蛋白 (%)	3.29	3.29	3.26	0.04	0.73
乳蛋白产量 (kg/d)	1.24	1.23	1.19	0.04	0.93
乳糖 (%)	5.15	5.18	5.17	0.03	0.70
乳糖产量 (kg/d)	1.96	1.95	1.91	0.07	0.56
产奶量/干物质采食量[3]	1.62[b]	1.73[a]	1.75[a]	0.08	0.03
能量矫正乳 (ECM)[4]	38.96	38.05	36.73	1.24	0.06
4%乳脂矫正乳 (4% FCM)[5]	38.98	37.87	36.62	1.38	0.14
饲料效率[6]	1.64	1.80	1.73	0.07	0.06
乳尿素氮 (mg/dL)	9.02[a]	7.19[b]	5.94[b]	3.53	0.001
氮效率[7]	35.73[b]	36.16[b]	38.75[a]	1.45	0.02

注：Seleem 等，2023。

[a,b] 同一行内的平均值上标不同，差异显著（P<0.05）。

[1] 对照组=16.4% CP 基础日粮 TMR；中等蛋白日粮=15% CP 基础日粮 TMR+瘤胃保护蛋氨酸+瘤胃保护赖氨酸；低蛋白日粮=13.6% CP 基础日粮 TMR+瘤胃保护蛋氨酸+瘤胃保护赖氨酸。

[2] SEM=标准误。

[3] 每个阶段最后 7 d 的每日数据。

[4] 能量校正牛乳 ECM（kg/d）＝［0.323×产奶量（kg）］＋［12.82×脂肪产量（kg）］＋［7.13×蛋白质产量（kg）］（Tyrrell 和 Reid，1965）。

[5] 乳脂校正乳 4% FCM（kg/d）＝［0.4324×产奶量（kg）］＋［16.23×乳脂（kg）］（Tyrrell 和 Reid，1965）。

[6] ECM/DMI，每个时期 3d（19 d、20 d 和 21 d）的数据。

[7] 乳氮效率（MNE）＝［乳氮产量（kg/d）/氮摄入量（kg/d）］×100。

案例2 补充蛋氨酸、赖氨酸和组氨酸的低蛋白日粮

Giallongo 等 (2016) 评估了降低日粮蛋白含量并单独或联合补充瘤胃保护蛋氨酸、赖氨酸和组氨酸对泌乳奶牛生产性能的影响。该研究证实，组氨酸是饲喂代谢蛋白缺乏日粮的奶牛的限制性氨基酸。并表明组氨酸对干物质采食

量有积极影响，3 种瘤胃保护氨基酸（蛋氨酸、赖氨酸和组氨酸）的组合可以通过提高牛奶和牛奶成分产量来改善泌乳奶牛的生产性能。

日粮均以玉米青贮（42%）和苜蓿干草（21%）为主（表 6-7）。对照组日粮有两种，总 CP 含量分别为 16.8% 和 16.1%，含有 6.0% 和 5.7% 的 Soy-PLUS（47.3% CP；West Central Cooperative，罗尔斯顿，美国）。分别用 5% 和 5.2% 磨碎玉米替代两种对照组日粮的 SoyPLUS。替换后两种日粮组的总 CP 含量分别为 14.8% 和 14.1%（低蛋白组）。

表 6-7 添加瘤胃保护氨基酸低蛋白配制案例 2 配方成分和组成

项目	配方 1		配方 2	
	对照组 1	低蛋白组 1	对照组 2	低蛋白组 2
成分（干物质基础,%）				
青贮玉米[1]	42.0	42.0	42.0	42.0
苜蓿干草[2]	21.0	21.0	21.0	21.0
棉籽壳[3]	4.0	4.0	4.0	4.0
磨碎玉米[4]	1.5	6.5	6.3	11.5
糖果副产物[5]	5.5	5.5	3.5	3.5
热处理全大豆[6]	4.5	4.5	4.0	4.0
浸提菜籽粕[7]	8.5	8.5	6.5	6.5
SoyPLUS[8]	6.0	1.0	5.7	0.5
糖蜜[9]	4.0	4.0	4.0	4.0
矿物质/维生素预混料[10]	3.0	3.0	3.0	3.0
化学组成（干物质基础,%）				
CP	16.8	14.8	16.1	14.1
瘤胃降解蛋白（RDP）	10.2	9.6	9.6	9.1
瘤胃不可降解蛋白（RUP）	6.7	5.2	6.5	4.9
NDF	32.4	31.8	34.0	33.4
ADF	22.7	22.6	24.2	24.0
非结构碳水化合物	40.5	43.2	39.6	42.4
淀粉[11]	19.0	22.0	20.1	23.2
脂肪[11]	4.65	4.53	4.46	4.34

（续表）

项目	配方 1		配方 2	
	对照组 1	低蛋白组 1	对照组 2	低蛋白组 2
泌乳净能 NE_L [11]（Mcal/kg）	1.53	1.52	1.50	1.47
泌乳净能摄入量[11]（Mcal/d）	44.4	42.2	43.4	41.3
泌乳净能平衡[11]（Mcal/d）	2.60	4.00	3.00	6.00
Ash	7.28	7.04	7.29	7.04
Ca	0.98	0.96	0.99	0.97
P	0.41	0.39	0.39	0.37

注：Giallongo 等，2016。

[1]配方 1 和配方 2 玉米青贮饲料的干物质含量分别为 41.1% 和 31.8%，并含有 6.3% 和 6.9% CP、52.3% 和 48.4% NFC、39.0% 和 35.0% 淀粉以及 34.9% 和 38.7% NDF。各含量均为干物质基础，下同。

[2]配方 1 和配方 2 苜蓿干草干物质含量分别为 42.6% 和 52.9%，并含有 21.0% 和 21.5% CP、24.8% 和 21.2% NFC，以及 42.7% 和 46.2% NDF。

[3]棉籽壳含有 8.6% CP（配方 1 和配方 2 的平均值）。

[4]磨碎的玉米含有 7.5% CP（配方 1 和配方 2 的平均值）。

[5]糖果副产物（Graybill Processing，美国）含有 14.6% CP 和 27.9% NDF（配方 1 和配方 2 的平均值）。

[6]整粒大豆含有 37.9% CP（配方 1 和配方 2 的平均值）。

[7]浸提菜粕（以干物质为基础）含 40.6% CP（配方 1 和配方 2 的平均值）。

[8] SoyPLUS（West Central Cooperative，美国）含 47.3% CP（配方 1 和配方 2 的平均值）。

[9]糖蜜（Westway Feed Products，美国）含 3.9% CP 和 66% 总糖。

[10]矿物质/维生素预混料（Cargill Animal Nutrition，美国）含有（%，按原样）微量矿物质混合物 0.86；氧化镁（56% 镁）8.0；氯化钠 6.4；维生素 ADE 预混料（Cargill Animal Nutrition，美国）0.48；石灰石 37.2；硒预混料（Cargill Animal Nutrition，美国）0.07；含可溶物的干玉米酒糟 46.7；钙 14.1%；P 0.39%；镁 4.60%；钾 0.45%；硫 0.38%；硒 6.67mg/kg；铜 358 mg/kg；锌 1 085 mg/kg；铁 188 mg/kg，维生素 A 262 656 UI/kg；维生素 D 65 559 IU/kg；维生素 E 1 974 IU/kg。

[11]根据 NRC（2001）估算。

　　两个对照组日粮均满足或超过了奶牛对可代谢蛋白、瘤胃可降解蛋白和瘤胃不可降解蛋白的需求（表 6-8）。所有低蛋白组日粮的预测可代谢蛋白、瘤胃降解蛋白和瘤胃不可降解蛋白的平衡均为负值。对照组日粮中缺乏 14% 的可消化蛋氨酸，但能满足可消化赖氨酸的需要。添加瘤胃保护蛋氨酸 Met（低蛋白+Met 组和低蛋白+Met+Lys+His 组）和瘤胃保护赖氨酸（低蛋白+Lys 组和低蛋白+Met+Lys+His 组）的日粮分别超过了可消化蛋氨酸和赖氨酸的估计需要量。未添加瘤胃保护蛋氨酸的低蛋白日粮组可消化蛋氨酸缺乏 15%～18%；

未添加瘤胃保护赖氨酸的低蛋白日粮可消化赖氨酸缺乏 4%～6%。对照组日粮和补充瘤胃保护组氨酸的日粮满足可消化组氨酸需求，而所有其他日粮的可消化组氨酸缺乏率分别为 3%（低蛋白组和低蛋白+Lys 组）和 5%（低蛋白+Met 组）。

表 6-8　添加瘤胃保护氨基酸低蛋白配制案例 2 日粮蛋白组分和氨基酸[1] 平衡效果

项目	日粮[2]					
	对照组	低蛋白	低蛋白+Met	低蛋白+Lys	低蛋白+His	低蛋白+Met+Lys+His
日粮蛋白组分平衡（g/d）[3]						
可代谢蛋白质（MP）						
需要量	2 899	2 692	2 763	2 707	2 789	2 844
供应量	3 142	2 638	2 705	2 685	2 706	2 762
平衡	243	−54	−58	−22	−83	−82
瘤胃降解蛋白（RDP）和瘤胃不可降解蛋白（RUP）						
瘤胃降解蛋白供应量	2 832	2 623	2 689	2 632	2 673	2 685
瘤胃降解蛋白平衡	106	−39	−31	−53	−54	−68
瘤胃不可降解蛋白供应量	1 891	1 413	1 442	1 421	1 492	1 558
瘤胃不可降解蛋白平衡	302	−71	−75	−28	−112	−111
氨基酸平衡（g/d）[3,4]						
可代谢蛋氨酸（dMet）						
需求量[4]	64	59	61	59	61	62
来自日粮的供应量	55	49	50	50	50	51
来自瘤胃保护蛋氨酸的供应量[5]	0	0	18	0	0	18
平衡	−9	−10	7	−9	−11	7
可代谢赖氨酸（dLys）						
需求量[4]	191	178	182	178	184	187
来自日粮的供应量	198	170	174	171	173	173
来自瘤胃保护赖氨酸的供应量[5]	0	0	0	28	0	28
平衡	7	−8	−8	21	−11	14

（续表）

项目	日粮[2]					
	对照组	低蛋白	低蛋白+Met	低蛋白+Lys	低蛋白+His	低蛋白+Met+Lys+His
可代谢组氨酸（dHis)						
需求量[4]	64	59	61	59	61	62
来自日粮的供应量	68	57	58	57	58	58
来自瘤胃保护组氨酸的供应量[5]	0	0	0	0	9	9
平衡	4	−2	−3	−2	6	5

注：Giallongo 等，2016。

[1] 所有值均使用 NRC（2001）根据实际平均干物质采食量、产奶量和成分以及 5 周数据收集期间（即第 5 至第 9 周）单头奶牛的体重进行估算。

[2] 对照组＝可代谢蛋白充足；低蛋白组＝可代谢蛋白不足；低蛋白+Met＝低蛋白组日粮+每头牛每天补充 30 g 瘤胃保护蛋氨酸（Evonik Nutrition & Care GmbH，德国）；低蛋白+Lys＝低蛋白组日粮+每头牛每天补充 130 g 瘤胃保护赖氨酸（Ajinomoto Co.，Inc.，日本）；低蛋白+His＝低蛋白组日粮+每头牛每天补充 120 g 瘤胃保护组氨酸（Ajinomoto Co.，Inc.，美国）；低蛋白+Met+Lys+His＝每头牛每天补充 30 g 瘤胃保护蛋氨酸、130 g 瘤胃保护赖氨酸和 120 g 瘤胃保护组氨酸。

[3] 由于四舍五入的原因，平衡可能与需求和供应不完全匹配。

[4] 可消化蛋氨酸、赖氨酸和组氨酸的需求量计算为可代谢蛋白需求量的 2.2%、6.6% 和 2.2%。

[5] 瘤胃保护蛋氨酸、赖氨酸和组氨酸对可消化蛋氨酸、赖氨酸和组氨酸的供应量是根据分析蛋氨酸、赖氨酸和组氨酸含量、体内法确定的瘤胃速率以及制造商提供的肠道消化率数据估算的。瘤胃保护蛋氨酸：86% 蛋氨酸和 69% 生物利用度（77% 瘤胃速率和 90% 肠道消化率）；瘤胃保护赖氨酸：39% 赖氨酸和 54% 生物利用度（88% 瘤胃速率和 62% 肠道消化率）；瘤胃保护组氨酸：43% 组氨酸和 18% 生物利用度（92% 瘤胃速率和 20% 肠道消化率）。

对照组奶牛干物质采食量为 29.0 kg/d，降低日粮蛋白后，干物质采食量降为 27.7 kg/d（低蛋白组，阴性对照；表6-9）。单独补充蛋氨酸或赖氨酸后数值上有所升高，分别为 28.2 kg/d 和 28.1 kg/d，但无统计学差异。单独或者组合添加组氨酸后，改善效果有所提高，分别为 28.4 kg/d 和 28.5 kg/d，具有统计学趋势。各日粮组体重和体重变化无显著差异。

降低日粮蛋白后，产奶量显著降低（38.2 kg/d vs 对照组 42.5 kg/d）。单独补充蛋氨酸、组氨酸或者组合补充蛋氨酸、赖氨酸和组氨酸后，产奶量有所恢复，分别为 38.5 kg/d、38.4 kg/d 和 39.6 kg/d，但均无统计学差异。换算成能量矫正乳来看，只有组合补充蛋氨酸、赖氨酸和组氨酸对产奶量有显著恢复效果。

表6-9 添加瘤胃保护氨基酸低蛋白日粮配制案例2饲喂效果评价

项目	日粮						SEM³	对比				
	对照组	低蛋白组	低蛋白+Met	低蛋白+Lys	低蛋白+His	低蛋白+Met+Lys+His		对照组 vs 低蛋白组	添加 vs 未添加 Met	添加 vs 未添加 Lys	添加 vs 未添加 His	添加 vs 未添加 Met, Lys 和 His
干物质采食量（kg/d）	29.0	27.7	28.2	28.1	28.4	28.5	0.32	0.01	0.25	0.30	0.09	0.08
乳产量（kg/d）	42.5	38.2	38.5	37.9	38.4	39.6	0.69	<0.01	0.75	0.76	0.81	0.16
饲料效率[1]（kg/kg）	1.47	1.39	1.38	1.36	1.35	1.40	0.025	0.02	0.87	0.41	0.31	0.72
乳脂肪（%）	3.94	3.72	3.80	3.84	3.96	4.01	0.123	0.19	0.61	0.48	0.15	0.09
乳真蛋白（%）	3.02	3.00	3.04	3.13	3.11	3.14	0.034	0.82	0.51	0.01	0.04	<0.01
乳糖（%）	4.76	4.78	4.79	4.80	4.77	4.71	0.040	0.72	0.79	0.62	0.87	0.29
乳尿素氮（mg/dL）	10.9	7.96	7.78	8.88	8.31	8.72	0.348	<0.01	0.71	0.07	0.48	0.13
乳脂产量（kg/d）	1.65	1.40	1.42	1.45	1.51	1.56	0.052	<0.01	0.76	0.53	0.15	0.03
乳蛋白产量（kg/d）	1.27	1.13	1.15	1.17	1.18	1.23	0.023	<0.01	0.66	0.25	0.15	<0.01
乳糖产量（kg/d）	2.01	1.81	1.81	1.81	1.81	1.87	0.040	<0.01	0.89	0.96	0.97	0.31
能量矫正乳[2]（kg/d）	41.0	35.5	36.0	36.3	37.3	38.8	0.89	<0.01	0.72	0.58	0.18	0.01
能量矫正乳/干物质采食量（kg/kg）	1.41	1.27	1.28	1.29	1.31	1.36	0.029	<0.01	0.87	0.74	0.44	0.05
泌乳净能 NE_L[3]（Mcal/d）	30.6	26.5	26.8	27.0	27.8	29.0	0.67	<0.01	0.72	0.58	0.18	0.01
产奶氮效率[4]（%）	26.4	27.9	28.2	27.9	28.4	28.8	0.60	0.10	0.70	0.96	0.54	0.29
体重（kg）	585	595	594	590	595	591	4.7	0.14	0.96	0.52	0.89	0.55
体重变化[5]（g/d）	196	135	138	174	187	211	56.0	0.43	0.97	0.61	0.51	0.31
体重变化（kg）	9.72	6.69	6.77	8.60	9.20	10.5	2.778	0.43	0.98	0.61	0.52	0.32

注：Giallongo 等，2016。

[1]产奶量/干物质采食量。

[2]能量校正乳（kg/d）= kg牛奶×［（38.3×%脂肪×10+24.2×%真蛋白质×10+16.54×%乳糖×10+20.7）÷3 140］（Sjaunja 等，1990）。

[3]泌乳净能 NE_L（Mcal/d）= 牛奶 kg×（0.092 9×%脂肪+0.056 3×%真蛋白质+0.039 5×%乳糖）（NRC，2001）。

[4]乳氮产量/氮摄入量×100。

[5]体重变化，g/d=（试验最后一周的平均体重−预试验期第二周的平均体重）÷试验天数（大多数奶牛为49 d）。

乳蛋白含量不受日粮蛋白降低的影响，低蛋白组为 3.00%（对照组，3.02%）。单独补充赖氨酸、组氨酸或者组合补充蛋氨酸、赖氨酸和组氨酸显著提高了乳蛋白含量，分别为 3.13%、3.11% 和 3.14%。由于乳产量的影响，只有组合补充蛋氨酸、赖氨酸和组氨酸恢复了乳蛋白产量。降低日粮蛋白含量对乳脂和乳糖含量无显著影响。单独或者组合补充蛋氨酸、赖氨酸和组氨酸也无显著效果。

降低日粮蛋白含量显著降低了以乳产量/干物质采食量或以能量矫正乳/干物质采食量计算的饲料效率，且单独或者组合补充蛋氨酸、赖氨酸和组氨酸无显著的恢复效果。对照组产奶氮效率（牛奶氮/食入氮）为 26.4%，低蛋白组为 27.9%，有提高的趋势。单独补充蛋氨酸、赖氨酸、组氨酸，以及组合补充蛋氨酸、赖氨酸和组氨酸组的产奶氮效率分别为 28.2%、27.9%、28.4% 和 28.8%。

3.2 添加非蛋白氮低蛋白日粮配制与饲喂效果

案例 1 缓释尿素替代豆粕

Grossi 等（2021）评价了用缓释尿素部分替代豆粕对奶牛生产性能、饲料效率、消化率和环境可持续性的影响。140 头泌乳荷斯坦-弗里斯兰奶牛被分为两个研究组（表 6-10）：①对照组（完全基于豆粕的日粮）和②缓释尿素处理组（基于干物质的 0.22% 的日粮）。对产奶量、干物质采食量、饲料转化率和牛奶质量进行了评估。结果显示缓释尿素的加入显著提高了产奶量、干物质采食量和饲料转化效率（$P<0.000\ 1$），而牛奶质量指标没有受到影响（$P>0.05$，表 6-11）。用缓释尿素代替部分豆粕可以作为一种提高奶牛可持续性的策略，因为它提高了生产效率，降低了饲料碳足迹。

表 6-10 添加非蛋白氮低蛋白日粮配制案例 1 配方和营养价值

组成（干物质,%）	对照组	缓释尿素组
玉米青贮	50.56	52.33
玉米粕	11.39	10.12
牧草青贮	8.43	8.24
高水分玉米	6.74	8.35
豆粕（44%粗蛋白质）	6.54	5.21
黑麦草干草	5.84	5.72
苜蓿干草	4.20	4.11
亚麻籽粕	2.91	2.57

（续表）

组成（干物质,%）	对照组	缓释尿素组
菜籽粕	1.82	1.60
预混料	1.57	1.54
缓释尿素	0.00	0.22
营养成分（TMR 干物质基础,%）		
能量（Mcal/kg 干物质）	1.62	1.62
粗蛋白质（CP）	15.02	15.00
瘤胃可降解蛋白（占粗蛋白质百分比,%）	62.69	65.33
瘤胃不可降解蛋白（占粗蛋白质百分比,%）	37.31	34.67
可溶性粗蛋白（占粗蛋白质百分比,%）	28.83	34.40
可溶性粗蛋白（占瘤胃可降解蛋白质百分比,%）	45.98	52.66
糖	3.11	2.97
淀粉	27.93	28.25
中性洗涤纤维	34.71	35.33
酸性洗涤纤维	27.93	28.25
木质素	3.93	3.98
脂肪	2.90	2.89
钙	0.84	0.85
磷	0.36	0.35

表 6-11　添加非蛋白氮低蛋白日粮配制案例 1 饲喂效果

项目	对照组	缓释尿素组	平均标准误	P 值
干物质采食量［kg/（头·d）］	24.69	23.92	0.04	<0.000 1
产奶量［L/（头·d）］	39.34	40.89	0.13	<0.000 1
能量校正乳（kg）	43.20	44.87	0.37	0.001 7
饲料转化率	1.59	1.70	0.004	<0.000 1

案例 2　添加硝酸盐低蛋白日粮

Wang 等（2018）采用 8 头多胎中国荷斯坦奶牛进行交叉设计，研究了低蛋白基础日粮中添加硝酸盐对低蛋白日粮对奶牛产奶量的影响。根据泌乳天数和产奶量，将 8 头泌乳奶牛分成 4 对，并分配给尿素（对照组，7.0 g 尿素/kg基础日粮，干物质基础）或硝酸钠（14.6 g NO_3^-/kg 基础日粮，干物质基础）处理（表 6-12）。日粮均根据 75% 的可代谢蛋白质需求配制。结果表明补充硝酸盐增加了产奶量（表 6-13）。

表 6-12　添加非蛋白氮低蛋白日粮配制案例 2 日粮配方

项目	含量
成分（g/kg，干物质基础）	
青贮饲料	520
玉米籽粒	272
豆粕	50
小麦粗粉	10
麦麸	80
油	40
氯化钠	5.0
碳酸钙	8.0
碳酸氢钙	5.0
预混料[1]	10
化学组成（g/kg，干物质基础）	
有机物	880
粗蛋白质	87.9
淀粉	278
粗饲料中中性洗涤纤维	295
中性洗涤纤维	426
酸性洗涤纤维	210
中性洗涤纤维/淀粉	1.48
泌乳净能（Mcal/kg，干物质基础）	1.49
代谢能（Mcal/kg，干物质基础）	2.31
代谢蛋白（g/kg，干物质基础）	71.3

注：[1] 预混料（维生素和微量元素）提供（每千克干物质）1 000 000 IU 维生素 A、200 000 IU 维生素 D、1 250 IU 维生素 E、8 000 mg 锌、80 mg 硒、120 mg 碘、2000 mg 铁、40 mg 钴、2 500 mg 锰和 2 000 mg 铜。

表 6-13　添加非蛋白氮低蛋白日粮配制案例 2 饲喂效果

项目	尿素组	硝酸盐组	平均标准误	P 值
干物质采食量（kg/d）	10.2	10.2	—	—
表观全消化道消化率（%）				
有机物	74.2	74.8	1.30	0.62
粗蛋白质	62.2	62.1	1.83	0.96
中性洗涤纤维	65.1	66.0	1.48	0.58
酸性洗涤纤维	56.4	57.2	1.38	0.58
淀粉	97.1	97.1	0.13	0.83
产奶量（kg/d）	15.9	16.5	0.11	<0.01
能量校正乳产量（kg/d）	14.4	15.1	0.12	<0.01

案例 3 添加缓释尿素和瘤胃保护氨基酸的低蛋白日粮

Giallongo 等（2015）研究了添加缓释尿素和瘤胃保护蛋氨酸及组氨酸的代谢蛋白（MP）缺乏日粮对奶牛泌乳性能的影响。60 头荷斯坦奶牛被分为 5 组（表 6-14）：对照组（日粮 MP 充足）、DMP 组（日粮 MP 缺乏）、DMPU 组（补充缓释尿素 SRU）、DMPUM 组（DMPU + RPMet）和 DMPUMH 组（DMPUM+RPHis）。对奶牛采食量、体重及产奶量等进行评估，结果显示日粮中代谢蛋白缺乏的各组产奶量方面没有降低，表明 SRU 可以改善饲喂缺乏 MP 的日粮的高产奶牛采食量和产奶量（表 6-15）。

表 6-14 添加非蛋白氮低蛋白日粮配制案例 3 日粮配方

项目	AMP[1]	DMP[1]	DMPU[1]
有效成分（%，干物质）			
玉米青贮	43.3	43.3	43.3
干草	8.0	8.0	8.0
棉籽壳	3.8	3.8	3.8
草料	55.1	55.1	55.1
玉米	9.9	14.9	14.5
糖果副产品粉	6.0	6.0	6.0
大豆种子（整粒，加热）	7.9	7.9	7.9
油菜籽粉（机械提取）	8.0	8.0	8.0
SoyPLUS[2]	7.0	2.0	2.0
糖蜜	3.4	3.4	3.4
缓释尿素[2]	—	—	0.4
矿物质维生素预混料[4]	2.7	2.7	2.7
化学成分（%，干物质）			
粗蛋白质	16.7	14.8	15.8
瘤胃可降解蛋白	9.2	8.6	9.7
瘤胃不可降解蛋白	7.5	6.2	6.1
中性洗涤纤维	31.4	30.8	30.8
酸性洗涤纤维	18.9	18.7	18.7
淀粉	25.7	29.1	28.8
泌乳净能（Mcal/kg）	1.60	1.57	1.59
泌乳净能平衡[13]（Mcal/d）	3.24	3.12	1.81
非纤维碳水化合物	43.0	45.7	44.7

（续表）

项目	AMP[1]	DMP[1]	DMPU[1]
灰分	5.67	5.43	5.42
钙	0.65	0.63	0.63
磷	0.40	0.38	0.38

注：[1]AMP＝MP-充足日粮；AMP＝MP-缺乏日粮；DMPU＝补充有 Optigen（Alltech Inc.，Nicholasville，KY）。在该研究中饲喂两种额外的日粮：DMPUM＝补充有 30 g 瘤胃保护的 Met（RPMet）/奶牛/d 的 DMPUM 日粮（Mepron；Evonik Industries AG，Hanau，德国）；DMPUM＝补充有 50 g 瘤胃保护的 His（RPHis）/奶牛/d 的 DMPUM 日粮（Balchem Corp.，新汉普顿，纽约）。

[2]SoyPLUS（West Central Cooperative，Ralston，IA）含有（DM 基础）46.9% 粗蛋白质。

[3]Optigen 是一种缓释尿素。

[4]预混物含有（%，按原样计）微量矿物质混合物 0.86；氧化镁（56%镁）8.0；氯化钠 6.4；维生素 A、维生素 D、维生素 E 预混物 0.48；石灰石 37.2；硒预混料（Cargill Animal Nutrition，Cargill Inc.）0.07；干玉米酒糟与可溶物 46.7。它还含有以下物质：钙 14.1%；磷 0.39%；镁 4.59%；钾 0.44%；硫 0.39%；硒 6.91 mg/kg；铜 362 mg/kg；锌 1 085 mg/kg；铁 186 mg/kg；维生素 A 276 717 IU/kg；维生素 D 75 000 IU/kg；维生素 E 1 983 IU/kg。

表 6-15　添加非蛋白氮低蛋白日粮配制案例 3 饲喂效果

项目	AMP[1]	DMP[1]	DMPU[1]
干物质采食量（kg/d）	27.6	27.0	26.8
产奶量（kg/d）	43.8	43.7	43.3
产奶量/干物质采食量（kg/kg）	1.62	1.63	1.63
能量矫正乳[2]（kg/d）	41.1	39.8	40.8
能量矫正乳/干物质采食量（kg/kg）	1.47	1.48	1.53
牛奶 NE_L[3]（Mcal/d）	30.6	29.6	30.4
体重（kg）	652	644	650
体重变化[4]（g/d）	289	16	220
体重变化（kg）	19.7	1.09	15.1

注：[1]AMP＝MP-充足日粮；AMP＝MP-缺乏日粮；DMPU＝补充有 Optigen（Alltech Inc.，Nicholasville，KY）。

3.3　农副产品替代豆粕日粮配制与饲喂效果

案例 1　热处理耐瘤胃糖氨基酸复合物

Sheehy 等（2020）通过使用热处理的耐瘤胃糖氨基酸复合物（SAAC）作为低蛋白日粮的添加剂，对泌乳早期奶牛饲料消耗和产奶量的影响。日粮处理（表 6-16）包括阴性对照［NC，146 g 粗蛋白质/kg 干物质（DM）］，阳性对

照（PC，163 g 粗蛋白质/kg DM），以及补充 SAAC 代替一些大麦粒的 NC
（SAAD，151 g 粗蛋白质/kg DM）。对 30 头多胎荷斯坦-弗里斯奶牛进行产后
前 50d 的日粮饲喂。由表6-17 看出，SAAD 处理比 NC 处理具有更高的能量校
正产奶量。PC 处理比 NC 处理具有更大的干物质采食量，并且 SAAD 处理倾
向于比 NC 具有更强的干物质采食量。发现处理对脂肪百分比和产量有显著影
响。NC 和 SAAD 处理的脂肪百分比高于 PC 处理，SAAD 的脂肪产量高于 NC
和 PC 处理。发现处理效果对酪蛋白产量和百分比。还发现了对蛋白质百分比
和产量的处理效果。PC 处理的蛋白质百分比高于 NC 和 SAAD 处理。PC 处理
的蛋白质产量高于 NC 处理，分析显示 PC 和 SAAD 之间的蛋白质产量没有差
异。SAAD 处理的牛奶总固体含量高于 NC 处理。PC 处理的乳糖产量往往高于
NC 处理，并且 PC 处理与 NC 处理和 SAAD 处理之间没有发现差异。PC 处理
的酪蛋白百分比高于 NC 和 SAAD 处理；然而，SAAD 和 PC 处理的酪蛋白产
量高于 NC 处理。PC 处理的干酪素与脂肪比高于 NC 和 SAAD 处理。NC 和
SAAD 处理的切达干酪产量高于 PC 处理。没有发现任何参数的处理×周相互作
用。在低蛋白奶牛日粮中添加经过热处理的抗瘤胃 SAAC，可以改善牛奶成
分，并将奶酪产量提高到与喂食昂贵且对环境有害的高蛋白日粮时相似的水
平，从而产生有益的效果。

表6-16　农副产品替代豆粕日粮配制案例 1 日粮配方

项目	阴性对照	阳性对照	SAAD[3]
组成（g/kg，干物质）			
草青贮	288	288	286
玉米青贮	316	316	314
大麦	61	20	20
未经粉碎的甜菜粕	42	42	41
豆粕（48%）	20	61	20
Dairy Nut[1]	269	269	268
Lithothamnian[2]	4	4	4
SAAD[3]	0	0	47
化学成分（g/kg，干物质）			
干物质（g/kg）	453	458	453
酸性洗涤纤维	247	234	235
中性洗涤纤维	386	370	369
乙醚提取物	28	26	29
粗蛋白质	146	163	151
粗纤维	207	196	197
淀粉	136	176	165

（续表）

项目	阴性对照	阳性对照	SAAD[3]
糖类	56	57	59
木质素	23	26	28
泌乳净能（Mcal/kg，干物质）	1.61	1.62	1.62
PDIN[4]（g/d）	2 036	2 314	2 158
PDIE[5]（g/d）	2 049	2 192	2 155
PDIN（g/kg，干物质）	96.49	109.67	102.27
PDIE（g/kg，干物质）	97.11	103.89	102.13
LysDI[6]（PDIE 的百分比，%）	6.47	6.51	7.07
MetDI[7]（PDIE 的百分比，%）	1.78	1.75	2.32
LysDI：MetDI	3.63	3.72	3.05
矿物质（g/kg，干物质）			
钙	7.13	7.23	7.21
磷	3.68	3.83	3.85
镁	2.88	2.85	2.84
钾	12.36	13.16	13.22
钠	1.99	1.99	1.98
氯化物	2.75	2.75	2.75
硫	2.27	2.20	2.21
微量元素（mg/kg，干物质）			
锰	54.68	55.72	55.72
铜	15.45	15.81	15.80
锌	45.51	46.33	46.32
钴	2.66	2.73	2.72
碘	2.73	2.73	2.73
硒	0.33	0.33	0.33
铁	128.04	131.03	127.95

注：[1]Gain Feeds, Glanbia PLC，爱尔兰基尔肯尼。成分组成按降序排列：小麦、菜籽粕、麸质饲料、豆粕、玉米溶解物、玉米、棕榈仁、乳清、柑橘果肉、甜菜果肉、燕麦、大豆壳、植物油和矿物质。化学成分：粗蛋白质 218 g/kg（干物质）、淀粉 229 g/kg（干物质）、糖 54 g/kg（干物质）。

[2]Calcereous 海藻（AcidBuf），爱尔兰科克凯尔特海洋矿产公司。

[3]SAAC＝糖-氨基酸复合物；SAAD＝糖-氨基酸复合日粮。SAAC 仅含有玉米、豆粕、糖蜜和合成氨基酸，化学成分如下：粗蛋白质 223 g/kg（干物质）、淀粉 325 g/kg（干物质）、糖 74 g/kg（干物质）、赖氨酸 30 g/kg（干物质）和蛋氨酸 17.5 g/kg（干物质）。20 g/kg 的赖氨酸 DM 和 15 g/kg（干物质）的蛋氨酸分别是市售合成氨基酸的形式，如赖氨酸盐酸和 DL-蛋氨酸。将该成分混合物进行热处理以产生希夫碱产品。

[4]PDIN＝在小肠中真正消化的蛋白质，氮限制了微生物蛋白质的合成。

[5]PDIE＝蛋白质在小肠中真正消化，在小肠中能量限制了微生物蛋白质的合成。

[6]LysDI＝赖氨酸在小肠中真正消化。

[7]MetDI＝蛋氨酸在小肠中真正消化。

表6-17 农副产品替代豆粕日粮配制案例1饲喂效果

项目	处理	周						SEM¹	整体		P值		
		2	3	4	5	6	7		Mean	SEM³	T	W	T×W
产奶量（kg/d）	NC	35.03	35.98	35.49	35.86	35.61	34.44	1.08	35.40	1.00	NS	***	NS
	PC	35.18	36.82	37.22	36.26	36.42	35.88	1.07	36.30	1.00			
	SAAD	34.59	35.79	36.49	36.71	35.92	35.89	1.10	35.83	1.03			
能量校正乳（kg/d）	NC	37.66	37.45	36.11	36.61	37.02	34.92	1.10	36.63^c	0.90	NS	*	NS
	PC	38.98	40.09	38.81	37.85	37.43	37.66	1.05	38.47	0.84			
	SAAD	38.66	39.58	39.36	40.43	38.13	39.38	1.08	39.26^d	0.88			
干物质采食量（kg/d）	NC	18.18	18.42	18.81	19.60^a	19.08	18.85	0.61	18.82^{ac}	0.49	**	***	NS
	PC	18.97	20.19	20.91	21.88^b	21.23	21.82	0.60	20.89^d	0.46			
	SAAD	19.65	19.84	19.84	21.21	20.63	20.89	0.62	20.43^b	0.47			
能量校正乳：干物质采食量	NC	2.11	2.08	2.08	1.92	2.05	1.96	0.08	2.02^a	0.07	NS	***	NS
	PC	2.05	1.98	1.98	1.74	1.74	1.71	0.09	1.84^b	0.06			
	SAAD	1.94	1.96	1.96	1.91	1.83	1.93	0.09	1.91	0.07			

注：a,b $P<0.10$；c,d $P<0.05$；周的1平均标准误；2T=处理；W=周；3OverallSEM；* $P<0.10$；** $P<0.05$；*** $P<0.01$；NS，不显著。

案例 2 豆渣粉代替豆粕

Zang 等（2021）研究用豆渣粉代替豆粕对泌乳奶牛的采食量、产奶量和乳成分和乳脂肪酸（FA）含量的影响。12 头经产 [奶中（65±33）d] 和 8 头初产妇 [奶中（100±35）d] 有机认证的泽西奶牛按产次或奶中天数配对，并在配对中随机分配到 21d 的交叉设计处理（14d 用于日粮适应，7d 用于数据和样本收集）（表 6-18）。由表 6-19 看出，用豆渣粉代替豆粕不会改变干物质的采食量，但会增加粗蛋白质和中性洗涤纤维的采食量。此外，在牛奶和牛奶成分的产量以及乳脂、乳糖和总固体的浓度方面，各处理之间没有观察到显著差异。然而，与 CTRL（3.81%）相比，喂食豆渣粉（3.76%）的奶牛的牛奶真蛋白浓度较低。相对于 CTRL 日粮，牛奶尿素氮（8.51 mg/dL vs 9.47 mg/dL）和血浆尿素氮（16.9 mg/dL vs 17.8 mg/dL）。研究结果表明，豆渣粉可以完全取代豆粕，而不会对泌乳早期至中期泽西奶牛的生产和营养物质消化率产生负面影响。需要进一步的研究来评估将豆渣粉纳入乳制品日粮的经济可行性，以及在不同泌乳阶段使奶牛的乳汁和乳汁成分产量最大化的豆渣粉量。

表 6-18 农副产品替代豆粕日粮配制案例 2 日粮配方

项目	日粮	
	CTRL	豆渣粉
组成		
早熟捆包[1]	25.0	25.0
晚熟捆包[2]	25.0	25.0
玉米	27.9	23.0
豆渣粉	—	15.0
大豆壳	10.0	8.00
豆粕	8.10	—
甘蔗糖蜜	2.00	2.00
矿物质和维生素预混料[3]	2.00	2.00
营养成分[4]		
干物质（新鲜物质百分比,%）	46.0	46.0
粗蛋白质	15.6	15.9
可溶性蛋白（粗蛋白质百分比,%）	41.5	39.8
中性洗涤不溶蛋白	2.23	3.13
酸性洗涤不溶蛋白	0.88	0.98
中性洗涤纤维	35.3	36.3
酸性洗涤纤维	24.1	24.1

（续表）

项目	日粮	
	CTRL	豆渣粉
酸性洗涤木质素	2.71	2.73
非纤维碳水化合物	38.0	36.7
淀粉	20.6	17.1
乙醚提取物	4.14	4.82
组氨酸（粗蛋白质百分比,%）	2.36	2.31
赖氨酸（粗蛋白质百分比,%）	4.75	4.74
蛋氨酸（粗蛋白质百分比,%）	1.39	1.37
总脂肪酸（干物质，g/kg）	30.8	37.4
粗灰分	7.60	7.71
钙	0.88	0.89
磷	0.36	0.36
泌乳性能（Mcal/kg）	1.65	1.67

注：[1] 初割，早熟混合，多为草捆。

[2] 二次割，晚熟混合，多为草捆。

[3] 所含（干物质）：19.9%钙、1.11%磷、9.50%镁、0.11%钾、9.19%钠、14.1%氯、13.6 mg/kg 硒、319mg/kg 铜、2 097mg/kg 锰、2 337mg/kg 锌、1 624 mg/kg 铁、31.2mg/kg 碘、96 068 IU/kg 维生素 A、22 130 IU/kg 维生素 D_3 和 513 IU/kg 维生素 E。

[4] NDI 粗蛋白质＝中性洗涤剂不溶氮；ADI 粗蛋白质＝酸性洗涤剂不溶氮。

表6-19 农副产品替代豆粕日粮配制案例 2 饲喂效果

项目[1]	日粮			
	CTRL	豆渣粉	SEM	P 值
干物质采食量（kg/d）	19.3	19.4	0.49	0.87
有机物采食量（kg/d）	18.2	18.3	0.46	0.93
aNDFom 采食量（kg/d）	6.83	7.04	0.18	0.08
粗蛋白质采食量（kg/d）	2.99	3.08	0.08	0.06
淀粉采食量（kg/d）	3.98	3.31	0.09	<0.001
产奶量（kg/d）	20.8	21.2	0.80	0.32
4%标准乳（kg/d）	24.5	24.8	0.82	0.44
能量校正乳（kg/d）	26.4	26.8	0.86	0.43
产奶量/干物质采食量	1.08	1.10	0.03	0.61
4%标准乳/干物质采食量	1.27	1.28	0.03	0.82
能量校正乳/干物质采食量	1.37	1.38	0.03	0.78

（续表）

项目[1]	日粮			
	CTRL	豆渣粉	SEM	P 值
乳氮（氮采食量%）	26.3	25.7	0.57	0.38
乳脂（%）	5.24	5.16	0.08	0.42
乳脂（kg/d）	1.08	1.09	0.04	0.58
乳真蛋白（%）	3.81	3.76	0.05	<0.01
乳真蛋白（kg/d）	0.79	0.80	0.02	0.52
乳糖（%）	4.79	4.80	0.02	0.59
乳糖（kg/d）	1.00	1.02	0.04	0.34
全乳固形物（%）	14.8	14.7	0.13	0.26
全乳固形物（kg/d）	3.06	3.11	0.10	0.38
乳体细胞数（×10^3 细胞数/mL）	30.5	27.8	4.48	0.26
牛奶尿素氮（mg/dL）	9.47	8.51	0.42	<0.01
血液尿素氮（mg/dL）	17.8	16.9	0.28	0.02
增重（kg/d）	0.37	0.10	0.08	0.02

案例3 高油南瓜籽饼代替豆粕

Li 等（2023）研究用高油南瓜籽饼（HOPSC）代替豆粕对中国奶牛泌乳性能和乳脂肪酸的影响。采用 3×3 拉丁方设计，将 6 头产奶量为（105.50±5.24）d（平均值±标准差）、产奶量（36.63±0.74）kg/d 的中国荷斯坦奶牛随机分配到 3 个以 HOPSC 代替豆粕的日粮处理中（表 6-20）。第 1 组为不含HOPPS 的基础日粮（0HOPPS）；第 2 组是用 HOPPS 和用可溶性物质（DDGS；50HOPPS）代替豆粕 50%，而第 3 组是用 HOPSC 和 DDGS（100HOPSC）代替豆粕 100%。发现 3 个处理组的产奶量或奶成分没有差异。用 HOPPS 和 DDGS 的组合代替豆粕是可行的（表 6-21）。

表 6-20 农副产品替代豆粕日粮配制案例 3 日粮配方

项目	处理[1]		
	0HOPSC	50HOPSC	100HOPSC
组成（%）			
苜蓿干草	18.61	18.67	18.67
玉米青贮饲料	29.78	29.78	29.78
玉米粉	27.10	27.10	27.10

（续表）

项目	处理[1]		
	0HOPSC	50HOPSC	100HOPSC
棉籽粉	3.56	3.56	3.56
豆粕[2]	17.78	8.89	0.00
高油南瓜籽结块	0.00	5.56	12.00
酒糟（DDGS）	0.00	3.33	5.78
预混料[2]	2.22	2.22	2.22
鲁曼保护脂肪补充剂[2]	0.89	0.89	0.89
化学成分（%）			
粗蛋白质	17.00	17.00	17.16
瘤胃降解蛋白（粗蛋白质百分比,%）	62.85	62.98	63.11
瘤胃不可降解蛋白（粗蛋白质百分,%）	37.15	37.02	36.89
中性洗涤纤维	27.74	28.85	29.91
酸性洗涤纤维	17.04	17.59	18.01
淀粉	27.02	26.93	26.75
乙醚提取物	3.43	4.17	5.00
粗饲料中性洗涤纤维	21.74	21.74	21.74
物理有效中性洗涤纤维	22.31	22.29	22.33
泌乳净能[4]（Mcal/kg，干物质）	1.71	1.71	1.72
赖氨酸（需求百分比,%）	122	116	112
蛋氨酸（需求百分比,%）	108	113	118
代谢能支持产奶量（kg/d）	41.8	42.1	42.4
代谢蛋白支持产奶量（kg/d）	40.0	41.8	43.9
脂肪酸（g/100 g 总脂肪酸）			
C14:0	0.39	0.39	0.39
C16:0	18.16	19.37	20.55
C16:1	0.55	0.53	0.52
C17:0	0.17	0.17	0.16
C18:0	2.58	2.66	2.75
C18:1 cis-9	21.97	22.47	23.56
C18:2 cis-9，cis-12	42.66	43.59	44.67
C18:3	8.66	8.65	8.62
C20:0	0.51	0.50	0.49
C20:1	0.23	0.23	0.22

（续表）

项目	处理[1]		
	0HOPSC	50HOPSC	100HOPSC
C22:0	0.44	0.44	0.45
C22:2	0.46	0.45	0.45

注:[1]0HOPSC＝基础日粮；50HOPSC＝50%高油南瓜饼代替豆粕；100HOPSC＝100%用 HOPSC 代替豆粕。

[2]预混料含有（以 DM 为基础）：99.17%灰分、14.25%钙、5.40%磷、4.93%镁、0.05%钾、10.64%钠、2.95%氯、0.37%硫、12 mg/kg 钴、500 mg/kg 铜、500 mg/kg 铁、25 mg/kg 碘、800 mg/kg 锰、10 mg/kg 硒、1 800 mg/kg 锌、180 000 IU/kg 维生素 A、55 000 IU/kg 维生素 D 和 1 500 IU/kg 维生素 E。

根据粗蛋白质 M Dairy 3.0.10（Wei 等，2018）估算[4]泌乳性能。

表6-21 农副产品替代豆粕日粮配制案例3饲喂效果

项目	处理			平均标准误	P 值	
	0HOPSC[1]	50HOPSC[1]	100HOPSC[1]		线性	二次
干物质采食量	24.97	24.67	24.43	0.589	0.11	0.90
产量（kg/d）						
产奶量	36.53	36.83	36.93	0.641	0.32	0.77
能量校正乳	39.62	39.65	39.98	0.780	0.51	0.75
4%标准乳	35.17	35.13	35.37	0.624	0.69	0.75
脂肪	1.36	1.36	1.37	0.026 9	0.92	0.61
蛋白质	1.24	1.26	1.27	0.037 3	0.17	0.90
乳糖	1.83	1.86	1.86	0.050 0	0.31	0.66
成分						
脂肪（%）	3.75	3.69	3.67	0.050 3	0.59	0.39
蛋白（%）	3.41	3.41	3.44	0.051 3	0.33	0.64
乳糖（%）	5.01	5.04	5.04	0.068 9	0.46	0.63
牛奶尿素氮（mg/dL）	13.87	13.67	14.00	0.278	0.68	0.34
乳体细胞数（细胞数/mL）	151.03	153.30	155.47	4.599	0.40	0.99
饲料效率						
产奶量/干物质采食量	1.47	1.49	1.51	0.024 0	0.088	0.84
能量校正乳/干物质采食量	1.59	1.61	1.63	0.023 5	0.079	0.81

注:[1]0HOPSC＝基础日粮；50HOPSC＝50%高油南瓜饼代替豆粕；100HOPSC＝100%用 HOPSC 代替豆粕。

3.4 发酵饲料替代豆粕日粮配制与饲喂效果

案例1 发酵玉米蛋白粉–麦麸混合物代替豆粕

Jiang 等（2021）研究用发酵玉米蛋白粉–麦麸混合物（FCWM）代替豆粕对荷斯坦奶牛泌乳性能的影响。9 头健康的多胎荷斯坦奶牛，体重（624±14.4）kg、产奶天数（112±4.2）d 和产奶量［(31.8±1.73) kg；均数±标准差］相似，采用3×3拉丁方设计，共3个周期，共28 d。奶牛接受了3种日粮处理中的1种，其中 FCWM 取代豆粕，如表6-22所示：基础日粮不替代（0FCWM）；50%豆粕替代 FCW（50%FCWM）；以及用 FCWM 100%替代豆粕（100%FCWM）。日粮的配方是等热量和等氮的。由表6-23看出，随着食用更多的 FCWM，产奶量往往呈线性增加，补充 FCWM 后，由于牛奶蛋白质和乳糖产量的增加，能量校正的产奶量显著增加。用 FCWM 代替豆粕改善了泌乳性能。

表6-22 发酵饲料替代豆粕日粮配制案例1日粮配方

项目	0FCWM[1]	50%FCWM	100%FCWM
组成（%）			
玉米青贮	22.1	22.1	22.1
燕麦干草	17.1	17.1	17.1
苜蓿干草	11.2	11.2	11.2
玉米	20.6	20.0	19.4
豆粕	14.0	7.00	0.00
全棉籽	0.00	7.60	15.2
向日葵粉	5.88	5.88	5.88
甜菜粕	3.52	3.52	3.52
预混料[2]	4.10	4.10	4.10
化学成分（%）			
粗蛋白质	16.7	16.6	16.5
中性洗涤纤维	35.5	35.4	35.3
酸性洗涤纤维	20.8	20.6	20.1
非纤维性碳水化合物	38.7	39.1	39.4
乙醚提取物	3.80	3.90	3.99
淀粉	22.1	22.1	22.4
赖氨酸（需求百分比,%）	115	108	98
蛋氨酸（需求百分比,%）	119	120	124
泌乳净能[3]（Mcal/kg）	1.64	1.63	1.63
代谢能支持产奶量[4]（kg/d）	40.2	40.0	39.6
代谢蛋白支持产奶量[5]（kg/d）	41.4	41.7	41.8

（续表）

项目	0FCWM[1]	50%FCWM	100%FCWM
瘤胃氮平衡			
肽（kg/d）	72.0	64.0	59.0
肽（需求百分比,%）	130	127	125
肽和氨气（g/d）	79.0	61.0	45.0
肽和氨气（需求百分比,%）	118	114	111

注：[1]0FCWM=基础日粮；50%FCWM=50%豆粕替代 FCWM；100%FCWM=100%用 FCWM 代替豆粕。

[2]每千克预混料含有：钙 142.5 g、磷 54.0 g、镁 49.3 g、钠 106.4 g、氯 29.5 g、钾 500 mg、S 3.7 g、钴 12 mg、铜 500 mg、Fe 4.858 g、I 25 mg、Mn 800 mg、Se 10 mg、Zn 1.8 g、维生素 A 180 000 IU、维生素 D 55 000 IU 和维生素 E 1 500 IU。

[3]根据 NY/T 324004 计算。

[4]粗蛋白质 M Dairy 的可代谢能量允许产奶量预测（Tedeschi 等，2008）。

[5]粗蛋白质 M Dairy 的可代谢蛋白质允许产奶量预测（Tedeschi 等，2008）。

表6-23　发酵饲料替代豆粕日粮配制案例1饲喂效果

项目	处理[1]			SEM	P 值	
	0FCWM	50%FCWM	100%FCWM		线性	二次
产量（kg/d）						
产奶量	32.3	33.8	34.2	1.09	0.09	0.62
能量校正乳[2]	32.8	37.1	36.6	1.34	0.04	0.13
4%标准乳[3]	29.6	33.2	32.3	1.38	0.17	0.16
乳脂	1.11	1.32	1.24	0.08	0.27	0.16
乳蛋白	0.99	1.12	1.18	0.04	0.001	0.39
乳糖	1.57	1.71	1.77	0.06	0.01	0.60
成分						
乳脂（%）	3.44	3.89	3.62	0.22	0.56	0.21
乳蛋白（%）	3.05	3.34	3.45	0.10	0.01	0.47
乳糖（%）	4.86	5.06	5.18	0.11	0.04	0.77
牛奶尿素氮（mg/dL）	13.9	13.5	14.8	1.18	0.69	0.26
乳体细胞数（×10³/mL）	115.3	104.6	100.7	9.48	0.24	0.74
干物质采食量（kg/d）	21.7	21.8	22.9	1.06	0.20	0.53
饲料效率	1.51	1.55	1.49	0.07	0.86	0.45

注：[1]0FCWM=基础日粮；50%FCWM=50%用酵玉米蛋白粉-麦麸混合物代替豆粕；100%FCWM=100%用发酵玉米蛋白粉-麦麸混合物代替豆粕。

[2]ECM=0.324 6×产奶量+13.86×乳脂量+7.04×乳蛋白量（Orth，1992）。

[3]4%FCM=0.4×产奶量+15×产脂量。

案例2 发酵黄酒糟替代豆粕

Yao 等（2020）研究未发酵和发酵的黄酒糟（YWL）混合物作为豆粕替代蛋白质来源的泌乳奶牛的泌乳性能。采用重复的 3×3 拉丁方设计，对 15 头产程相似（2.30，SD 0.32）、产奶天数相似（190，SD 15.2）、产奶量相似（25.0，SD 0.45 kg）的中国荷斯坦奶牛进行了研究。日粮为等氮和等热量日粮，饲料与精料的比例为 60：40 [干物质基础]。设计了三种日粮处理（干物质基础）（表 6-24）：①全混合日粮含 18% 豆粕（对照）；②全混合日粮含 11% 未发酵的 YWL 混合物（UM）；③总混合日粮含 11% 发酵的 YVL 混合物（FM）。由表 6-25 看出，喂对照日粮和 FM 日粮奶牛的干物质采食量（$P=0.04$）、产奶量（$P=0.02$）、乳蛋白产量（$P=0.02$）。三组之间的乳成分、饲料效率（产奶量/干物质采食量）和氮转化率没有差异（$P>0.05$）。饲喂 FM 的奶牛往往比对照奶牛具有更大的 IOFC（$P=0.08$）。总之，未发酵和发酵的 YWL 都可以作为泌乳奶牛日粮中的蛋白质来源饲料，并且加入发酵的 YVL 对泌乳性能和氮利用没有不利影响。

表 6-24 发酵饲料替代豆粕日粮配制案例 2 日粮配方

项目	处理[1]		
	Control	UM	FM
干物质（%）	46.1	46.0	46.1
组成（干物质百分比,%）			
苜蓿干草	14.45	20.00	20.49
燕麦干草	23.64	16.89	14.19
玉米青贮饲料	23.8	22.98	25.3
磨碎玉米	4.44	8.36	9.11
豆粕	17.74	10.86	9.20
菜籽粕	0.37	0.90	0.98
黄酒糟混合料	0	10.56	0
发酵黄酒糟	0	0	11.05
甜菜粕	13.6	7.47	7.74
脂肪粉	0.30	0.51	0.56
预混料[2]	1.69	1.47	1.38
成分（干物质百分比,%）			
粗蛋白	16.16	16.12	16.20
中性洗涤纤维	34.5	35.6	34.7

（续表）

项目	处理[1]		
	Control	UM	FM
酸性洗涤纤维	18.3	18.9	19.2
乙醚提取物	3.6	3.8	3.8
非纤维碳水化合物[3]	38.2	37.0	37.3
钙	0.68	0.72	0.70
磷	0.48	0.49	0.46
瘤胃降解蛋白[4]（粗蛋白质百分比,%）	52.4	50.3	52.5
瘤胃不可降解蛋白[5]（粗蛋白质百分比,%）	47.6	49.7	47.5
泌乳净能[6]（Mcal/kg）	1.66	1.67	1.67
日粮价格[7]（＄/kg 干物质）	0.387	0.364	0.363

注：[1]Control＝含有豆粕作为主要蛋白质来源的全混合日粮；UM＝含有 YWL 混合物的全混合日粮；FM＝含有发酵 YWL 混合物的全混合日粮。

[2]所含（每千克干物质）：250 000 IU 维生素 A；50 000 IU 维生素 D；1 400 IU 维生素 E；600 mg 铁；650 mg 铜；3 000 mg 锌；630 mg 锰；17 mg 硒；36 mg I；8 mg 钴和 150~180 g 食盐。

[3]非纤维碳水化合物＝100%−中性洗涤纤维百分比−粗蛋白质百分比−乙醚提取物百分比−粗灰分百分比。

[5]瘤胃不可降解蛋白＝100%−瘤胃降解蛋白百分比。

[6]根据中国的建议计算（MOA，2004 年）。

[7]日粮价格是根据农场购买时的配料价格计算的。

表6-25　发酵饲料替代豆粕日粮配制案例 2 饲喂效果

项目	处理[1]			SEM	P 值
	Control	UM	FM		
干物质采食量（kg/d）	19.4[a]	18.1[b]	19.5[a]	0.42	0.04
产奶量（kg/d）	24.5[a]	23.2[b]	24.3[a]	0.38	0.02
乳蛋白产量（g/d）	846[a]	814[b]	855[a]	13.4	0.02
能量校正乳[2]（kg/d）	29.2[a]	27.3[b]	28.6[a]	0.58	0.05
乳成分[3]（%）					
乳脂	4.50	4.36	4.35	0.12	0.58
乳蛋白	3.45	3.50	3.52	0.08	0.16
乳糖	4.56	4.64	4.59	0.09	0.29
总固体	12.8	12.7	12.7	0.18	0.91
牛奶尿素氮（mg/dL）	11.8	11.9	11.9	0.44	0.94

（续表）

项目	处理[1]			SEM	P值
	Control	UM	FM		
体细胞评分	3.27	2.95	2.90	1.10	0.52
饲料效率（kg/kg）					
乳产量/干物质采食量	1.26	1.28	1.25	0.02	0.48
能量校正乳/干物质采食量	1.51	1.51	1.47	0.04	0.28
乳氮/饲料氮	0.270	0.278	0.271	0.0059	0.58
体况评分	2.94	2.89	2.97	0.16	0.75
IOFC[4]	9.35	9.52	9.92	0.26	0.06

注：[a,b]不同上标的行内平均值不同（$P<0.05$）。

[1]对照＝以豆粕为主要蛋白质来源的全混合日粮；UM＝含有未发酵 YWL 混合物的全混合日粮；FM＝含有发酵 YWL 混合物的全混合日粮。

[2]ECM＝能量校正牛奶。ECM（kg）＝0.324 6×产奶量（kg）+13.86×脂肪产量（kg）+7.04×蛋白质产量（kg）。

[3]MUN＝牛奶尿素氮。

[4]IOFC＝收入高于饲料成本；IOFC＝所有奶价（美元/kg）×日均产奶量[kg/（头牛·d）]－日饲料成本[美元/（头牛·d）]。

案例 3　发酵柠檬酸渣-酵母混合物替代豆粕

Suriyapha 等（2022）研究比较了热带泌乳奶牛与豆粕（SBM）和发酵柠檬酸渣-酵母混合物（CWYW）对采食量、泌乳性能和经济效益的影响。在一个完整的随机设计中，将 16 个泌乳中期的泰国杂交种荷斯坦-弗里森[（16.7±0.30）kg/d 的产奶量和（490±40.0）kg 的初始体重]随机分配到两个处理（表 6-26）：豆粕作为对照（$n=8$）或 CWYW（$n=8$）。SBM 和 CWYW 以每天 0.4 kg/100 kg 奶牛体重的速度被置于基础日粮上，然后随意饲喂稻草。基础浓缩日粮含有 26% 的木薯片、25.5% 的米糠、14% 的木薯叶干草、17% 的商品颗粒、17% 的商业蛋白质混合粉和 0.5% 的矿物预混料。奶牛在早上 5：30 和下午 3：30 以 1：1 的比例（每 1 kg 牛奶 1 kg 浓缩物）分两次饲喂基础日粮。饲喂试验持续了 60 d，外加 21 d 的适应期。由表 6-27 看出，饲喂豆粕和 CWYW 的干物质采食量没有差异（$P>0.05$）。与饲喂豆粕的奶牛相比，饲喂 CWYW 的奶牛的尿素氮含量更高（$P<0.05$），体细胞计数更低（$P<0.05$）。与豆粕相比，CWYW 的修整成本和总饲料成本较低（$P<0.05$），分别为 0.59 美元/（头牛·d）和 4.14 美元/（头牛·d）。总之，CWYW 可以作为豆粕的替代蛋白质来源，而不会对泌乳奶牛产生负面影响。

表 6-26　发酵饲料替代豆粕日粮配制案例 3 日粮配方

组成（干物质%）	Control
木薯片	26
米糠	25.5
木薯叶干草	14
商品颗粒	17
商业蛋白质混合粉	17
矿物预混料	0.5

表 6-27　发酵饲料替代豆粕日粮配制案例 3 饲喂效果

项目	豆粕[1]	CWYW[2]	SEM	P 值
产奶量（kg/d）	16.8	16.4	0.94	0.76
3.5%脂校正乳[3]（kg/d）	16.8	16.4	0.87	0.71
乳成分（g/kg）				
乳脂	35.2	35.0	0.12	0.94
乳蛋白	34.2	34.3	0.08	0.89
乳糖	45.3	44.7	0.16	0.75
非脂肪固体	87.7	87.0	0.25	0.61
总固形物	122.9	122.0	0.36	0.86
牛奶尿素氮（mg/dL）	14.7[b]	15.8[a]	0.32	0.04
乳体细胞数（log10 细胞/mL）	5.09[a]	4.94[b]	0.04	0.04
经济回报［美元/（头·d）］				
饲料成本				
粗加工成本	0.32	0.31	0.01	0.12
精加工成本	3.23	3.20	0.11	0.90
修整成本	1.16[a]	0.59[b]	0.01	<0.01
饲料总成本	4.71[a]	4.10[b]	0.12	<0.01
牛奶销售	9.91	9.68	0.56	0.97
饲料成本利润	5.20	5.58	0.49	0.39

注：[a,b]同一行上不同上标的值不同（P<0.05）。SEM，平均值标准误；[1] 豆粕，豆粕。

[2]CWYW，发酵柠檬酸渣-酵母混合物；[3]3.5%脂校正乳=0.432×产奶量+16.23×脂肪产量。

参考文献

张永根，辛杭书，2012. 反刍动物对非蛋白氮利用的研究进展及效果评价．北京：中国农业出版社．

ABDOUN K, STUMPFF F, RABBANI I, et al., 2010. Modulation of urea transport across sheep rumen epithelium in vitro by SCFA and CO_2 [J/OL]. American Journal of Physiology-Gastrointestinal and Liver Physiology, 298 (2): G190-G202.

ABDOUN K, WOLF K, ARNDT G, et al., 2003. Effect of ammonia on Na^+ transport across isolated rumen epithelium of sheep is diet dependent. British Journal of Nutrition, 90 (4): 751-758.

ABOU AKKADA A, HOWARD B, 1962. The biochemistry of rumen protozoa. 5. The nitrogen metabolism of Entodinium [J/OL]. Biochemical Journal, 82 (2): 313-320.

AL-DEHNEH A, HUBER J T, WANDERLEY R, et al., 1997. Incorporation of recycled urea-N into ruminal bacteria flowing to the small intestine of dairy cows fed a high-grain or high-forage diet. Animal Feed Science and Technology, 68 (3-4): 327-338.

ALDRICH J M, MULLER L D, VARGA G A, et al., 1993. Nonstructural carbohydrate and protein effects on rumen fermentation, nutrient flow, and performance of dairy cows [J/OL]. Journal of Dairy Science, 76 (4): 1091-1105.

BATISTA E D, DETMANN E, VALADARES FILHO S C, et al., 2017. The effect of CP concentration in the diet on urea kinetics and microbial usage of recycled urea in cattle: A meta-analysis. Animal, 11 (8): 1303-1311.

CALSAMIGLIA S, FERRET A, REYNOLDS C K, et al., 2010. Strategies for optimizing nitrogen use by ruminants. Animal, (7).

CHENG K J, WALLACE R J, 1979. The mechanism of passage of endogenous urea through the rumen wall and the role of ureolytic epithelial bacteria in the urea flux [J/OL]. British Journal of Nutrition, 42 (3): 553-557.

CLARK J H, KLUSMEYER T H, CAMERON M R, 1992. Microbial Protein Synthesis and Flows of Nitrogen Fractions to the Duodenum of Dairy Cows [J/OL]. Journal of Dairy Science, 75 (8): 2304-2323.

COOK A R, 1976. Urease Activity in the Rumen of Sheep and the Isolation of Ureolytic Bacteria [J/OL]. Journal of General Microbiology, 92 (1): 32-48.

DE OLIVEIRA C V R, SILVA T E, BATISTA E D, et al., 2020. Urea supplementation in rumen and post-rumen for cattle fed a low-quality tropical forage. British Journal of Nutrition, 124 (11): 1166-1178.

DEWHURST R J, DAVIES D R, MERRY R J, 2000. Microbial protein supply from the rumen. Animal Feed Science and Technology, 85 (1-2): 1-21.

DIJKSTRA J, REYNOLDS C K, KEBREAB E, et al., 2013. Challenges in ruminant nutrition: towards minimal nitrogen losses in cattle [M/OL]. OLTJEN J W, KEBREAB E, LAPIERRE H//Energy and protein metabolism and nutrition in sustainable animal production. Wageningen: Wageningen Academic Publishers: 47-58.

DOELMAN J, CURTIS R V, CARSON M, et al., 2015. Essential amino acid infusions stimulate mammary expression of eukaryotic initiation factor 2Bε but milk protein yield is not increased during an imbalance [J/OL]. Journal of Dairy Science, 98 (7): 4499-4508.

DOEPEL L, HEWAGE I I, LAPIERRE H, 2016. Milk protein yield and mammary metabolism are affected by phenylalanine deficiency but not by threonine or tryptophan deficiency [J/OL]. Journal of Dairy Science, 99 (4): 3144-3156.

DOEPEL L, LAPIERRE H, 2010. Changes in production and mammary metabolism of dairy cows in response to essential and nonessential amino acid infusions [J/OL]. Journal of Dairy Science, 93 (7): 3264-3274.

EUROPEAN FOOD SAFETY AUTHORITY, 2012. Scientific Opinion on the safety and efficacy of Urea for ruminants [J/OL]. EFSA Journal, 10 (3): 1-12.

GIALLONGO F, HARPER M T, OH J, et al., 2016. Effects of rumen - protected methionine, lysine, and histidine on lactation performance of dairy cows. Journal of Dairy Science, 99 (6): 4437-4452.

GIALLONGO F, HRISTOV A N, OH J, et al., 2015. Effects of slow-release urea and rumen-protected methionine and histidine on performance of dairy cows. Journal of Dairy Science, 98 (5): 3292-3308.

GOZHO G N, HOBIN M R, MUTSVANGWA T, 2008. Interactions between barley grain processing and source of supplemental dietary fat on nitrogen metabolism and urea-Nitrogen recycling in dairy cows [J/OL]. Journal of Dairy Science, 91 (1): 247-259.

GROSSI S, COMPIANI R, ROSSI L, et al., 2021. Effect of slow - release urea administration on production performance, health status, diet digestibility, and environmental sustainability in lactating dairy cows. Animals, 11 (8): 1-15.

HAQUE M N, GUINARD-FLAMENT J, LAMBERTON P, et al., 2015. Changes in mammary metabolism in response to the provision of an ideal amino acid profile at 2 levels of metabolizable protein supply in dairy cows: Consequences on efficiency [J/OL]. Journal of Dairy Science, 98 (6): 3951-3968.

HERRERA-SALDANA R, GOMEZ-ALARCON R, TORABI M, et al., 1990. Influence of Synchronizing Protein and Starch Degradation in the Rumen on Nutrient Utilization and Microbial Protein Synthesis [J/OL]. Journal of Dairy Science, 73 (1): 142-148.

HOSHINO S, SARUMARU K, MORIMOTO K, 1966. Ammonia Anabolism in Ruminants [J/OL]. Journal of Dairy Science, 49 (12): 1523-1528.

HOUPT T R, 1959. Utilization of blood urea in ruminants [J/OL]. American Journal of Physiology-Legacy Content, 197 (1): 115-120.

HOUPT T R, HOUPT K A, 1968. Transfer of urea nitrogen across the rumen wall. [J/OL]. The American journal of physiology, 214 (6): 1296-1303.

HUHTANEN P, HETTA M, SWENSSON C, 2011. Evaluation of canola meal as a protein supplement for dairy cows: A review and a meta-analysis [J/OL]. Canadian Journal of Animal Science, 91 (4): 529-543.

HUHTANEN P, HRISTOV A N, 2009. A meta-analysis of the effects of dietary protein concentration and degradability on milk protein yield and milk n efficiency in dairy cows [J/OL]. Journal of Dairy Science, 92 (7): 3222-3232.

HUHTANEN P, VANHATALO A, VARVIKKO T, 2002. Effects of abomasal infusions of histidine, glucose, and leucine on milk production and plasma metabolites of dairy cows fed grass silage diets [J/OL]. Journal of Dairy Science, 85 (1): 204-216.

IPHARRAGUERRE I R, CLARK J H, 2005. Impacts of the source and amount of crude protein on the intestinal supply of nitrogen fractions and performance of dairy cows [J/OL]. Journal of Dairy Science, 88 (S): E22-E37.

IPHARRAGUERRE I R, CLARK J H, 2015. A Meta-analysis of Ruminal Outflow of Nitrogen Fractions in Dairy Cows [J/OL]. Advances in Dairy Research, 02 (2).

JIANG X, XU H J, MA G M, et al., 2021. Digestibility, lactation performance, plasma metabolites, ruminal fermentation, and bacterial communities in Holstein cows fed a fermented corn gluten-wheat bran mixture as a substitute for soybean meal. Journal of Dairy Science, 104 (3): 2866-2880.

JOHN A, ISAACSON H R, BRYANT M P, 1974. Isolation and Characteristics of a Ureolytic Strain of Selenomonas ruminantium [J/OL]. Journal of Dairy Science, 57 (9): 1003-1014.

JONES G A, MACLEOD R A, BLACKWOOD A C, 1964. UREOLYTIC RUMEN BACTERIA: I. CHARACTERISTICS OF THE MICROFLORA FROM A UREA-FED SHEEP [J/OL]. Canadian Journal of Microbiology, 10 (3): 371-378.

JONKER J S, KOHN R A, ERDMAN R A, 1998. Using Milk Urea Nitrogen to Predict Nitrogen Excretion and Utilization Efficiency in Lactating Dairy Cows [J/OL]. Journal of Dairy Science, 81 (10): 2681-2692.

KOHN R A, DINNEEN M M, RUSSEK-COHEN E, 2005. Using blood urea nitrogen to predict nitrogen excretion and efficiency of nitrogen utilization in cattle, sheep, goats, horses, pigs, and rats1 [J/OL]. Journal of Animal Science, 83 (4): 879-889.

KORHONEN M, VANHATALO A, VARVIKKO T, et al., 2000. Responses to graded postruminal doses of histidine in dairy cows fed grass silage diets [J/OL]. Journal of Dairy Science, 83 (11): 2596-2608.

LAPIERRE H, LOBLEY G E, 2001. Nitrogen Recycling in the Ruminant: A Review. Journal of Dairy Science, 84: E223-E236.

LAPIERRE H, OUELLET D R, BERTHIAUME R, et al., 2004. Effect of urea supplementation on urea kinetics and splanchnic flux of amino acids in dairy cows. Journal of Animal and Feed Sciences, 13 (SUPPL. 1): 319-322.

LEE C, HRISTOV A N, CASSIDY T W, et al., 2012. Rumen - protected lysine, methionine, and histidine increase milk protein yield in dairy cows fed a metabolizable protein-deficient diet. [J/OL]. Journal of dairy science, 95 (10): 6042-6056.

LEE C, HRISTOV A N, DELL C J, et al., 2012. Effect of dietary protein concentration on ammonia and greenhouse gas emitting potential of dairy manure [J/OL]. Journal of Dairy Science, 95 (4): 1930-1941.

LEE C, HRISTOV A N, HEYLER K S, et al., 2012. Effects of metabolizable protein supply and amino acid supplementation on nitrogen utilization, milk production, and ammonia emissions from manure in dairy cows. [J/OL]. Journal of dairy science, 95 (9): 5253-5268.

LI Y, GAO J, LV J, et al., 2023. Replacing soybean meal with high-oil pumpkin seed cake in the diet of lactating Holstein dairy cows modulated rumen bacteria and milk fatty acid profile [J/OL]. Journal of Dairy Science, 106 (3): 1803-1814.

LUCIEN N, SIDOUX-WALTER F, OLIVÈS B, et al., 1998. Characterization of the gene encoding the human Kidd blood group/urea transporter protein. Evidence for splice site mutations in Jk (null) individuals. Journal of Biological Chemistry, 273 (21): 12973-12980.

LUO C, ZHAO S, ZHANG M, et al., 2018. SESN2 negatively regulates cell proliferation and casein synthesis by inhibition the amino acid-mediated mTORC1 pathway in cow mammary epithelial cells [J/OL]. Scientific Reports, 8 (1): 1-10.

LU Z, STUMPFF F, DEINER C, et al., 2014. Modulation of sheep ruminal urea transport by ammonia and pH [J/OL]. American Journal of Physiology-Regulatory Integrative and Comparative Physiology, 307 (5): R558-R570.

MAENG W J, BALDWIN R L, 1976. Factors Influencing Rumen Microbial Growth Rates and Yields: Effects of Urea and Amino Acids Over Time [J/OL]. Journal of Dairy Science, 59 (4): 643-647.

MARINI J C, VAN AMBURGH M E, 2003. Nitrogen metabolism and recycling in Holstein heifers [J/OL]. Journal of Animal Science, 81 (2): 545-552.

NICHOLS K, RAUCH R, LIPPENS L, et al., 2023. Dose response to post-ruminal urea in lactating dairy cattle. Journal of Dairy Science.

OLMOS COLMENERO J J, BRODERICK G A, 2006. Effect of dietary crude protein concentration on milk production and nitrogen utilization in lactating dairy cows [J/OL]. Journal of Dairy Science, 89 (5): 1704-1712.

OUELLET D R, BERTHIAUME R, LOBLEY G E, et al., 2004. Effects of sun-curing, formic acid-treatment or microbial inoculation of timothy on urea metabolism in lactating dairy cows. Journal of Animal and Feed Sciences, 13 (SUPPL. 1): 323-326.

PATTON R A, 2010. Effect of rumen - protected methionine on feed intake, milk production, true milk protein concentration, and true milk protein yield, and the factors that influence these effects: A meta-analysis [J/OL]. Journal of Dairy Science, 93 (5): 2105-2118.

PATTON R A, HRISTOV A N, LAPIERRE H, 2014. Protein Feeding and Balancing for A-mino Acids in Lactating Dairy Cattle. Veterinary Clinics of North America - Food Animal Practice, 30 (3): 599-621.

P. C. DE CARVALHO I, DOELMAN J, MARTíN - TERESO J, 2020. Post - ruminal non-protein nitrogen supplementation as a strategy to improve fibre digestion and N efficiency in the ruminant. Journal of Animal Physiology and Animal Nutrition, 104 (1): 64-75.

POTTER E A, STEWART G, SMITH C P, 2006. Urea flux across MDCK-mUT-A2 mono-layers is acutely sensitive to AVP, cAMP, and [Ca^{2+}] i. American Journal of Physiology-Renal Physiology, 291 (1): 122-128.

Reese A T, Pereira F C, Schintlmeister A, et al., 2018. Microbial nitrogen limitation in the mammalian large intestine [J/OL]. Nature Microbiology, 3 (12): 1441-1450.

RITZHAUPT A, BREVES G, SCHRÖDER B, et al., 1997. Urea transport in gastrointesti-nal tract of ruminants: effect of dietary nitrogen [J/OL]. Biochemical Society Transac-tions, 25 (3): 490S.

RITZHAUPT A, WOOD I S, JACKSON A A, et al., 1998. Isolation of a RT-PCR fragment from human colon and sheep rumen RNA with nucleotide sequence similarity to human and rat urea transporter isoforms [J/OL]. Biochemical Society Transactions, 26 (2): S122-S122.

RÉMOND D, CHAISE J P, DELVAL E, et al., 1993. Net transfer of urea and ammonia across the ruminal wall of sheep. Journal of animal science, 71 (10): 2785-2792.

ROBINSON P H, 2010. Impacts of manipulating ration metabolizable lysine and methionine levels on the performance of lactating dairy cows: A systematic review of the literature [J/OL]. Livestock Science, 127 (2-3): 115-126.

SANDS J M, 2003. Mammalian Urea Transporters [J/OL]. Annual Review of Physiology, 65 (1): 543-566.

SANTOS F A P, SANTOS J E P, THEURER C B, et al., 1998. Effects of Rumen-Unde-gradable Protein on Dairy Cow Performance: A 12 - Year Literature Review [J/OL]. Journal of Dairy Science, 81 (12): 3182-3213.

SCHWAB C G, BRODERICK G A, 2017. A 100-Year Review: Protein and amino acid nutrition in dairy cows [J/OL]. Journal of Dairy Science, 100 (12): 10094-10112.

SCHWEIGEL M, FREYER M, LECLERCQ S, et al., 2005. Luminal hyperosmolarity decreases Na transport and impairs barrier function of sheep rumen epithelium. Journal of Comparative Physiology B: Biochemical, Systemic, and Environmental Physiology, 175 (8): 575-591.

SELEEM M S, WU Z H, XING C Q, et al., 2023. Impacts of rumen-encapsulated methionine and lysine supplementation and low dietary protein on nitrogen efficiency and lactation performance of dairy cows [J/OL]. Journal of Dairy Science.

SHEEHY M R, MULLIGAN F J, TAYLOR S T, et al., 2020. Effects of a novel heat-treated protein and carbohydrate supplement on feed consumption, milk production, and cheese yield in early-lactation dairy cows. Journal of Dairy Science, 103 (5): 4315-4326.

SINCLAIR K D, GARNSWORTHY P C, MANN G E, et al., 2014. Reducing dietary protein in dairy cow diets: Implications for nitrogen utilization, milk production, welfare and fertility [J/OL]. Animal, 8 (2): 262-274.

SINCLAIR L A, GARNSWORTH P C, NEWBOLD J R, et al., 1993. Effect of synchronizing the rate of dietary energy and nitrogen release on rumen fermentation and microbial protein synthesis in sheep [J/OL]. The Journal of Agricultural Science, 120 (2): 251-263.

SMITH C P, FENTON R A, 2006. Genomic organization of the mammalian SLC14a2 urea transporter genes. Journal of Membrane Biology, 212 (2): 109-117.

STERN M D, VARGA G A, CLARK J H, et al., 1994. Evaluation of Chemical and Physical Properties of Feeds That Affect Protein Metabolism In the Rumen. Journal of Dairy Science, 77 (9): 2762-2786.

STEWART G, 2011. The emerging physiological roles of the SLC14A family of urea transporters. British Journal of Pharmacology, 164 (7): 1780-1792.

STEWART GAVIN S., SMITH C P, 2005. Urea nitrogen salvage mechanisms and their relevance to ruminants, non-ruminants and man. Nutrition Research Reviews, 18 (1): 49-62.

STEWART G S, GRAHAM C, CATTELL S, et al., 2005. UT-B is expressed in bovine rumen: potential role in ruminal urea transport [J/OL]. American Journal of Physiology-Regulatory, Integrative and Comparative Physiology, 289 (2): R605-R612.

STOKES S R, HOOVER W H, MILLER T K, et al., 1991. Ruminal Digestion and Microbial Utilization of Diets Varying in Type of Carbohydrate and Protein [J/OL]. Journal of Dairy Science, 74 (3): 871-881.

SURIYAPHA C, SUPAPONG C, SO S, et al., 2022. Bioconversion of agro-industrial residues as a protein source supplementation for multiparous Holstein Thai crossbreed cows [J/OL]. PLoS ONE, 17 (9 September): 1-16.

THORLACIUS S O, DOBSON A, SELLERS A F, 1971. Effect of carbon dioxide on urea diffusion through bovine ruminal epithelium. [J/OL]. The American journal of physiology, 220 (1): 162-170.

TICKLE P, THISTLETHWAITE A, SMITH C P, et al., 2009. Novel bUT-B2 urea transporter isoform is constitutively activated [J/OL]. American Journal of Physiology-Regulatory, Integrative and Comparative Physiology, 297 (2): R323-R329.

VANHATALO A, HUHTANEN P, TOIVONEN V, et al., 1999. Response of dairy cows fed grass silage diets to abomasal infusions of histidine alone or in combinations with methionine and lysine [J/OL]. Journal of Dairy Science, 82 (12): 2674-2685.

WALLACE R J, CHENG K J, DINSDALE D, et al., 1979. An independent microbial flora of the epithelium and its role in the ecomicrobiology of the rumen [15] [Z] (1979).

WANG R, WANG M, UNGERFELD E M, et al., 2018. Nitrate improves ammonia incorporation into rumen microbial protein in lactating dairy cows fed a low-protein diet [J/OL]. Journal of Dairy Science, 101 (11): 9789-9799.

WEEKES T L, LUIMES P H, CANT J P, 2006. Responses to amino acid imbalances and deficiencies in lactating dairy cows. [J/OL]. Journal of dairy science, 89 (6): 2177-2187.

WOZNY M A, BRYANT M P, HOLDEMAN L V, et al., 1977. Urease assay and urease-producing species of anaerobes in the bovine rumen and human feces [J/OL]. Applied and Environmental Microbiology, 33 (5): 1097-1104.

YANG B, VERKMAN A S, 2002. Analysis of double knockout mice lacking aquaporin-1 and urea transporter UT - B. Evidence for UT - B - facilitated water transport in erythrocytes. Journal of Biological Chemistry, 277 (39): 36782-36786.

YAO K Y, WEI Z H, XIE Y Y, et al., 2020. Lactation performance and nitrogen utilization of dairy cows on diets including unfermented or fermented yellow wine lees mix. Livestock Science, 236 (4).

You G, Smith C P, Kanai Y, et al., 1993. Cloning and characterization of the vasopressin-regulated urea transporter [J/OL]. Nature, 365 (6449): 844-847.

YU L, LIU T, FU S, et al., 2019. Physiological functions of urea transporter B. Pflugers Archiv European Journal of Physiology, 471 (11-12): 1359-1368.

ZANG Y, SANTANA R A V, MOURA D C, et al., 2021. Replacing soybean meal with okara meal: Effects on production, milk fatty acid and plasma amino acid profile, and nutrient utilization in dairy cows. Journal of Dairy Science, 104 (3): 3109-3122.

ZHAO D, SONAWANE N D, LEVIN M H, et al., 2007. Comparative transport efficiencies

of urea analogues through urea transporter UT-B. Biochimica et Biophysica Acta-Biomem-
branes, 1768 (7): 1815-1821.

ZHONG C, LONG R, STEWART G S, 2022. The role of rumen epithelial urea transport pro-
teins in urea nitrogen salvage: A review [J/OL]. Animal Nutrition, 9: 304-313.

第七章 肉牛、肉羊低蛋白日粮配制技术

反刍动物具有独特的消化代谢系统，其中瘤胃内的原虫、细菌、真菌等构成了一个完整的微生物区系，是目前最完整的生物发酵体系。微生物区系可以利用非蛋白氮（NPN）合成菌体蛋白质，生产出优质肉与奶等产品；微生物区系还可以分解广泛的粗饲料资源，如农作物秸秆等产生挥发性脂肪酸（VFA），为微生物的繁衍提供能源物质。在实际生产中，可以通过精准营养供给，利用低蛋白日粮技术、杂粮杂粕、NPN 等非常规饲料资源替代豆粕，减少对蛋白质饲料原料的依赖，有利于在现代养殖模式下充分发挥多种饲料资源的营养价值，实现节本增效。本章系统性地对蛋白替代策略在反刍家畜生产中的应用潜力进行分析，以期为反刍家畜蛋白替代方案提供理论和技术支撑。

1 反刍动物低蛋白日粮研究进展

1.1 NPN 在日粮中的应用

NPN 指饲料中蛋白质以外的含氮化合物的总称，又称非蛋白态氮。包括游离氨基酸、酰胺类、蛋白质降解的含氮化合物、氨以及铵盐等简单含氮化合物。目前我国允许生产的 NPN 有 8 种（表 7-1）。

表 7-1 我国批准生产的非蛋白氮产品

项目	化学式	分子量（g/mol）	元素含量规格（%）	等价蛋白（%）	推荐用量（%）	最高限量（%）
尿素	$CO(NH_2)_2$	60.06	N≥46.0	≥287.5	肉牛、羊 0～1.0、奶牛 0～0.6	1.0
磷酸脲	$CO(NH_2)_2H_3PO_4$	158.0	N≥16.5，P≥18.5	≥103.125	肉牛 0～1.4、奶牛 0～1.5、羊 0～1.2	1.8
硫酸铵	$(NH_4)_2SO_4$	132.14	N≥21.0，S≥24.0	≥131.25	肉牛 0～0.3、奶牛、羊 0～1.2	1.5
氯化铵	NH_4Cl	53.49	N≥25.6	≥160	肉牛、肉羊 0～0.5	1.0

（续表）

项目	化学式	分子量（g/mol）	元素含量规格（%）	等价蛋白（%）	推荐用量（%）	最高限量（%）
磷酸二氢铵	$NH_4H_2PO_4$	115.03	N≥11.6	≥72.5	肉牛、奶牛 0~1.5、羊 0~1.2	2.6
磷酸氢二铵	$(NH_4)_2HPO_4$	132.06	N≥19.0，P：22.3~23.1	≥118.75	肉牛 0~1.5、奶牛、羊 0~1.2	1.5
碳酸氢铵	NH_4HCO_3	79.06	N≥17.7%	—	8%~15%/秸秆	15.0
液氨	NH_3	17.03	N≥82.3%	—	2.5%~3.0%/秸秆	3.0

NPN 中尿素、磷酸脲、硫酸铵、氯化铵、磷酸二氢铵、磷酸氢二铵、液氨等多种含氮有机物，各具特点，如氯化铵属于无机物，常以 NH_3 形式存在，目前多作为尿结石的预防添加剂使用，在 pH 值较高时能够被更好地吸收利用。通过培养细菌发现尿素的分解速率是缩二脲的 2 倍，饲喂缩二脲可以有效避免反刍动物氨中毒。但后期研究证实食用过量缩二脲会对反刍动物产生毒性并在动物产品中残留，因此，我国已经禁止在饲料添加剂中使用缩二脲。硝酸钙可作为非蛋白氮源，日粮中添加适量硝酸钙可提高生长性能，并可降低甲烷的产生。众多 NPN 中，尿素与磷酸脲作为饲料添加剂已经制定出标准，且被广泛应用。此外，可替代部分豆粕等进口蛋白，提高动物的生产性能。

反刍动物由于其独特的瘤胃功能，可以利用部分 NPN 合成菌体蛋白（图 7-1），可弥补氨基酸缺乏的问题。采取综合措施将 NPN 作为一种常规饲料原料应用于反刍家畜生产中，可成为饲料豆粕减量替代方案提效开源的有益补充。但目前 NPN 在我国反刍家畜饲料豆粕减量替代中的潜力仍然巨大，尤其是除了尿素及磷酸脲以外的其他 NPN 的报道甚少，反刍动物能否高效利用 NPN，受动物个体种类、年龄差异、瘤胃微生物种类、饲料规格等多种因素综合影响，合理开发利用各种常规和非常规饲料资源至关重要。

1.1.1 尿素在日粮中的应用

尿素是工业产品，产量大、成本低，作为饲料添加剂前景广阔。在反刍动物养殖过程中，尿素是重要的 NPN 饲料，也是实现豆粕减量替代的重要途径之一，早在 20 世纪 70 年代，NPN 在美国反刍动物养殖中已广泛应用，年使用量达 30 万 t。2021 年欧洲食品安全局认为尿素每天添加 0.3 g/kg 时无安全性风险。我国在 2020 年发布了国家标准《非蛋白氮 尿素》（GB 7300.601—2020）；据报道，尿素在牛羊日粮中可替代粗蛋白质的 20%~30%。尿素含氮量 46.7%，豆粕含氮量仅 6.8%，尿素含氮量是豆粕的 6.8 倍，这就意味着，

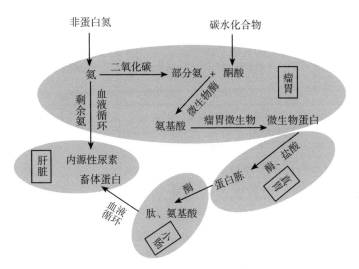

图7-1　非蛋白氮作用流程

每使用1t尿素氮，就能节约6.8t豆粕氮。我国牛羊年存栏量约4亿头（只），即便1/5的牛羊能用上尿素饲料，那么尿素年需求量160万t，每年能节约1 088万t豆粕氮当量。这个数量相当于5 487.2万亩耕地面积的大豆产出。我国是全球尿素生产和出口第一大国，年产量约5 600万t，产能完全满足我国尿素饲料需求，可大大降低耕地资源的占用。

　　在羊养殖中，有研究表明，采用尿素替代以33%大豆为唯一蛋白源的蛋白氮，可以显著提高羊只生长性能。Asih等在奶山羊基础日粮中添加2.5%尿素，结果显示，山羊的产奶量、奶蛋白和产奶效率与饲喂豆粕和棉籽粕的日粮水平相似。但尿素在使用过程中存在适口性差、经瘤胃微生物脲酶的分解后释放出的氨易引起中毒等问题，因而需合理使用。在实际生产中，王波等系统研究了尿素作为NPN在肉羊日粮中的应用效果，当肉羊日粮中的精粗比为1∶1，肉羊日粮中尿素用量达到1.5%时，与大豆粕组相比，肉羊的生长性能与屠宰性能差异不显著，详见表7-2。

表7-2　饲料中添加不同水平尿素对肉羊生长性能的影响

项目	对照组	0.5%组	1.5%组	2.5%组
始重（kg）	33.9±3.95	33.9±3.87	32.6±3.87	31.5±3.10
末重（kg）	43.6±4.70[a]	43.1±4.26[a]	41.5±3.78[ab]	39.8±3.93[b]
平均日增重（g/d）	219.6±38.2	210.5±36.5[ab]	203.4±32.2[ab]	185.7±35.3[b]

(续表)

项目	对照组	0.5%组	1.5%组	2.5%组
平均日采食量 [g/（只·d）]	1 415.9±139.7[ab]	1 434.6±132.6[a]	1 370.1±106.3[ab]	1 248.3±257.0[b]
饲料转化率	5.51±0.80	6.92±1.09	6.78±0.82	6.74±1.06

注：[a,b]同行肩标不同小写字母表示差异显著（$P<0.05$），不同大写字母表示差异极显著（$P<0.01$）。

1.1.2 磷酸脲在日粮中的应用

磷酸脲是一种能同时提供 NPN 和磷（P）的饲料添加剂，其在瘤胃中的氨释放速率较尿素慢，是一种新型、安全的饲料添加剂。20 世纪 70 年代，广泛应用于欧美日地区，是欧共体（EC）饲料业法定Ⅰ类添加剂，联合国粮农组织（FAO）也明文推荐。我国于 20 世纪 80 年代后期开始对磷酸脲进行研究，取得了良好的效果，显示出广阔的前景。关于磷酸脲对反刍动物生产性能和替代蛋白质饲料的作用已经有相应的研究，近 20 年国内外多项研究表明，牛、羊饲料中添加 100 g/d 或 1%磷酸脲具有增乳和增重的作用。我国在 2005年 1 月颁布了《饲料级磷酸脲》（NY/T 917—2004）行业标准，是我国 NPN 饲料中第二个标准。与尿素类似，当添加量超过反刍动物的耐受性时，容易引起瘤胃酸中毒，为探究磷酸脲不同添加量对肉羊育肥过程中的影响。张帆等系统研究了磷酸脲在肉羊日粮中的应用效果，试验表明肉羊日粮精粗比例为 1：1 时磷酸脲在 2%的添加量不显著影响羔羊生长性能、屠宰性能和肉品质。但会显著提高肌肉的亮度值，当磷酸脲添加量达到 4%时极显著降低羔羊的平均日增重、胴体重，增加肌肉的红度、亮度值，详见表 7-3。以上结果也说明磷酸脲在动物体内释放速度较慢，所以使用剂量高于尿素。

表 7-3 饲粮中磷酸脲添加量对羔羊各阶段平均日增重的影响

项目	对照组	0.5%组	1%组	2%组	4%组
预试期	220.56±27.00[Aa]	227.60±27.52[Aa]	242.71±48.57[Aa]	218.75±25.24[Aa]	16.11±37.34[Bb]
0~30 d	252.22±18.07[Aa]	273.75±10.83[Aa]	273.96±10.61[Aa]	263.96±8.97[Aa]	8.44±19.97[Bb]
31~60 d	204.95±14.80[Aa]	186.69±14.48[Aa]	210.28±11.36[Aa]	192.94±11.87[Aa]	45.81±16.31[Bb]
0~60 d	228.20±11.95[Aa]	229.51±9.35[Aa]	241.60±9.64[Aa]	227.87±6.92[Aa]	27.43±17.06[Bb]

注：[a,b]同行肩标不同小写字母表示差异显著（$P<0.05$），不同大写字母表示差异极显著（$P<0.01$）。

1.2 低豆粕日粮在反刍动物日粮中的应用

1.2.1 氨基酸平衡技术在反刍动物低蛋白质日粮中的应用

针对我国蛋白质饲料资源依靠大量进口和畜禽饲料利用率低的现状，2021年3月，农业农村部制定了《饲料中玉米豆粕减量替代工作方案》，积极开辟新饲料资源，引导牛羊养殖减少精料用量，通过"提效、开源、调结构"等综合措施，减少对进口大豆的依赖，大力推行低蛋白日粮，并以此为核心，推行饲料精准配方和精细加工，通过提高蛋白利用效率推动豆粕减量。

低蛋白日粮，也叫理想氨基酸日粮，平衡氨基酸日粮，也可以称为精准氨基酸日粮，是在科学认知动物氨基酸需求和饲料原料氨基酸供给的基础上，通过添加晶体合成氨基酸，达到精准满足动物平衡氨基酸的需求。早在20世纪50年代，科学家们就已经提出了"理想蛋白质"（Ideal protein，IP）的概念。

20世纪60年代就已经开展猪的氨基酸平衡低蛋白日粮的研究，NRC（1998）推荐在日粮的蛋白质水平的基础上降低2~4个百分点，相辅以工业氨基酸，来提高氮的利用率，减少氮的排放量，提高其生产性能，提高经济效益。在家禽方面也有大量的研究，而在反刍动物方面的研究较晚于猪、禽，以往的研究发现，动物对蛋白质营养的需求实际上是对氨基酸的需求，平衡氨基酸模式需要综合评定、精准添加。

在反刍动物日粮中添加相应氨基酸，降低蛋白用量，结果表明可以提高奶牛的产奶量以及日粮氮转化效率，氮磷的排放量也相对减少。Lee等研究发现，将日粮的蛋白质水平从15.7%降低至13.5%，奶牛产奶量显著降低，当补充过瘤胃赖氨酸、蛋氨酸和组氨酸后，弥补了低蛋白质饲粮对奶牛产奶性能的影响。冯蕾等向后备牛低蛋白日粮中补饲过瘤胃蛋氨酸、亮氨酸和异亮氨酸，与高蛋白日粮组对比，发现生产性能无显著差异。王建红等（2011）研究表明，降低饲粮粗蛋白质水平并补充限制性氨基酸能够提高犊牛的生长性能。云强等研究发现，在粗蛋白质水平为12.02%的犊牛饲粮中添加过瘤胃赖氨酸和过瘤胃蛋氨酸，体增重与饲喂粗蛋白质水平为14.67%的犊牛保持一致。安靖等发现降低山羊饲粮的粗蛋白质水平，补充过瘤胃蛋氨酸和过瘤胃赖氨酸，不会对山羊机体血清指标、瘤胃发酵等产生负面影响。

王杰等通过探究饲粮蛋氨酸水平对湖羊公羔营养物质消化、胃肠道pH及血清指标的影响，研究发现，56日龄羔羊的饲粮粗蛋白质、粗脂肪和NDF的表观消化率随过瘤胃蛋氨酸添加量的降低而降低。王波等研究蛋白水平对早期断奶双胞胎湖羊公羔营养物质消化与血清指标的影响，研究表明，未使用氨基酸进行平衡的低蛋白饲粮显著地降低了羔羊的生产性能。但额外补饲过瘤胃氨基酸时，使小肠中氨基酸含量增加，进一步使羊只机体恢复因缺乏粗蛋白质而造成的生产性能的损害。郭伟等利用包被的赖氨酸、蛋氨酸、苏氨酸与精氨酸配制育肥羊低蛋白质日粮，研究结果表明，降低育肥羊饲粮粗蛋白质水平 1~4 个百分点并补充过瘤胃氨基酸与尿素，不会降低肉羊的生长性能和屠宰性能，证明在低蛋白日粮中添加过瘤胃氨基酸可改善育肥羊的生长性能，详见表7-4。李雪玲等研究中扣除 120 日龄羔羊饲粮中赖氨酸或者蛋氨酸都显著降低血清中 TP、GLB 含量，表明扣除限制性氨基酸后会影响血清中蛋白代谢，进而降低生长性能。同时，低蛋白日粮能够减少机体对氮的消耗，维持瘤胃氨浓度处于正常范围，并提高微生物合成菌体蛋白的速度。

表7-4　低蛋白饲粮中补充过瘤胃氨基酸对杜寒杂交肉羊生长性能的影响

项目	组别					SEM	P 值
	CON	LP14	LP12	LP10	LP12+NPN		
始重（kg）	33.23	33.42	33.02	33.17	33.87	0.19	0.910
末重（kg）	52.62	50.73	51.28	51.00	51.87	0.37	0.51
平均日增重（g/d）	242.38	216.38	228.25	222.88	237.50	3.90	0.196
平均日采食量［g/（只·d）］	1 808.43	1 715.49	1 704.44	1 680.43	1 761.50	18.98	0.216
饲料转化率	7.46	7.93	7.47	7.54	7.42	0.11	0.249

注：对照组 CON（饲粮 CP=16%）、LP14 组（饲粮 CP=14%）、LP12 组（饲粮 CP=12%）、LP10组（饲粮 CP=10%）和 LP12+NPN 组（饲粮 CP=12%，添加 1%尿素）。

　　氨基酸平衡低蛋白日粮是一项可持续良性发展的实用技术，但目前在反刍动物方面研究较少，后期可根据关于农业农村部办公厅印发《饲用豆粕减量替代三年行动方案》的重点任务部署，完善低蛋白高品质饲料标准体系，支持利用合成生物学技术构建微生物发酵制品生产菌株，加快低蛋白日粮配方必需的小品种氨基酸和酶制剂等新饲料添加剂产品的研发与评定等，以期为低蛋白质饲粮在反刍动物养殖业的应用提供理论依据和参考。

1.2.2　氨化可以提高农作物秸秆的粗蛋白质含量

　　开粮节源，充分挖掘我国饲料资源，也是实现蛋白替代的手段之一。我国农作物秸秆资源丰富，年产量在 7 亿~9 亿 t，推进农作物秸秆综合利用，有利于农业的低碳减排与可持续发展。氨化技术的主要氨源为液氨、尿素、碳酸氢铵、氨水等。如果在作物秸秆中加入一定比例的液氨、氨水、尿素等溶液进行密闭存放，可使秸秆中的木质素、纤维素、半纤维素之间的酯键断裂，改善秸秆原有坚硬质地变软易于消化，粗蛋白质水平可提高 1~2 倍，可能是在秸秆中添加氨源，补充了秸秆中的非蛋白氮，从而提高了粗蛋白质含量，有研究表明，采用玉米秸秆质量的 5% 尿素处理风干玉米秸秆，使玉米秸秆中 CP 含量由 5.14% 提高至 12.54%，而 NDF 的含量由 79.83% 降低至 74.05%。孟春花等研究表明，添加 15% 和 20% 碳酸氢铵氨化处理的油菜秸秆能使山羊瘤胃中的干物质、粗蛋白质和酸性洗涤纤维含量显著提高。可促进反刍动物瘤胃内微生物大量繁殖，牛羊等反刍动物的消化率可提高 20%~30%，进而提高秸秆的利用率，为秸秆氨化法，此外，经氨化处理的秸秆不易霉变，可有效防止病虫害，利于保存。

液氨是氨的液态形式，与尿素、碳酸氢铵相比含氮量达 82.3%，用来氨化秸秆效果最好。罗志忠等通过探究液氨氨化对麦秸干物质体外消化率的影响，发现麦秸经液氨、氨水处理后可明显提高粗蛋白的含量、干物质消化率，液氨相对于氨水、尿素操作简单易行，且能促进反刍动物对秸秆类饲料的利用效能。利用秸秆氨化技术，可以从侧面弥补精料蛋白的短板，间接节省蛋白质饲料在日粮中的比例。

2　肉牛低蛋白低豆粕多元化饲粮配制技术

2.1　饲粮配制要点

2.1.1　营养需要量

肉牛的营养需要是一个动态的需要量。不同生产阶段对营养的需求有所差别，如果营养不平衡，就容易引起营养缺乏，导致生长迟缓，发育不良，降低饲料转化率和养殖效益。根据不同的品种、不同的年龄阶段和不同的生理条件，确定不同的营养需要，提供均衡、全面的饲料营养。

首先，应采取阶段饲养技术对不同体型大小（表 7-5）、不同生产阶段（表 7-6）、不同体重的肉牛进行分群饲喂。不同的品种和胴体需求会影响肉牛养殖过程的阶段划分。西门塔尔牛、安格斯牛、国内小黄牛通常是大、中、小三种体型的代表。

在确定肉牛的品种以及生产阶段进行分群后，饲喂不同的饲粮。

表 7-5　肉牛体型分类

体型分类	适用品种
小体型	渤海黑牛、郏县红牛、哈萨克牛、皖南牛、闽南牛、大别山牛、枣北牛、巫陵牛、雷琼牛、云南高峰牛、吉安黄牛、锦江黄牛及其相近体型杂交牛后代
中体型	安格斯、海福特、鲁西黄牛、秦川牛、南阳牛、晋南牛、延边牛、夏南牛、草原红牛、三河牛、新疆褐牛、延黄牛、云岭牛及其相近体型杂交牛后代
大体型	西门塔尔、辽育白牛、夏洛来、利木赞、金色阿奎丹、皮埃蒙特、比利时兰及其相近体型杂交牛后代等

表 7-6　肉牛生产阶段划分

性别	阶段划分	说明
公牛	犊牛	Calf，指性成熟之前的幼龄公牛或母牛，一般年龄不足 1 周岁。犊牛可进一步细分为乳犊或小犊（出生–断奶）和大犊（断奶–周岁）。大犊又叫断奶犊牛（Weaner calf），指从断奶（舍饲养殖 3~4 月龄和放牧养殖 5~6 月龄）至 1 岁龄前的犊牛
	架子牛	Stocker 或 Backgrounder，指年龄在 1~2 周岁前用于肥育的公犊牛或母犊牛，包括小架子牛（13~18 月龄犊牛）和大架子牛（19~24 月龄阶段犊牛）。国外通常称为周岁牛（Yearling）
	肥育牛	Feeder，指在肥育场采用高谷物饲粮饲养的在栏牛，一般体重 360~600 kg，年龄 12~24 月龄
母牛	犊牛	Calf，指性成熟之前的幼龄公牛或母牛，一般年龄不足 1 周岁。犊牛可进一步细分为乳犊或小犊（出生–断奶）和大犊（断奶–周岁）。大犊又叫断奶犊牛（Weaner calf），指从断奶（舍饲养殖 3~4 月龄和放牧养殖 5~6 月龄）至 1 岁龄前的犊牛
	青年母牛	Heifer，简称青年牛，指产第一胎犊牛之前的幼龄母牛，年龄段通常在 7~24 月龄。青年母牛又分为育成青年母牛和怀孕青年母牛
	成年母牛	Cow，指性成熟的肉用母牛，已产过一胎或多胎犊牛

　　其次，参考查阅《肉牛营养需要》（第 8 次修订版，科学出版社），得出肉牛各营养指标的确切需要量，需要考虑的营养需要指标有：能量（总可消化养分 TDN、代谢能 ME、维持净能 NEm、增重净能 NEg）、蛋白质（粗蛋白质 CP、瘤胃降解蛋白 RDP、瘤胃未降解蛋白 RUP、代谢蛋白 MP）、氨基酸（赖氨酸 Lys、蛋氨酸 Met 等）、纤维（中性洗涤纤维 NDF、物理有效中性洗涤纤维 peNDF）、矿物质（Ca、P、K、Na、S、Cl、Mg、Fe、Cu、Mn、Zn、I、Co、Se、Mo 等）、维生素（A、D、E、B 族等）。根据各养分的需要量，为不同生产阶段、不同增重水平的肉牛配制饲粮。

　　表 7-7 和表 7-8 显示了生长和肥育牛日营养需要量和饲粮评估。表中所选的动物为肥育结束体重 550 kg、体脂肪含量为 28%（参比动物空体脂肪评

分值=4）的安格斯品种阉牛，生长肥育阶段体重范围 250～500 kg，平均日增重为 0.40～2 kg/d。表中左侧显示了不同生长阶段的 6 个不同绝食体重（SBW）的阉牛维持净能（NEm）、增重净能（NEg）、代谢蛋白（MP）、钙（Ca）及磷（P）日需要量。表 7-7 中所有数值都可以直接用于特定生产性能水平下饲粮营养需要量配方的制订。

表 7-7　生长肥育牛日营养需要量

成年绝食体重（550 kg）						
维持需要	绝食体重（SBW）（kg）					
	250	300	350	400	450	500
Nem（Mcal/d）	4.8	5.6	6.2	6.9	7.5	8.1
MP（g/d）	239	274	307	340	371	402
Ca（g/d）	7.7	9.2	10.8	12.3	13.9	15.4
P（g/d）	5.9	7.1	8.2	9.4	10.6	11.8
日增重	增重所需 NEg（Mcal/d）					
0.4 kg/d	1.2	1.3	1.5	1.6	1.8	1.9
0.8 kg/d	2.5	2.8	3.2	3.5	3.8	4.1
1.2 kg/d	3.8	4.4	5	5.5	6	6.5
1.6 kg/d	5.3	6.1	6.8	7.5	8.2	8.9
2.0 kg/d	6.7	7.7	8.7	9.6	10.5	11.3
日增重	增重所需 MP（g/d）					
0.4 kg/d	149	139	129	120	111	102
0.8 kg/d	288	267	246	226	207	188
1.2 kg/d	423	390	358	326	296	267
1.6 kg/d	556	510	466	423	381	341
2.0 kg/d	686	627	571	516	463	412
日增重	增重所需 Ca（g/d）					
0.4 kg/d	10.4	9.7	9	8.4	7.7	7.1
0.8 kg/d	20.1	18.6	17.2	15.8	14.4	13.1
1.2 kg/d	29.6	27.2	25	22.8	20.7	18.6
1.6 kg/d	38.9	35.6	32.5	29.5	26.6	23.8
2.0 kg/d	48	43.8	39.9	36.1	32.4	28.8
日增重	增重所需 P（g/d）					
0.4 kg/d	4.2	3.9	3.6	3.4	3.1	2.9
0.8 kg/d	8.1	7.5	6.9	6.4	5.8	5.3
1.2 kg/d	12	11	10.1	9.2	8.4	7.5
1.6 kg/d	15.7	14.4	13.1	11.9	10.8	9.6
2.0 kg/d	19.4	17.7	16.1	14.6	13.1	11.6

表 7-8　生长肥育牛饲粮评估

饲料	总可消化养分 （TDN,%DM）	代谢能（ME, Mcal/kg）	维持净能（NEm, Mcal/kg）	增重净能（NEg, Mcal/kg）
A	65	2.40	1.52	0.93
B	70	2.59	1.68	1.07
C	75	2.77	1.84	1.21
D	80	2.96	2.00	1.34

绝食体重 （SBW, kg）	饲粮	干物质 采食量 （DMI, kg/d）	日增重 （ADG, kg/d）	粗蛋白 质（CP, %DM）	瘤胃可降 解蛋白 （RDP, %CP）	代谢蛋 白（MP, g/d）	钙（Ca, %DM）	磷（P, %DM）
250	A	6.06	0.86	12.6	50.6	547	0.48	0.24
	B	5.93	1.04	14.2	48.1	607	0.56	0.27
	C	5.72	1.17	15.7	46.3	652	0.64	0.31
	D	5.42	1.25	17.2	45.0	680	0.71	0.34
300	A	7.27	0.94	11.3	55.4	583	0.42	0.22
	B	7.11	1.12	12.6	53.2	640	0.49	0.24
	C	6.86	1.26	13.9	51.6	682	0.55	0.27
	D	6.51	1.35	15.1	50.3	709	0.61	0.30
350	A	8.48	1.00	10.2	60.2	611	0.38	0.20
	B	8.30	1.19	11.3	58.4	664	0.43	0.22
	C	8.00	1.34	12.4	56.9	703	0.48	0.24
	D	7.59	1.43	13.5	55.8	728	0.53	0.26
400	A	9.69	1.06	9.4	65.0	632	0.34	0.18
	B	9.46	1.26	10.3	63.6	681	0.38	0.20
	C	9.15	1.41	11.2	62.4	718	0.42	0.22
	D	8.68	1.51	12.2	61.3	741	0.46	0.24
450	A	10.90	1.12	8.7	69.9	649	0.31	0.17
	B	10.67	1.32	9.4	68.9	694	0.34	0.18
	C	10.29	1.48	10.2	67.9	727	0.38	0.20
	D	9.76	1.58	11.0	67.0	748	0.41	0.22
500	A	12.12	1.17	8.0	74.8	662	0.28	0.16
	B	11.86	1.38	8.7	74.2	702	0.31	0.17
	C	11.43	1.54	9.4	73.6	731	0.34	0.18

在满足肉牛营养需要的基础上实现豆粕减量，一是利用单一饲料原料如棉粕、葵花粕、菜籽粕等杂粕或合理使用非蛋白氮来替代豆粕；二是进行氨基酸平衡换算，人工补充必需氨基酸，维持肉牛各生产阶段的氨基酸平衡，维持并改善生长性能。

2.1.2 配制基于氨基酸平衡的饲粮

低蛋白氨基酸平衡日粮调控技术以氨基酸平衡理论为基础，以氨基酸限制性顺序和适宜利用模式为依据，对不同生产阶段肉牛的氨基酸营养需要量进行优化和完善，辅助对相关饲料原料质量的充分检测、评估，过瘤胃氨基酸产品高效利用等技术的应用，可将基础饲粮的粗蛋白质水平降低 2~4 个百分点，达到不影响肉牛生产性能、体尺指标及粪便成型和生产效益的前提下，节约豆粕用量。

实例 1：3~9 月龄犊牛日粮采用赖氨酸：蛋氨酸：苏氨酸比例为 100：31：57（3~6 月龄）和 100：32：57（7~9 月龄）。辅助以对相关饲料原料质量的充分检测、评估，以及过瘤胃氨基酸产品的高效利用等技术的应用，可将"玉米-豆粕-苜蓿"型基础饲粮的粗蛋白质水平从 16% 降低至 13%。

实例 2：20 月龄贵州关岭育肥牛，采用 11.5% 粗蛋白质的日粮进行饲喂，添加 0.15 $g/W^{0.75}$ 赖氨酸和 0.15 $g/W^{0.75}$ 蛋氨酸，生产性能无显著变化。

2.1.3 考虑能氮平衡和其他营养素平衡

包括能氮平衡、微量元素平衡、电解质平衡等。此外，还要兼顾考虑营养素来源、能量饲料组合、蛋白质饲料组合等。

2.2 多元化饲粮配制技术要点

2.2.1 地源性原料选择

在多元化饲粮配制中，可选择秸秆和茎叶类副产物作为粗饲料的主要来源；杂饼杂粕、糟渣等作为精饲料的原料。表 7-9 中所显示的作物秸秆及副产物的营养成分含量，其中不乏粗蛋白质（CP）含量超过 10% 的原料，可以作为饲料蛋白质供给来源。作物副产物由于加工过程和利用部位不同，导致其副产物营养物质组成存在较大差异，其中 CP 和纤维含量是影响副产物在反刍动物饲粮中应用主要因素，配制饲料时最好能检测营养成分含量。

（1）农作物秸秆及副产物

待处理的农作物秸秆应确保干燥、无霉变，无杂物等要求，保存在干燥通风、有防雨设施处。秸秆的存放可采用集中和分散存放相结合的方法，并保持通风，忌堆放，可立式码垛，垛两侧留有通风道，垛中留有通风孔。贮存期间应定期翻垛，注意防火、防雨、防潮。

表7-9 我国常见具有饲用价值的作物秸秆及副产物的营养成分含量举例

（干物质基础，%）

种类	粗蛋白质	粗脂肪	中性洗涤纤维	酸性洗涤纤维	粗灰分	钙	磷	总能(MJ/kg)
秸秆类								
棉花秸秆	6.37~7.45	3.97	72.10	56.80	5.49~10.47	0.79~1.14	0.08~0.17	—
油菜秸秆	3.37~5.79	2.51~6.82	67.87~79.70	55.52~58.87	5.52~7.58	1.01~1.08	0.09~0.13	4.88
大豆秸秆	5.22~6.94	0.82~1.03	65.0~77.4	44.1~56.8	5.72~6.39	0.99~1.09	0.13~0.15	17.9~18.3
小麦秸秆	3.94	0.94	78.9	48.4	8.93	0.34	0.07	16.9
玉米秸秆	4.52~8.00	1.31~1.61	63.5~76.2	34.2~43.5	8.49~8.53	0.64~0.68	0.08~0.17	16.9~17.4
稻草秸秆	3.67~5.55	1.51~1.72	61.3~71.9	34.7~43.2	11.5~14.0	0.35~0.50	0.09~0.15	15.8~16.3
高粱秸秆	9.86	0.66	46.43	28.66	7.66	0.81	0.23	—
燕麦秸秆	6.85	4.46	52.60	27.50	4.42	0.56	0.13	19.70
豌豆秸秆	10.70	1.27	47.96	32.33	17.94	2.64	0.19	—
茎叶类								
亚麻茎叶	3.59	1.61	65.64	43.75	8.97	0.61	0.06	—
葵花茎叶	3.50	1.01	56.27	50.26	5.58	0.55	0.02	—
番茄茎叶	4.31	0.79	52.05	34.70	9.86	0.93	0.09	—
辣椒茎叶	5.42	0.82	58.56	41.32	8.59	1.08	0.10	—
甘蔗梢叶	5.65~7.26	1.23~2.06	67.22~68.15	34.54~38.79	7.02~7.20	0.52	0.14	18.10~18.70
甜菜茎叶	17.30~18.14	1.04~2.10	26.75~29.90	9.52~21.50	17.55~20.10	0.97	0.17	—
木薯茎叶	17.70~27.90	5.07~6.87	14.30~33.40	14.10~28.10	6.20~8.00	0.69~1.18	0.41~1.02	—
香蕉茎叶	4.02~4.71	2.31~7.57	63.42~67.35	42.51~44.68	9.70~15.80	0.19~2.68	0.10~0.18	19.70~19.80
花生秧	11.17~14.55	2.07~2.60	40.16~49.17	30.73~40.80	11.06~14.14	1.25~1.82	0.13~0.34	7.82~9.03
地瓜秧	12.00~13.40	2.20~3.03	46.60~56.80	32.10~42.50	10.90~16.10	1.36~1.93	0.18~0.34	16.10~17.20
桑叶	18.26~24.75	3.90~5.06	47.44~50.55	17.45~19.64	12.27~13.09	2.16~2.45	0.24~0.25	17.80~18.00
辣木叶	27.60	8.65	21.37	—	9.77	—	0.01	—

（续表）

种类	粗蛋白质	粗脂肪	中性洗涤纤维	酸性洗涤纤维	粗灰分	钙	磷	总能(MJ/kg)
饲用构树枝叶	16.50	3.84	43.50	27.40	11.10	1.83	0.67	17.50
糟渣类								
干番茄渣	16.13~18.01	11.62~13.83	52.82~58.74	43.14~46.05	4.25~5.30	0.21~0.34	0.47~0.48	—
干甘蔗渣	5.30~8.87	0.36~1.60	72.60~78.20	38.10~52.60	2.57~9.70	0.53	0.17	17.50~19.10
干木薯渣	5.04~11.20	0.16~2.34	38.10~63.40	21.40~41.30	2.35~5.30	—	0.13	9.94~15.90
干苹果渣	7.31~7.56	5.75~5.78	50.60~56.60	33.50~40.90	2.52~5.34	0.39~1.19	0.16~0.23	20.00~21.10
干豆渣	18.10	3.34	43.00	28.70	4.88	0.77	0.20	20.10
啤酒糟	15.43~24.30	4.02~5.30	39.40~45.90	24.60~27.72	3.76~7.49	0.25~0.32	0.38~0.42	—
饼粕类								
棉籽粕	43.09	1.78	30.68	18.08	6.54	0.23	0.93	—
亚麻仁粕	34.80	1.80	21.60	14.40	6.60	0.42	0.95	—
花生仁粕	47.80	1.40	15.50	11.70	5.40	0.27	0.56	—
芝麻粕	51.43	3.32	35.43	18.82	6.85	0.47	1.51	—
茉麻粕	37.28	1.85	36.79	20.98	8.25	0.51	0.94	—
向日葵粕	18.74	10.95	58.48	35.47	3.76	0.18	0.56	—
其他								
花生壳	5.08	0.90	73.25	59.31	4.22	0.80	0.05	16.11
稻糠	8.07	6.67	78.96	56.12	1.87	0.01	0.38	—
米糠	12.80	16.50	22.90	13.40	7.50	0.07	1.43	—
柠条	12.19	3.88	52.27	40.37	9.05	2.13	0.12	—

针对作物秸秆、茎叶类副产物物理特性与营养特点，选择合适的提高副产物利用效率的技术措施，包括物理处理、化学处理、生物处理（例如秸秆微贮、茎叶类混贮）等。

配制饲料时，可利用原料间组合效应提高饲料利用率。以油菜秸秆为例，油菜秸秆以75%的比例与象草组合在可产生正组合效应，改善瘤胃发酵模式。与玉米、豆粕以3:3:4进行组合，发酵产物中氨态氮浓度和pH值显著下降，而以5.5:3:1.5比例组合时，瘤胃发酵效率最高，能氮比最优。

（2）食品工业副产物

酒糟：含有酒精成分，使用前先使用高温处理和晾晒等方法挥发酒精。建议尽量使用鲜酒糟，防止发酵和霉变，如短时间无法用完，应隔绝空气保存，也可以青贮或烘干、晾晒，贮存备用。

渣类：渣类饲料原料如甜菜渣、甘蔗渣、淀粉渣、醋渣、酱油渣和豆腐渣等，渣类饲料使用时采用脱水、干燥、粉碎等工艺，在饲料中部分替代豆粕使用。

果渣类：新鲜果渣水分含量高，存放时间短，易酸败变质。因此需干燥延长存放时间。干燥方法包括晾晒、烘干等。果渣烘干后粉碎成果渣粉，加入配合饲料中部分替代豆粕使用。

新鲜糟渣类饲料原料含水量高，不及时贮藏处理易腐败变质，合理选择储藏技术可减少糟渣营养成分损失，提高利用效率，解决养殖场糟渣饲料四季均衡供给、节约用粮、降本增效。

2.2.2　配套加工措施

（1）原料预处理相关技术

采用生物发酵或体外酶解等方式，处理杂粮和糟渣类副产物等低值原料，能够降解抗营养因子，增加有益微生物，产生部分有机酸和酶类，实现养分预消化，提高其在饲料中的添加比例。

（2）制粒技术

按需要制备颗粒精料补充料或全混合颗粒饲料。首先将需要粉碎的原料粉碎后与粉状原料分别进入配料仓，然后按照配方电脑操控配料，混合均匀后进入制粒仓通过蒸汽调质制粒，制粒后因带有热气，需要冷却后打包。

（3）全混合日粮技术

全混合日粮技术（TMR）制作要点：①原料添加顺序，应遵循先长后短、先粗后细、先干后湿、先轻后重的原则，一般添加顺序是干草、青贮、精料、湿糟类、水等，严格按照日粮配方的重量进行添加；②搅拌时间，一般情况下，在最后一种饲料加入后应继续搅拌 3~8 min，一个工作循环总用时在 20~40 min，避免过度搅拌；③混合均匀度。搅拌效果好的 TMR 精粗饲料混合均匀，有较多的精饲料附着在粗饲料的表面，松散不分离，色泽均匀；④搅拌细度。根据牛不同生理阶段和营养需求，定期用宾州筛测定 TMR 的搅拌细度；⑤水分含量。一般为 45%~50%，偏湿或偏干的 TMR 均会限制采食，可用微波炉或烘箱进行水分的测定。

裹包青贮需于饲喂当日配合 TMR 时与精补料现拆分、现配用，预配料与粗饲料混合成 TMR 后需当天饲喂肉牛。

（4）青贮饲料制备技术

在制作青贮饲料时，会因设备、原料特性以及添加剂种类等因素的不同，在制作方法上也会有一定差异，但是其主要的制作步骤则是基本相同的。

青贮制作前的准备工作主要包括：第一，准备青贮设施，清理青贮设施内的杂物，青贮设施的清洗、消毒等，检查青贮设施的质量，如有损坏及时修复；第二，检查各类青贮用机械设备，使其运行良好；第三，准备青贮加工必需的材料。

青贮物料水分应控制在 60%~70%；收割的青贮饲料，应即时进行装填，保证装填紧实、厌氧。窖贮青贮制作前先在两侧窖壁铺上薄膜，青贮窖底部可铺垫一层 10~15 cm 厚、切短的秸秆或软草，以便吸收青贮液汁。为使青贮料迅速达到厌氧状态以减少营养物质的损失，青贮原料应该装填一层、推平一层、压实一层，每一层压实的厚度控制在 15~20 cm。压制时青贮堆坡度在 30~40°，最多在 2~3 d 之内装压完毕、密封。装填压实后，应高于窖口 30 cm 左右，发酵完成后饲料下降的高度不应超过青贮窖深度的 10%。从原料装填到全窖密封不要超过 7 d，封窖过程中遇雨应临时覆盖，随着青贮进行及时封顶，封窖时窖顶应呈屋脊型以利排水，最顶层用黑白膜覆盖后，再用轮胎等重物密集压实。也可采用地上青贮、裹包青贮、袋装青贮等方式进行。

（5）黄贮饲料制备技术

秸秆原料的黄贮制作与饲料的青贮制作方式类似，应注意的是，干秸秆物料的水分含量较低，在黄贮时必须将水分补加到乳酸菌发酵所需的标准，使黄贮料的总水分含量达到 50%~60%。加水要本着先少后多、边装填、边压实、边加水的原则。加水量要根据原料实际水分含量而定，当秸秆原料水分含量低于 40% 时，将添加剂与调节原料水分所用水混合均匀后，在常温下放置 1~2 h，活化菌种形成菌液，在原料粉碎或揉碎时将其均匀喷洒至原料上；当秸秆原料含水量居于 40%~50% 时，将添加剂与适量水混合均匀后，在常温下放置1~2 h，活化菌种形成菌液，原料粉碎或揉碎时将其均匀喷洒至原料上，用水量不宜过高。

2.3 非蛋白氮饲用技术

常用的非蛋白氮类饲料主要有尿素、磷酸脲等，可作为部分蛋白质饲料的替代物。其中尿素占总日粮干物质1%时（约为0.3 g/kg体重）对动物是安全的。尿素含氮量46.7%，豆粕含氮量仅6.8%，尿素含氮量是豆粕的6.8倍，价格上按尿素1 800元/t、豆粕4 500元/t计，将节约大量饲料成本。

尿素喂量要适宜，尿素氮喂量占成年反刍动物日粮总氮量的25%~35%。根据《饲料添加剂安全使用规范》，尿素在肉牛配合饲料或全混合日粮中的推荐添加量为0~1.0%，最高限量为1.0%（干物质计），可替代粗蛋白质的20%~30%。

成年肉牛日粮组成要合理。应有必要量的易消化的碳水化合物，一般是1 kg淀粉加入100 g尿素；应含有适量的真蛋白，适宜水平为占日粮的9%~12%；日粮应含有一定量的矿物质，如钙、磷、硫、钠、铁、锰、钴等。

降低尿素在瘤胃内降解速度。如饲喂缓释尿素，以提高其利用率。

根据瘤胃微生物作用特性提高尿素利用率。先给成年肉牛喂以少量尿素，后量渐增，最后稳定在最佳水平。适应期为2~4周。

3 肉牛低蛋白低豆粕饲粮配制实用案例

3.1 非蛋白氮技术的应用

实例：河北省试验。选择60头18月龄体重为（397.2±19.5）kg的利木赞×复洲杂交F_1公牛，进行了一项14周的饲粮尿素添加水平对生长育肥牛生长性能影响的试验。饲料配方和营养成分见表7-10。结果显示（表7-11），对于18月龄体重400 kg左右的利木赞×复洲杂交F_1生长育肥公牛，饲粮中尿素添加水平在0.8%以内，或尿素氮占总氮比例在16%以下，是适宜的安全添加水平，可以获得较高的生长性能，该水平低于关于尿素氮占肉牛饲粮总氮比例25%~30%的经验推荐值，建议在粗饲料质量差、以低能量高蛋白副产品为主的饲粮结构情况下，采用略低的尿素添加水平，对于降低氨中毒的发生以及提高尿素等非蛋白氮饲料的利用效率较为实际。

表 7-10　饲粮组成及营养水平　　　　　　　（干物质基础，%）

项目	尿素添加水平					
	0	0.4%DM	0.8%DM	1.2%DM	1.6%DM	2.0%DM
原料组成						
青贮玉米	40.0	40.0	40.0	40.0	40.0	40.0
啤酒糟	20.0	20.0	20.0	20.0	20.0	20.0
玉米	30.2	33.5	36.6	27.1	15.1	3.1
棉籽饼	7.8	4.0	0.5	—	—	—
玉米淀粉	—	—	—	9.5	21.0	32.5
尿素	—	0.4	0.8	1.2	1.6	2.0
石粉	0.7	0.7	0.6	0.6	0.6	0.6
磷酸氢钙	0.1	0.2	0.3	0.4	0.5	0.6
小苏打	0.5	0.5	0.5	0.5	0.5	0.5
食盐	0.5	0.5	0.5	0.5	0.5	0.5
预混料	0.2	0.2	0.2	0.2	0.2	0.2
营养成分含量						
ME（MJ/kg DM）	11.30	11.30	11.34	11.38	11.42	11.46
粗蛋白质	14.01	13.96	14.00	14.03	14.02	14.01
NDF	55.03	57.42	54.24	51.42	55.53	50.04
ADF	21.41	18.00	17.81	17.25	21.41	19.00
Ca	0.56	0.57	0.55	0.57	0.58	0.59
P	0.33	0.33	0.33	0.31	0.31	0.30

表 7-11　肉牛的生长性能表现

项目	尿素添加水平						SEM	P 值	
	0	0.4%DM	0.8%DM	1.2%DM	1.6%DM	2.0%DM		L	Q
肉牛头数（头）	9	10	10	9	10	10	—	—	—
平均日增重（ADG，kg）	1.29	1.38	1.33	1.19	1.19	1.15	0.06	0.006	0.345
干物质采食量（DMI，kg/d）	8.18	8.38	8.44	8.25	8.22	8.18	0.12	0.485	0.143
饲料转化效率（DMI/ADG）	6.34	6.07	6.35	6.93	6.91	7.11	0.37	0.032	0.920

3.2 氨基酸平衡技术的应用

实例 1：山东省试验。选取 72 头体重 200 kg 左右的犊牛，分为 4 组，每组 18 头。以准确的常规营养成分需要设定为基础，配合赖氨酸、蛋氨酸、苏氨酸等限制性氨基酸的数量需要和比例来优化调整配方（表 7-12）。添加过瘤胃氨基酸产品，将 5~6 月龄西门塔尔青年牛饲粮中赖氨酸、蛋氨酸、苏氨酸含量分别由 0.79%、0.25%、0.6% 增加到 1.21%、0.36%、0.66%（赖氨酸∶蛋氨酸∶苏氨酸为 100∶31∶57），并将饲粮粗蛋白质水平降低 3 个百分点（CP16.3% 降低至 13.3%），可减少豆粕 9.6% 的使用量；将 7~8 月龄肉牛饲粮中，赖氨酸、蛋氨酸、苏氨酸比例分别由 0.79%、0.25%、0.6% 增加至 0.97%、0.31%、0.55%（赖氨酸∶蛋氨酸∶苏氨酸为 100∶32∶57），并将饲粮粗蛋白质水平降低 3.3 个百分点（CP16.3% 降低至 13%），可减少豆粕 9.6% 的使用量。饲粮蛋白水平降低并添加过瘤胃氨基酸产品后，肉牛生产性能、体尺指标及粪便成型等不受影响。配制饲粮时，玉米、豆粕、苜蓿等常规原料按照国家、行业相关标准选择，过瘤胃氨基酸产品按照相关行业或企业标准选择，注意所有原料的新鲜、卫生及适宜的粒度。配方示例见表 7-12。

表 7-12　饲粮组成及营养水平　　　　　　　　　（干物质基础，%）

项目	对照日粮	低蛋白饲粮 1（5~6 月龄）	低蛋白饲粮 2（7~8 月龄）
原料组成			
苜蓿	20.00	20.00	20.00
玉米	42.72	49.74	50.70
麸皮	16.00	16.00	16.00
大豆粕	18.40	8.80	8.80
石粉（CaCO₃）	1.04	1.12	1.12
食盐（NaCl）	0.40	0.40	0.40
小苏打（NaHCO₃）	0.40	0.40	0.40
预混料	1.04	1.04	1.04
过瘤胃赖氨酸	—	1.68	1.08
过瘤胃蛋氨酸	—	0.32	0.22
过瘤胃苏氨酸	—	0.50	0.24
合计	100.00	100.00	100.00
营养水平			
粗蛋白质（CP）	16.30	13.30	13.00

（续表）

项目	对照日粮	低蛋白饲粮1 （5~6月龄）	低蛋白饲粮2 （7~8月龄）
粗脂肪（EE）	3.10	3.10	3.20
中性洗涤纤维（NDF）	31.00	30.30	30.50
酸性洗涤纤维（ADF）	16.20	15.40	15.50
钙（Ca）	0.80	0.80	0.80
磷（P）	0.47	0.43	0.43
赖氨酸（Lys）	0.79	1.21	0.97
蛋氨酸（Met）	0.25	0.36	0.31
苏氨酸（Thr）	0.60	0.66	0.55

实例2：选取60头体重（408.3±51.2）kg的安格斯×西门塔尔杂交的15个月青年母牛，分为4组，每组15头，一组饲喂常规饲粮，其余在常规饲粮的基础上添加过瘤胃氨基酸N-乙酰-L-蛋氨酸（NALM），其浓度为0.125%、0.25%和0.5%，进行为期24周的饲喂。干物质基础下的饲粮配方组成为：30%全株玉米青贮、20%小麦壳粉、28%玉米、10.5%棉籽粕、10%玉米胚芽粕、0.2%预混料、0.5%食盐、0.2%氧化镁、0.6%石粉；基础饲粮的营养水平为：13.25%粗蛋白质、2.59 Mcal/kg代谢能、1.09 Mcal/kg增重净能、43.62%NDF、0.38%钙、0.32%磷、0.55%赖氨酸、0.2%蛋氨酸。结果显示（表7-13），虽然添加0.125%、0.25%和0.5%的NALM后肉牛的干物质采食量并未增加，但日增重都有所提高，从而改善了青年母牛的饲料转化率。

表7-13　日粮添加NALM的青年母牛生产性能

项目	NALM添加水平				标准误	P值	
	0	0.125%DM	0.25%DM	0.5%DM		L	Q
干物质采食量 （DMI，kg/d）	9.21	9.22	9.53	9.16	0.67	0.70	0.47
平均日增重 （ADG，kg/d）	0.85	1.01	1.06	0.99	0.14	0.16	0.06
饲料转化率	11.32	9.43	9.05	10.05	0.14	0.17	0.07

3.3　杂粮杂粕型多元化饲粮技术的应用

以不影响肉牛生长性能和肉品质为前提，精准把握饲料原料的有效能值和消化率，以及每个生理阶段的能量和蛋白质需要量，根据饲料原料的市场供应和性价比，参考《肉牛营养需要量》或《肉牛营养需要量和饲料成分指南》（2021年版），决定所选择的技术方案。理论上，杂粕（饼）类包括棉籽粕（饼）、菜籽粕（饼）、亚麻籽粕（饼）、葵花粕（饼）、大豆皮等可替代很大比例的豆粕。

实例1：山西省试验。对体重400 kg的肉牛进行了为期6个月的育肥。在不降低饲粮蛋白水平的同时，利用大豆皮替代育肥牛精料中的部分玉米和豆粕。即利用18.1%的大豆皮和0.7%棉粕替代16.7%的玉米和2.1%豆粕，结果显示（表7-14和表7-15），日增重提高8.94%（1.23~1.34 kg/d），料重比降低了6.69%。

表7-14　调整前后精料配方表　（%）

指标	原精料配方	精料配方调整后	差值
玉米	64.30	47.60	-16.70
豆粕	13.00	10.90	-2.10
棉粕	10.00	10.70	+0.70
大豆皮	5.70	23.80	+18.10
盐	1.00	1.00	0.00
小苏打	1.00	1.00	0.00
预混料	5.00	5.00	0.00
合计	100.00	100.00	0.00
成本（元/kg）	2.63	2.49	-0.14

表7-15　配方调整前后400 kg育肥牛生产性能结果

项目	精料配方调整前	配方调整后	差值	标准误	P值
初始体重（kg）	378.38	381.00	+2.62	9.170	0.994
期末体重（kg）	435.00	442.50	+7.50	10.300	0.945
干物质采食量（kg/d）	9.30	9.36	0.06	0.023	0.120
平均日增重（kg/d）	1.23	1.34	+0.11	0.083	0.377
饲料转化率F/G	7.92	7.39	-0.53	0.462	0.420
饲料成本［元/（头·d）］	16.92	16.36	-0.56	—	—
增重收益［元/（头·d）］	39.36	42.88	+3.52	—	—
养殖收益［元/（头·d）］	22.44	26.52	+4.08	—	—

实例2：为期12周的棕榈仁粕肉牛饲喂试验。选择平均体重为387 kg的

45头西门塔尔×本地黄牛一代杂交公牛，分为3组，每组15头，日粮组成和营养成分见表7-16。育肥结果显示（表7-17），在棕榈仁粕占育肥牛精料20%~40%水平下，对肉牛平均日增重、干物质采食量和饲料转化效率不会带来负面影响，棕榈仁粕在肉牛育肥日粮中的添加水平可以高达占精料40%的水平，可以作为一种肉牛育肥饲养的替代性饲料。

表7-16　日粮组成和营养成分

项目	棕榈仁粕在精料中比例		
	0	20%DM	40%DM
日粮组成（%DM）			
玉米	30.0	21.0	12.0
大豆粕	6.0	3.0	0
棕榈仁粕	—	12.0	24.0
棉籽粕	5.3	6.5	8.0
啤酒糟	15.9	14.9	13.6
玉米青贮	40.0	40.0	40.0
石粉	0.3	0.4	0.5
磷酸氢钠	0.6	0.3	—
小苏打	0.5	0.5	0.5
食盐	0.4	0.4	0.4
微量元素	1.0	1.0	1.0
营养成分			
ME（MJ/kg）	10.4	10.1	9.8
CP（%DM）	12.7	12.6	12.7
EE（%DM）	3.87	4.7	5.52
NDF（%DM）	38.9	45.3	51.6
ADF（%DM）	28.2	32.1	36.0
钙（%DM）	0.62	0.62	0.61
磷（%DM）	0.49	0.49	0.49

表7-17　饲喂不同水平棕榈仁粕的肉牛生长性能

项目	棕榈粕仁在精料中比例（%，DM）			SEM	P值
	0	20	40		
干物质采食量（DMI，kg/d）	8.784	8.783	8.818	0.069	0.92
日增重（ADG，kg/d）	1.225	1.253	1.341	0.060	0.32
饲料转化率	0.139	0.143	0.152	0.006	0.34

　　实例3：河南省试验。为期90 d断奶公犊牛饲喂试验。选择48头平均体重为79.5 kg左右的2月龄夏杂牛，分为4组，每组12头，对照组饲喂无杂粮的全混合日粮，试验组分别饲喂含5%棕榈仁粕的全混合日粮（表7-18）。结果发现，棕榈仁粕饲粮可以在维持干物质采食量的同时提高日增重（1.28 kg/d vs 1.11 kg/d，差异显著），促进夏杂公犊牛的生长。在断奶犊牛日粮中，利用5%棕榈仁粕搭配苜蓿干草、玉米、DDGS、麸皮，可使日粮豆粕使用量从11.04%降低至9.20%，降低饲粮中豆粕使用量16.7%。

表7-18　犊牛全混合日粮组成及营养水平　　　　　　（%干物质基础）

项目	对照饲粮	含5%棕榈仁粕饲粮
原料组成		
苜蓿	20.00	20.00
玉米	48.76	49.15
干酒糟及其可溶物（DDGS）	2.25	10.00
麸皮	15.00	3.70
豆粕	11.04	9.20
糖蜜	0.00	0.00
棕榈仁粕	0.00	5.00
细石粉	0.85	0.85
磷酸氢钙	0.60	0.60
食盐	0.50	0.50
预混料[1]	1.00	1.00
合计	100.00	100.00
营养水平		
干物质（DM）	94.78	94.80
粗蛋白质（CP）	16.61	16.87
粗脂肪（EE）	3.45	3.79
粗灰分（Ash）	6.03	6.24
中性洗涤纤维（NDF）	56.58	58.21
酸性洗涤纤维（ADF）	14.27	16.31
钙（Ca）	1.05	1.21
总磷（TP）	0.49	0.43
代谢能（ME，MJ/kg）[2]	2.59	2.55
犊牛生长性能		
初重（kg）	94.5	95.9
末重（kg）	189.3	205.0

（续表）

项目	对照饲粮	含5%棕榈仁粕饲粮
平均日增重（ADG，kg/d）	1.11	1.28
干物质采食量（DMI，kg/d）	4.50	4.74
饲料转化率（F/G）	4.04	3.70

注：[1] 预混料为每千克精料提供：维生素 A 15 000 IU，维生素 D 5 000 IU，维生素 E 50 mg，Fe 90 mg，Cu 12.5 mg，Mn 60 mg，Zn 100 mg，Se 0.3 mg，I 1.0 mg，Co 0.5 mg。

[2] 代谢能为计算值，其余营养成分为实测值。甲烷能＝8%总能，代谢能＝总能－粪能－尿能－甲烷能。

3.4 增加优质饲草，减少精料饲喂量技术的应用

将肉牛饲养中的"低质饲草+高精料"模式向"优质饲草+低精料"模式转变。可选用优质青贮饲料，根据肉牛营养需要，利用日粮平衡理论与技术，合理设计饲粮，整体降低精料及豆粕比例，健康高效养殖，提高生产效率。

实例1：青海省试验。利用高品质饲草（燕麦、豌豆）生产混合青贮，减少豆粕使用量，进行了540头西门塔尔公牛的育肥。通过栽培适应高寒气候的燕麦、豌豆品种制作混合青贮，在西门塔尔公牛育肥时，将饲喂40%全株玉米青贮、47.43%玉米、7.86%豆粕、3.03%菜籽粕，1.64%预混料，调整为40%燕麦豌豆混合青贮、52.78%玉米、1.36%豆粕、4.23%菜籽粕、1.64%预混料。精饲料饲喂量由4.22 kg/（头/d），调整为4.3 kg/（头/d）。在肉牛育肥期间将饲喂量为9.3 kg/（头·d）的全株玉米青贮或秸秆等量替换为燕麦豌豆混合青贮，即在饲粮干物质比例上，以40%燕麦豌豆混播青贮替代40%玉米青贮或40%秸秆，可以分别降低6.5%、7.36%豆粕用量（表7-19）。燕麦豌豆混播青贮饲料在维持或提高西门塔尔牛生长性能前提下，豆粕使用量降低153 kg/（头·年）。

表7-19 日粮组成及养分含量

项目	40%全株玉米青贮组	40%燕麦豌豆青贮组	40%秸秆组
日粮组成（% DM）			
玉米青贮	40.05		
混合青贮（燕麦∶豌豆）		40.00	
秸秆			40.02
豆粕	7.86	1.36	8.72
菜粕	3.03	4.23	7.60

（续表）

项目	40%全株玉米青贮组	40%燕麦豌豆青贮组	40%秸秆组
玉米	47.43	52.78	42.02
预混料	1.64	1.64	1.64
化学成分			
干物质（%）	43.90	47.00	82.80
粗蛋白质（%DM）	11.75	11.65	11.75
灰分（%DM）	4.56	3.68	4.68
NDF（%DM）	26.87	26.60	36.90
ADF（%DM）	13.52	14.95	18.31
粗脂肪（%DM）	3.94	3.40	3.14
淀粉（%DM）	36.87	29.23	42.24
维持净能 NEm（Mcal/kg）	1.65	1.60	1.58
增重净能 NEg（Mcal/kg）	1.08	1.02	0.95

实例 2：利用优质饲草替代精饲料试验。利用优质饲草（玉米青贮、苜蓿青贮、燕麦青贮和苜蓿干草）替代精饲料，分三阶段育肥 80 头西门塔尔公牛。饲粮中通过增加苜蓿青贮、燕麦青贮（表 7-20），育肥前期（0~60 d）精饲料用量减少了 14.3%，豆粕减少了 3%，中期（61~120 d）精饲料用量减少了 28.6%，豆粕减少了 4.4%，末期（121~180 d）精饲料用量减少了 25.9%，豆粕减少了 5.3%。优质饲草青贮组合型模式在育肥前期日增重提高 20%，整个育肥期日增重提高 8.6%；平均料重比降低 23.7%，可改善机体代谢，并显著提高生产性能和饲料转化效率；在饲喂期间，对育肥肉牛机体抗氧化功能具有提高效应，且没有出现换料应激现象；长期饲喂肉牛，对屠宰性能及肉质指标具有正向调控作用，提高瘦肉率。该技术于 2018—2020 年在甘肃省定西市各养殖场对西门塔尔架子牛育肥技术进行了推广，相关职能部门及养殖企业反馈应用效果很好。

表 7-20 饲粮组成及营养水平 （%干物质基础）

项目	育肥前期（0~60 d）		育肥中期（61~120 d）		育肥末期（121~180 d）	
	对照饲粮	调整后饲粮	对照饲粮	调整后饲粮	对照饲粮	调整后饲粮
玉米青贮	38.5	27.2	31.8	30.1	23.9	30.0

（续表）

项目	育肥前期（0~60 d）		育肥中期（61~120 d）		育肥末期（121~180 d）	
	对照饲粮	调整后饲粮	对照饲粮	调整后饲粮	对照饲粮	调整后饲粮
燕麦青贮		15.0		18.0		10.0
苜蓿干草	8.0		4.8		3.6	
苜蓿青贮		10.0		12.0		11.3
小麦秸秆	10.0	10.0		5.0		2.0
玉米	20.0	20.0	40.1	23.4	45.9	38.2
麸皮	8.0	8.0	6.4	3.0	7.3	1.1
豆粕	3.0		6.4	2.0	7.3	2.0
棉籽粕	3.2	1.0				
亚麻仁饼	4.3	5.0	6.3	3.1	7.3	2.0
预混料	4.0	3.8	4.2	3.4	4.7	3.4
合计	100.0	100.0	100.0	100.0	100.0	100.0

4 肉羊低蛋白低豆粕日粮生产技术要点

4.1 优质羊源的选择和分群

依照生理阶段和用途将羊群划为哺乳羔羊、生长育肥羊、妊娠母羊、泌乳母羊、种用公羊；应按照性别、年龄、体重、体况等分群饲养，单独配制饲粮。

4.2 营养需要量参数的确定

在制订肉羊饲粮配方时，应确定不同体重或生理阶段羊只的干物质、能量、蛋白质、中性洗涤纤维、矿物质、维生素等需要量，为精准营养供给提供依据。在确定羊只的生理阶段后，根据肉羊体重和日增重目标，查阅《肉羊营养需要量》（NY/T 816），确定每天肉羊营养需要量的推荐值。如：体重为 6 kg 的公羔羊，日增重目标为 200 g，需要每天摄入 0.19 kg 干物质、1.7 g 钙和 1.0 g 磷、2.3 MJ 代谢能和 23 g 代谢蛋白质（表 7-21）。

表 7-21　绵羊羔羊哺乳期营养需要量

体重 （kg）	日增重 （g/d）	干物质 采食量 （kg/d）	代谢能 （MJ/d）	净能 （MJ/d）	粗蛋 白质 （g/d）	代谢 蛋白质 （g/d）	净蛋 白质 （g/d）	钙 （g/d）	磷 （g/d）
6	100	0.16	2.0	0.8	33	26	20	1.5	0.8
	200	0.19	2.3	1.0	38	31	23	1.7	1.0
8	100	0.27	3.2	1.4	54	43	32	2.4	1.3
	200	0.32	3.8	1.6	64	51	38	2.9	1.6
	300	0.35	4.2	1.8	71	56	42	3.2	1.8
10	100	0.39	4.7	2.0	79	63	47	3.5	2.0
	200	0.46	5.5	2.3	92	74	55	4.2	2.3
	300	0.51	6.2	2.6	103	82	62	4.6	2.6

　　如：体重为 25 kg 的公羊，日增重目标为 300 g，需要每天摄入 1.03 kg 干物质、310 g 中性洗涤纤维、9.3 g 钙和 5.2 g 磷、11.9 MJ 代谢能和 83 g 代谢蛋白质（表 7-22）。

表 7-22　绵羊公羊育肥期营养需要量

体重 （kg）	日增重 （g/d）	干物质 采食量 （kg/d）	代谢能 （MJ/d）	净能 （MJ/d）	粗蛋 白质 （g/d）	代谢 蛋白质 （g/d）	净蛋 白质 （g/d）	中性洗 涤纤维 （kg/d）	钙 （g/d）	磷 （g/d）
20	100	0.71	5.6	3.3	99	43	29	0.21	6.4	3.6
	200	0.85	8.1	4.4	119	61	41	0.26	7.7	4.3
	300	0.95	10.5	5.5	133	79	53	0.29	8.6	4.8
	350	1.06	11.7	6.0	148	88	60	0.32	9.5	5.3
25	100	0.80	6.5	3.8	112	47	31	0.24	7.2	4.0
	200	0.94	9.2	5.0	132	65	44	0.28	8.5	4.7
	300	1.03	11.9	6.2	144	83	56	0.31	9.3	5.2
	350	1.17	13.3	6.9	164	92	62	0.35	10.5	5.9
30	100	1.02	7.4	4.3	143	51	34	0.31	9.2	5.1
	200	1.21	10.3	5.6	169	69	46	0.36	10.9	6.1
	300	1.29	13.3	7.0	181	87	59	0.39	11.6	6.5
	350	1.48	14.7	7.6	207	96	65	0.44	13.3	7.4

　　如：体重为 80 kg 的怀双羔的母羊，妊娠前期需要每天摄入 2.00 kg 干物质、18.0 g 钙和 12.0 g 磷、16.0 MJ 代谢能和 182 g 代谢蛋白质（表 7-23）。

表 7-23 绵羊妊娠期营养需要量

妊娠阶段	体重(kg)	干物质采食量(kg/d)			代谢能(MJ/d)			粗蛋白质(g/d)			代谢蛋白质(g/d)			钙(g/d)			磷(g/d)		
		单羔	双羔	三羔	单羔	双羔	三羔	单羔	双羔	三羔	单羔	双羔	三羔	单羔	双羔	三羔	单羔	双羔	三羔
前期	40	1.16	1.31	1.46	9.3	10.5	11.7	151	170	190	106	119	133	10.4	11.8	13.1	7.0	7.9	8.8
	50	1.31	1.51	1.65	10.5	12.1	13.2	170	196	215	119	137	150	11.8	13.6	14.9	7.9	9.1	9.9
	60	1.46	1.69	1.82	11.7	13.5	14.6	190	220	237	133	154	166	13.1	15.2	16.4	8.8	10.1	10.9
	70	1.61	1.84	2.00	12.9	14.7	16.0	209	239	260	147	167	182	14.5	16.6	18.0	9.7	11.0	12.0
	80	1.75	2.00	2.17	14.0	16.0	17.4	228	260	2982	159	182	197	15.8	18.0	19.5	10.5	12.0	13.0
	90	1.91	2.18	2.37	15.3	17.4	19.0	248	283	308	174	198	216	17.2	19.6	21.3	11.5	13.1	14.2
后期	40	1.45	1.82	2.11	11.6	14.6	16.9	189	237	274	132	166	192	13.1	16.4	19.0	8.7	10.9	12.7
	50	1.63	2.06	2.36	13.0	16.5	18.9	212	268	307	148	187	215	14.7	18.5	21.2	9.8	12.4	14.2
	60	1.80	2.29	2.59	14.4	18.3	20.7	234	298	337	164	208	236	16.2	20.6	23.3	10.8	13.7	15.5
	70	1.98	2.49	2.83	15.8	19.9	22.6	257	324	368	180	227	258	17.8	22.4	25.5	11.9	14.9	17.0
	80	2.15	2.68	3.05	17.2	21.4	24.4	280	348	397	196	244	278	19.4	24.1	27.5	12.9	16.1	18.3
	90	2.34	2.92	3.32	18.7	23.4	26.6	304	380	432	213	266	302	21.1	26.3	29.9	14.0	17.5	19.9

注：妊娠第 1~90 天为前期，第 91~150 天为后期。

4.3 饲粮氨基酸比例的确定

氨基酸平衡模式下的低蛋白饲粮已在猪禽养殖中得到广泛的应用,反刍动物由于特殊的消化道结构,需要对氨基酸进行包被处理,避免被瘤胃微生物分解。在饲粮蛋白质水平降低1%~4%的情况下,通过合理补充过瘤胃赖氨酸、蛋氨酸、苏氨酸、精氨酸,可保证肉羊生产性能不受影响,随着过瘤胃氨基酸生产工艺的进步,使用过瘤胃氨基酸的成本有望低于豆粕,从而节省蛋白质饲料资源,同时降低养殖成本。对于60~120日龄的育肥羔羊,过瘤胃赖氨酸、蛋氨酸、苏氨酸、精氨酸的适宜添加比例为100:(37~41):(39~45):12。

非蛋白氮类饲料添加剂使用的基本原则如下。

非蛋白氮(NPN)是指非蛋白质的含氮物质的总称,包括氨基酸、尿素、磷酸脲等,可被反刍动物瘤胃微生物利用合成蛋白质,能够部分替代饲粮中的豆粕。非蛋白氮类饲料添加剂的添加量应符合《饲料添加剂安全使用规范》(农业部公告第2625号)的规定,如尿素在肉羊全混合日粮中的最高限量应低于1%,磷酸脲在肉羊全混合日粮中的最高限量应低于1.8%。

4.4 全混合日粮(TMR)配制

全混合日粮(TMR)配制时,可采用配方软件或Excel等软件计算配方中各原料的适宜比例和总营养成分,以满足该阶段肉用绵羊营养需要量。

4.4.1 TMR配制的基本原则

应选当地常用、营养丰富、价格合理的饲料原料,注重牧草、农作物以及农副产品副产物等多元化饲料资源的合理搭配使用,在不影响羊只健康和生产性能的前提下获得最佳经济效益。粗饲料包括青干草、青绿饲料、农作物秸秆、青贮饲料等,一般情况下应不少于饲粮干物质总量的30%。精料补充料包括能量饲料、蛋白质饲料、饲料添加剂以及部分糟渣类饲料原料,含有较高的能量、蛋白质和较少的纤维素,它供给肉羊大部分的能量、蛋白质需要。一般情况下应低于日饲干物质总量的70%。

4.4.2 TMR配方计算过程

由于饲料原料水分含量差异很大,因此在设计饲粮配方时,通常以干物质基础(DM)进行。首先,确定粗饲料的种类,确定其代谢能等营养成分含量;其次,确定各类饲料原料的大致比例,计算出粗饲料能提供的营养成分含量,该值与需要量之间的差值即为精料补充料的营养成分目标值;最后,计算出精料补充料配方。

棉籽粕、菜籽粕、花生粕等饲料原料在羔羊上可替代饲粮配方中豆粕用量的20%~30%；育肥前期可替代饲粮配方中豆粕的30%~50%；育肥后期可替代饲粮配方中豆粕的80%，部分产品可全部替代；成年母羊可替代饲粮配方中豆粕的30%~40%；泌乳母羊可替代饲粮配方豆粕的50%~60%。

棕榈粕、甜菜粕、葵花籽仁粕、小麦粉浆粉、味精渣、核苷酸渣、赖氨酸渣等非常规或地源性原料在羔羊上中可替代饲粮配方中豆粕的20%以内；育肥前期可替代饲粮配方中豆粕的30%~40%；育肥后期可替代饲粮配方中豆粕的40%~60%；母羊可替代饲粮配方中豆粕的30%~40%。

通过饲料原料多元化应用，在羔羊上可替代饲粮配方中豆粕的40%~50%；育肥前期可替代饲粮配方中豆粕的60%~90%，育肥后期可替代饲粮配方中全部的豆粕；成年母羊可替代饲粮配方中豆粕的60%~80%；泌乳母羊可替代饲粮配方中豆粕的50%~60%。

4.4.3　TMR 的加工机械

主体设备是TMR搅拌机，把切短的粗饲料、精料补充料（或玉米、豆粕等原料）以及矿物质等饲料添加剂按配方充分混合。混合前应确保饲料原料用量准确，尤其是对一些微量成分的准确称量，并进行逐级预混合。此外，TMR加工的附属设备还有揉碎机、铡草机、粉碎机、制粒机、压块机、膨化机等。

4.4.4　TMR 的加工过程

如果选择立式TMR搅拌机进行混合制作，要按照"先干后湿，先轻后重，先粗后精"的顺序依次将干草、青贮、农副产品和精料补充料等原料投入设备中；如果选择卧式TMR搅拌机进行混合制作，原料填装顺序依次是精料补充料、干草、青贮、糟渣类。混合时间根据混合均匀性确定。通常情况下，在完成剩余原料添加之后，将混合物搅拌5~8 min。如果有长草，可以在放进去之前预先切好。搅拌时间过长、过细、有效纤维不足会降低瘤胃酸碱度，引起营养代谢疾病。

4.4.5　TMR 的饲喂

每天饲喂肉羊时，保持剩料量为总喂料量的3%~5%，并在肉羊采食过程中及时推料；定期采集TMR样品，检测营养成分是否达到配方要求。

4.4.6　其他注意事项

①饲料种类多样化，精粗配比适宜，使用饲草时应有两种或以上，保证营养全面且改善饲粮的适口性和保持羊只的食欲，从而确保足够的采食量；②青

贮、糟渣等酸性饲料原料与碱化或氨化秸秆等碱性饲料原料搭配使用有利于改善适口性和提高消化率；③饲粮体积应适中。如体积过大将导致肉羊无法正常摄入所需的营养物质；如体积过小将导致瘤胃不够充盈，即使营养得到满足，肉羊仍然会有饥饿感。

4.5 饲养管理

采用定人、定时和定量的饲喂制度；提供自由饮水，水质清洁，饮水设备应定期清洗和消毒；定期对羊舍进行卫生清扫和消毒，保持圈舍干燥、卫生；应经常观察羊群健康状况，发现异常及时隔离观察。

4.5.1 哺乳羔羊人工辅助哺乳与早期补饲

对新生弱羔和双羔以上的羔羊或在母羊哺育力差时，可采用保姆羊饲喂或人工饲喂羔羊代乳产品。羔羊出生1个月内以母乳或羔羊代乳产品为主，2周龄时在母羊舍内设置补饲栏，让羔羊随时采食营养丰富的固体饲料。羔羊可在3周龄左右断母乳，饲喂羔羊开食料、精料补充料及干草等，固体饲料采食量达到200~300 g且能够满足营养需要时，停止饲喂羔羊代乳产品。断奶期间应避免场地、饲养员、饲养环境条件等改变引起的应激反应。

4.5.2 断奶后羔羊育肥

育肥前应驱虫；育肥过程中做好体重和饲料消耗记录；6月龄左右，山羊羔羊达到20~25 kg，绵羊羔羊达到40~50 kg，可根据实际情况出栏。

4.5.3 成年羊育肥

健康无病的淘汰公、母羊，按性别、体况等组群，进行免疫和驱虫；按照育肥羊营养需要配制饲粮，充分利用各种农林副产物，育肥2~3个月后可出栏。

4.5.4 妊娠母羊

妊娠前期（前3个月）胎儿生长较慢，母羊对营养的要求与空怀期相似，但应补饲一定的优质蛋白质饲料。管理措施应以保胎为核心，避免吃霜草和霉烂饲料，避免惊群和剧烈运动等；妊娠后期（后2个月）胎儿生长较快，对营养物质的需求量较高，应根据妊娠后期的营养需求配制饲粮；围产期减少或停止饲喂青贮饲料，在母羊预产期临近时，减少或停止饲喂精料补充料。

4.5.5 泌乳母羊

泌乳前期应以母羊有充足的母乳供给羔羊为饲养管理目标。产多羔的以及泌乳高峰时期，应加强营养，增加精料补充料的饲喂量，提供足够的青贮饲料、青绿饲料或优质青干草；泌乳后期母羊泌乳性能下降，应逐渐减少精料补充料的饲喂，但对体况下降明显的瘦弱母羊，需补饲一定数量的优质干草和青贮饲料。

5　肉羊低蛋白低豆粕日粮配制技术实用案例

5.1　非蛋白氮技术的应用

实例1：尿素在育肥肉羊精料补充料中的添加水平达到1.5%时（饲粮精粗比为50：50，即尿素在育肥肉羊全混合日粮中的添加水平为0.75%），对肉羊生长性能和肉品质不产生明显的影响，为有效安全水平，配方见表7-24。

表7-24　尿素部分替代豆粕的试验饲粮精料补充料组成

（干物质基础,%）

项目	对照饲粮	含1.0%尿素的精料补充料
玉米	47.5	54.2
麸皮	10.0	10.0
豆粕	38.5	30.8
磷酸氢钙	0.5	0.5
石粉	1.5	1.5
添加剂预混合饲料	1.0	1.0
氯化钠	1.0	1.0
尿素	—	1.0
合计	100.0	100.0

实例2：磷酸脲在育肥肉羊精料补充料的添加达到2%时（饲粮精粗比为50：50，即磷酸脲在育肥肉羊全混合日粮中的添加水平为1.0%），日增重达到240 g/d，屠宰率达到49.0%，均优于对照组（豆粕为唯一蛋白质饲料），配方见表7-25。

表7-25　磷酸脲部分替代豆粕的试验饲粮精料补充料组成

（干物质基础,%）

项目	对照饲粮	含2.0%磷酸脲的精料补充料
玉米	44.0	49.5
麸皮	8.0	6.0
豆粕	25.0	19.5

（续表）

项目	对照饲粮	含 2.0%磷酸脲的精料补充料
磷酸氢钙	19.5	19.5
石粉	1.5	1.5
添加剂混合饲料	1.0	1.0
氯化钠	1.0	1.0
磷酸脲	—	2.0
合计	100.0	100.0

5.2 杂饼/粕型饲粮技术的应用

在不影响肉羊生长性能和肉品质前提下，精准把握饲料原料的有效能和消化率，以及每个生理阶段的能量和蛋白质需要量，根据饲料原料的市场供应和性价比，参考《肉羊营养需要量》（NY/T 816）决定所选择的技术方案。理论上，杂粕（饼）类包括棉籽粕（饼）、菜籽粕（饼）、亚麻籽粕（饼）、葵花籽仁粕（饼）、大豆皮等可大比例替代豆粕。通过不同蛋白饲料原料合理搭配，考虑其有效能和消化率，以及肉羊每个生理阶段的能量和蛋白质需要量，棉粕型饲粮、菜籽饼型饲粮、葵花籽仁饼型饲粮可完全替代 10%的豆粕使用量，节省豆粕用量（表 7-26）。

表 7-26 基于不同蛋白饲料原料配制的育肥肉羊饲粮（干物质基础,%）

项目	豆粕型饲粮	棉籽粕型饲粮	菜籽饼型饲粮	葵花籽仁饼型饲粮
葵花籽壳	10.00	10.00	10.00	10.00
苜蓿草颗粒	15.00	15.00	15.00	15.00
豆粕	10.00	—	—	—
棉籽粕	—	10.00	—	—
菜籽饼	—	—	12.00	—
葵花籽仁饼	—	—	—	15.50
玉米	42.00	45.50	41.50	38.00
玉米胚芽粕	5.00	5.00	7.00	6.00
玉米秸秆	7.00	5.00	4.00	3.00
玉米干酒精糟可溶物	8.50	8.00	10.00	10.00
氯化钠	0.50	0.50	0.50	0.50
石粉	1.00	1.00	1.00	1.00
添加剂预混合饲料	1.00	1.00	1.00	1.00

（续表）

项目	豆粕型饲粮	棉籽粕型饲粮	菜籽饼型饲粮	葵花籽仁饼型饲粮
合计	100.00	100.00	100.00	100.00
营养水平				
代谢能/(MJ/kg)	13.65	13.65	13.64	13.64
干物质	91.52	91.41	91.70	92.39
粗蛋白质	13.91	14.19	13.97	13.54
中性洗涤纤维	29.49	28.73	31.05	33.38
钙	0.74	0.72	0.78	0.74
磷	0.36	0.40	0.48	0.44

5.3　基于过瘤胃氨基酸的低蛋白饲粮应用

通过补充过瘤胃赖氨酸、蛋氨酸、苏氨酸、精氨酸，当育肥羊饲粮粗蛋白质水平降低1~4个百分点时，肉羊育肥期生长性能、屠宰性能、肉品质与对照组相比无显著差异，表明肉羊生产性能未受影响（表7-27）。

表7-27　基于过瘤胃氨基酸的肉羊育肥期饲粮组成和营养水平

（干物质基础,%）

项目	对照组	CP 14%组	CP 12%组	CP 10%组
玉米	23.40	24.00	32.00	34.00
干酒糟及其可溶物	4.00	4.00	5.00	5.00
豆粕	11.00	8.80	4.51	2.06
棉籽粕	8.00	6.00	3.00	0.50
麸皮	9.10	7.00	8.50	10.00
胡麻饼	2.00	1.70	2.00	2.00
苜蓿	3.50	4.20	5.50	4.00
玉米秸秆	36.40	41.41	35.94	38.30
氯化钠	0.50	0.50	0.50	0.50
石粉	0.90	0.70	0.60	0.80
磷酸氢钙	0.20	0.30	0.60	0.60
添加剂预混合饲料	1.00	1.00	1.00	1.00
添加氨基酸				
瘤胃保护赖氨酸	0.00	0.09	0.23	0.34
瘤胃保护蛋氨酸	0.00	0.03	0.05	0.08
瘤胃保护苏氨酸	0.00	0.08	0.15	0.22

（续表）

项目	对照组	CP 14%组	CP 12%组	CP 10%组
瘤胃保护精氨酸	0.00	0.19	0.42	0.60
合计	100.00	100.00	100.00	100.00
营养水平				
干物质	92.41	91.89	91.74	92.31
代谢能（MJ/kg）	13.67	13.67	13.67	13.66
粗蛋白质*	15.83	14.11	13.13	11.73
粗脂肪	3.06	3.54	4.30	4.65
中性洗涤纤维	43.07	46.38	46.41	43.19
酸性洗涤纤维	21.10	22.94	20.94	20.33
钙	0.80	0.78	0.79	0.79
磷	0.43	0.40	0.44	0.38
赖氨酸	0.79	0.79	0.79	0.79
蛋氨酸	0.26	0.26	0.26	0.26
苏氨酸	0.59	0.59	0.59	0.59
精氨酸	1.12	1.12	1.12	1.12

注：*粗蛋白质为实测值。

6 反刍动物日粮蛋白替代策略展望

我国牛羊等反刍动物的规模化养殖比例在逐年提高，所需要的工业化饲料也随着上升，蛋白质是不可以缺少的营养素。反刍动物具有独特的消化代谢体系，具有利用 NPN 的瘤胃生理功能，合理、科学地发挥其利用 NPN 的功能，节省蛋白质饲料、同时实现豆粕减量，是一项可以操作的技术，并且可以节省成本。主要的技术措施为：①NPN 的前加工技术，如糊化尿素，缓释尿素以及包被尿素的加工技术；②氨基酸的包被处理技术，如氨基酸的络合物与螯合物研发，氨基酸的包被技术等；③NPN 在动物日粮中的使用技术，比如不同生产目的，不同生理阶段日粮的替代比例。这些技术的解决将进一步推动反刍动物日粮的低蛋白质日粮进程。

参考文献

安靖，马政发，韩娥，等，2023. 低蛋白饲粮添加氨基酸对黔北麻羊血液代谢和瘤胃发酵参数的影响. 饲料工业，44（5）：89-96.

刁其玉，屠焰，等，2005. 饲料级用磷酸脲. 中国，行业标准，NYT 917—2004, 2005年2月1日.

刁其玉，屠焰，等，2020. 饲料添加剂 第6部分：非蛋白氮 尿素（GB 7300.601—2020）.

冯蕾，李国栋，王中华，等，2021. 低蛋白日粮补饲过瘤胃蛋氨酸、亮氨酸及异亮氨酸对后备牛生长及消化性能的影响. 中国畜牧杂志，57（6）：198-204.

郭伟，2020. 低蛋白饲粮中补充过瘤胃氨基酸对肉羊生长性能、屠宰性能和消化性能的影响. 邯郸：河北工程大学.

郭伟，李文娟，呼秀智，等，2020. 反刍动物低蛋白日粮应用的研究进展. 饲料工业，41（1）：47-51.

李国栋，2020. 低蛋白日粮补饲过瘤胃蛋氨酸、亮氨酸、异亮氨酸对后备牛生长及消化性能的影响. 泰安：山东农业大学.

李静，张晓明，莫放，等，2007. 饲料级缩二脲作为反刍动物非蛋白氮饲料的安全性与有效性系列研究（2）. 饲料研究（12）：54-57.

李雪玲，张乃锋，马涛，等，2017. 开食料中赖氨酸、蛋氨酸、苏氨酸和色氨酸对断奶羔羊生长性能、氮利用率和血清指标的影响. 畜牧兽医学报，48（4）：678-689.

罗志忠，孙法军，王艳，2015. 液氨氨化对麦秸干物质体外消化率的影响. 黑龙江畜牧兽医（16）：141-142.

孟春花，乔永浩，钱勇，等，2016. 氨化对油菜秸秆营养成分及山羊瘤胃降解特性的影响. 动物营养学报，28（6）：1796-1803.

农业农村部，2021. 饲料原料营养价值数据库和饲料中玉米豆粕减量替代技术方案. 乡村科技，12（12）：3.

申军士，郑文金，毛胜勇，等，2023. 非蛋白氮在反刍家畜饲料豆粕减量替代中的潜力. 中国饲料（1）：14-19.

王天武，王腾达，张玉晶，等，2023. 非蛋白氮在反刍动物生产中的研究进展. 饲料研究，46（7）：138-141.

王波，柴建民，王海超，等，2015. 蛋白质水平对湖羊双胞胎公羔生长发育及肉品质的影响. 动物营养学报，27（9）：2724-2735.

王波，姜成钢，纪守坤，等，2014. 日粮尿素水平对肉羊血液学、血清学指标和消化器官的影响. 畜牧兽医学报，45（9）：1449-1456.

王波，姜成钢，纪守坤，等，2014. 饲粮中添加不同水平尿素对肉羊有效性和安全性的影响. 动物营养学报，26（5）：1302-1309.

王二旦，刘吉生，刘巧兰，等，2021. 生物调控释放型尿素对奶牛产奶量、乳成分、瘤胃发酵参数和血清生化指标的影响. 动物营养学报，33（11）：6523-6533.

王建红，刁其玉，许先查，等，2011. 日粮Lys、Met和Thr添加模式对0~2月龄犊牛生长性能、消化代谢与血清学生化指标的影响. 中国农业科学，44（9）：1898-

1907.

王杰，崔凯，王世琴，等，2017. 饲粮蛋氨酸水平对湖羊公羔营养物质消化、胃肠道 pH 及血清指标的影响. 动物营养学报，29（8）：3004-3013.

徐平，2008. 磷酸脲作为动物饲料营养添加剂的应用. 重庆科技学院学报（自然科学版）（4）：69-70.

依甫拉音·玉素甫，2016. 氨化处理对玉米秸秆感官品质、营养成分及瘤胃消失率的影响. 新疆畜牧业（7）：22-24.

云强，刁其玉，屠焰，等，2011. 日粮中赖氨酸和蛋氨酸比对断奶犊牛生长性能和消化代谢的影响. 中国农业科学，44（1）：133-142.

张帆，纪守坤，张乃锋，等，2016. 磷酸脲添加量对羔羊生长性能、屠宰性能和肉品质的影响. 动物营养学报，28（4）：1233-1240.

张宏，2000. 磷酸脲产品的开发研究现状. 青海大学学报（自然科学版）（2）：17-20.

张民，刁其玉，2002. 反刍动物非蛋白氮尿素的应用研究. 中国饲料（5）：6-8.

张乃锋，刁其玉，2003. 反刍动物饲料添加剂磷酸脲应用研究. 饲料博览（5）：37-39.

赵圣国，郑楠，张养东，等，2022-06-20. 尿素饲料实现牛羊豆粕减量替代潜力巨大. 农民日报.

ASIH A R S, WIRYAWAN I K G, YOUNG B, 2022. The Effects of Nitrogen sources in the concentrates on N utilization and production performances of dairy goats. Jurnal Ilmu-Ilmu Peternakan, 32（1）: 77-86.

DEWHURST R J, NEWBOLD J R, 2022. Effect of ammonia concentration on rumen microbial protein productionin vitro. British Journal of Nutrition, 127（6）: 847-849.

ELZAIAT H, KHOLIF A, KHATTAB I, et al., 2021. Slow-release urea partially replacing soybean in the diet of Holstein dairy cows: intake, blood parameters, nutrients digestibility, energy utilization, and milk production. Annals of Animal Science, 22（2）: 723-730.

GALASSI G, COLOMBINI S, MALAGUTTI L, et al., 2010. Effects of high fibre and low protein diets on performance, digestibility, nitrogen excretion and ammonia emission in the heavy pig. Animal Feed Science and Technology, 161（3-4）: 140-148.

GALLO L, DALLA M G, CARRARO L, et al., 2014. Growth performance of heavy pigs fed restrictively diets with decreasing crude protein and indispensable amino acids content. Livestock Science, 161: 130-138.

HELMER L G, BARTLEY E E, 1971. Progress in the utilization of urea as a protein replacer for ruminants. a review 1. Journal of Dairy Science, 54（1）: 25-51.

KARNS J S, 1999. Gene sequence and properties of an s-triazine ring-cleavage enzyme from *Pseudomonas* sp. strain NRRLB-12227. Applied Environmental Microbiology, 65（8）:

3512-3517.

LEE C, HRISTOV A N, HEYLER K S, et al., 2011. Effects of dietary protein concentration and coconut oil supplementation on nitrogen utilization and production in dairy cows. Journal of Dairy Science, 94 (11): 5544-5557.

LIMA D O, MAGALHAES A L R, DE LIMA JUNIOR D M, et al., 2022. Dry sugarcane yeast and urea could replace soybean meal in the diet of buffalo heifers. South African Journal of Animal Science, 52 (2): 142-147.

NORRAPOKE T, PONGJONGMIT T, Foiklang S, 2022. Effect of urea and molasses fermented cassava pulp on rumen fermentation, microbial population and microbial protein synthesis in beef cattle. Journal of Applied Animal Research, 50 (1): 187-191.

PATRA A K, ASCHENBACH J R, 2018. Ureases in the gastrointestinal tracts of ruminant and monogastric animals and their implication in urea-N/ammonia metabolism: A review. Journal of Advanced Research, 13: 39-50.

PRIOR R L, MILNER J A, VISEK W J, 1972. Carbohydrate and amino acid metabolism in lambs fed purified diets containing urea or isolated soy protein. Journal of Nutrition, 102 (9): 1223-1231.